Jean Effront

Die Diastasen und ihre Rolle in der Praxis

Die Enzyme der Kohlenhydrate und die Oxydasen

bremen
university
press

Jean Effront

Die Diastasen und ihre Rolle in der Praxis

Die Enzyme der Kohlenhydrate und die Oxydasen

ISBN/EAN: 9783955621247

Auflage: 1

Erscheinungsjahr: 2013

Erscheinungsort: Bremen, Deutschland

bremen
university
press

DIE DIASTASEN

UND IHRE ROLLE IN DER PRAXIS

VON

DR. JEAN EFFRONT,

PROFESSOR AN DER NEUEN UNIVERSITÄT IN BRÜSSEL, DIRECTOR
DES GÄHRUNGSINSTITUTES DASELBST.

———————

DEUTSCHE ÜBERSETZUNG

VON

DR. MAX BÜCHELER,

VORSTAND DES BRENNEREITECHNISCHEN INSTITUTES
SOWIE DER VERSUCHS- UND LEHRBRENNEREI AN DER KGL. AKADEMIE
WEIHENSTEPHAN IN BAYERN.

I. BAND.

DIE ENZYME DER KOHLEHYDRATE
UND DIE OXYDASEN.

LEIPZIG UND WIEN.

FRANZ DEUTICKE.

1900.

Verlags-Nr. 683.

K. u. k. Hofbuchdruckerei Karl Prochaska in Teschen.

VORWORT DES VERFASSERS.

Das Studium der chemischen Fermente gewinnt, abgesehen von dem großen wissenschaftlichen Interesse, welches dieser Gegenstand erheischt, noch besondere Wichtigkeit durch die vielfach ermöglichte industrielle Verwendung von Diastasen.

Die Assimilations- und Respirationsvorgänge, wie sie sich im Inneren der lebenden Zelle abspielen, hängen mit Ausscheidungen diastatischer Natur enge zusammen, Grund genug für Physiologen, Botaniker und Bakteriologen, sich mit denselben eingehend zu befassen.

Nicht minder wichtig ist die Kenntnis der von den Diastasen hervorgerufenen Reactionen für den Chemiker, welchem sich hiebei Reagentien von außerordentlicher Schärfe und Empfindlichkeit bieten.

Zum Studium der chemischen Fermente gehört auch noch die Erforschung gewisser, von Mikroben herrührender Toxine, welche in ihren Eigenschaften den gewöhnlichen Diastasen merkwürdig nahekommen. Zu einer erschöpfenden Erkenntnis dieser Gifte, ihres Diffusionsvermögens, ihrer Erhaltung und Zerstörung im Organismus ist abermals eine ganz genaue Kenntnis der Enzyme unerlässlich.

Was die praktische Seite betrifft, so erfährt eine große Reihe löslicher Fermente, einzelne erst seit kurzem, industrielle Verwendung, und es ist keine Frage, dass der Mensch fernerhin noch manch ein Ferment in seinen Dienst stellen wird.

Vorliegendes Werk gibt den Inhalt der Vorträge wieder, welche ich am Gährungsinstitut der neuen Universität in Brüssel gehalten: das Buch ist ebensowohl für denjenigen geschrieben, welcher sich mit rein wissenschaftlichen Studien beschäftigt, als auch für den Praktiker auf dem Gebiete des Gährungswesens. Es war mein Bemühen, theoretischen Fragen einen bevorzugten Platz einzuräumen, ohne die aus der Theorie erfließende praktische Seite stiefmütterlich zu behandeln.

Mein Werk zerfällt in zwei Theile.

Der erste in diesem Band vorliegende Theil behandelt die Enzyme der Kohlehydrate und die Oxydasen, sowie ihre industrielle Anwendung. Im zweiten Theile, welcher sich gegenwärtig in Vorbereitung befindet, werde ich die Enzyme der Eiweißkörper und die Toxine behandeln.

Die Merzahl der in diesem ersten Bande niedergelegten Versuchsergebnisse habe ich selbst nachgeprüft, und findet der Leser eine Reihe von Versuchen, Darstellungsweisen, analytischen Methoden und technischen Verfahren, welche neu und bisher noch unveröffentlicht sind.

Brüssel, 1898.   DR. JEAN EFFRONT.

VORWORT DES HERAUSGEBERS.

Das hier in deutscher Übersetzung vorliegende Werk EFFRONTS ist das erste, welches das interessante Gesammtgebiet der Diastasen behandelt; beiden Seiten, der rein wissenschaftlichen wie der praktischen, industriellen trägt der Verfasser gleichmäßig Rechnung. Sein Name ist es ja auch, der sich sowohl an hervorragende wissenschaftliche Forschungen wie an geistreiche praktische Anwendung von Forschungsergebnissen auf dem Gebiete der Diastasen enge knüpft.

EFFRONT spricht also in seinem Werke ebenso gut zu demjenigen Leser, welcher sich rein wissenschaftlich mit dieser Materie beschäftigt, wie zum Praktiker auf dem Gebiete der Gährungsindustrie. Nur ein Beispiel will ich herausgreifen: Den wissenschaftlichen Gesammtbildern, welche uns in harmonischer Rundung z. B. in den Capiteln Sukrase und Amylase entgegentreten, folgen, sozusagen als Übersetzung in die Praxis, Betrachtungen über die Gährung der Melassemaischen sowie über die Malzbereitung und die Rolle der Amylase in der Brennerei.

Hier EFFRONT als Gelehter und Forscher, dort als Kenner und Befruchter der Praxis.

EFFRONTS Buch in deutscher Übersetzung, bei deren Abfassung sich der Unterzeichnete einer getreuen Interpretation des französischen Originales nach Kräften befleißigte, darf in Ländern deutscher Zunge guter Aufnahme auch darum sicher sein, als der Verfasser in seinen Literaturcitaten auch deutsche Arbeit und Forschung zu ihrem Rechte kommen lässt.

Akademie Weihenstephan, 25. October 1899.

DR. BÜCHELER.

INHALTSVERZEICHNIS.

Neuntes Capitel.

Chemische Arbeit der Amylase.

Zehntes Capitel.

Amylasen verschiedener Herkunft.

Elftes Capitel.

Industrielle Verwendung der Amylase.

Zwölftes Capitel.

Dreizehntes Capitel.

Vierzehntes Capitel.

Die Brotgährung.

ERSTES CAPITEL.

ALLGEMEINES.

Synthetische und analytische Arbeit der lebenden Zelle. — Gleichzeitiger Verlauf beider Erscheinungen. — Unterschied zwischen der chemischen und physiologischen Arbeit. — Chemische Agentien und physiologische Agentien. — Einwirkung der Lebenskraft. — Nothwendigkeit des Studiums der physikalischen und chemischen Bedingungen des Milieu. — Definition des Begriffes: Enzym. — Rolle der Enzyme beim Aufbau und bei der Zersetzung des Stoffes. — Die Enzyme als Wärmeerzeuger.

Die Thätigkeit der lebenden Zellen äußert sich in einer Reihe von chemischen Reactionen, welche nichts weniger als einfach und dabei von einander sehr verschieden sind.

Verfolgt man die Beobachtung der Erscheinungen etwas genauer, so bemerkt man, dass neben einer rein synthetischen Arbeit die Zelle immer auch eine analytische Arbeit leistet: mit anderen Worten, dass die organische Substanz in Gegenwart der lebenden Zelle sich aufbaut und zerlegt. Die synthetische Arbeit kommt zum Ausdruck in der Umwandlung einfach zusammengesetzter Stoffe, welche unter dem Einflusse der lebenden Zelle Wasser aufnehmen, sich oxydieren und sich zu chemischen Complexen umbilden. Bei der Umwandlung dieser letzteren dagegen ist es in erster Linie die analytische Arbeit, welche die compliciert zusammengesetzten Stoffe in solche von immer einfacherer Zusammensetzung zerlegt.

Unterwirft man z. B. eine süße Maische, welche Nitrate oder Ammoniaksalze enthält, der Thätigkeit von Hefe, so beobachtet man das Auftreten neuer Zellen und folglich auch die Bildung von Protoplasmasubstanz. Diese letztere gehört, vom chemischen Standpunkte aus, zu den Stoffen von complicierter Zusammensetzung.

Überlässt man dagegen Eiweißkörper der Thätigkeit gewisser Fermente, so gehen die ersteren in faulige Gährung
über und man beobachtet, dass sie eine Reihe von Verwandlungsstufen durchmachen.

Die Eiweißkörper verwandeln sich erst in Proteosen, dann
in Peptone, in Amide und endlich in Ammoniak, Schwefelwasserstoff, Oxalsäure und Kohlensäure.

Im ersten der beiden Beispiele, welche wir soeben anführten, ist man versucht, eine ausschließlich synthetische
Arbeit zu erblicken, charakterisiert durch die Bildung von
Protoplasma auf Kosten von Zucker und salpetersauren Salzen.
Im zweiten Beispiel dagegen ist man geneigt, eine Arbeitsleistung zu erkennen, welche der vorigen geradezu entgegengesetzt ist.

Indessen die Erscheinungen sind weit complicierter. Im
ersten Falle geht mit der Bildung neuer Hefezellen diejenige
einer eiweißhaltigen Substanz, des Protoplasmas, Hand in
Hand; aber diese Substanz erhält sich nicht in unverändertem
Zustande; im Gegentheil, sie unterliegt einer dauernden Zerstörung, Hydratisierung und Umwandlung durch die lebenden
Zellen. Wo man also neue Zellen sich bilden sieht, da sieht
man auch organisierte Stoffe sich zersetzen.

Im zweiten Beispiel sind es die Fermente, welche die
Eiweißkörper zersetzen und in verschiedene Producte zerlegen;
dabei erfahren die Fermente aber eine Vermehrung und ein
Wachsthum und leisten hiebei eine gründliche synthetische
Arbeit, welche von analytischer, zerstörender Thätigkeit begleitet ist.

Hieraus ergibt sich der Schluss, dass die lebende Zelle
stetig in zwei verschiedenen Richtungen thätig ist, in analytischer und synthetischer und dass je nachdem die eine
Thätigkeit augenfälliger ist, als die andere.

Seit der künstlichen Darstellung des Harnstoffes durch
WÖHLER ist die Synthese einer ganzen Reihe von organischen
Stoffen gelungen.

EMIL FISCHER hat uns das Verfahren zur Herstellung von
Kohlehydraten gezeigt und fast alle natürlichen Zuckerarten,

welche sich in den Pflanzen vorfinden, konnten mit Hilfe der
FISCHER'schen Methode künstlich dargestellt werden.

Wenn wir auch heute Mittel und Wege nicht kennen,
um mittelst Synthese die Eiweißkörper darzustellen, so haben
die Arbeiten von SCHÜTZENBERGER uns wenigstens gezeigt,
wie alle diese Körper zerfallen und welches ihre Zersetzungsproducte sind.

Obgleich diese verschiedenen Arbeiten uns eine Reihe
von Synthesen ermöglicht und gelehrt haben, auf welchem Wege
man weitere Synthesen erzielen kann, muss man doch den
großen Unterschied zwischen der chemischen und der physiologischen Arbeit der Zellen festhalten.

Um chemische Reactionen zu begünstigen, wendet man
in den Laboratorien vielfach recht drastische Mittel an. Man
arbeitet theils mit stark alkalischen, theils stark sauren
Lösungen, oder man arbeitet unter Druck oder mit sehr hohen
Temperaturen. Um beispielsweise einen Oxydationsvorgang
herbeizuführen, bedient man sich der Reagentien, wie Salpetersäure, Chromsäure oder Permanganat. Als Wasser entziehende
Mittel wendet man concentrierte Schwefelsäure, wasserfreie
Phosphorsäure, Chlorzink u. s. w. an, Mittel, welche die Zellen
desorganisieren.

Handelt es sich dagegen um lebende Zellen, so spielen
sich die Reactionen entweder in einer neutralen oder schwach
sauren oder schwach alkalischen Lösung ab; die Temperatur
hiebei ist immer eine sehr mäßige und beinahe constante.

Der Unterschied zwischen diesen beiden Vorgängen ist
auffallend: In der lebenden Zelle sieht man Körper aufeinander
einwirken, welche, nach unseren Angaben, nur eine schwache
Affinität zu besitzen scheinen; zur selben Zeit beobachtet man
aber, dass sich Stoffe, welche wir als sehr beständig kennen,
im Innern der Zellen mit großer Leichtigkeit zersetzen. Ihre
Affinität scheint also in Gegenwart von lebenden Zellen eine
stärkere zu sein und scheint zurückzugehen, wenn man die
Zellen zerstört.

Die gesteigerte Molecularwirkung im Innern der Zelle
pflegt man gewöhnlich durch die Einwirkung der Lebenskraft
zu erklären. Die Reactionen, spielen sich leichter ab, dank
der Einwirkung einer besonderen Kraft, der Lebenskraft,

welche die innere Energie wie die Disposition zu Verbindungen
oder Zersetzungen steigert, wie dies die Elektricität, der
Magnetismus, das Licht u. s. w. auch thun.

Die Erläuterung dieser Erscheinungen durch die Lebenskraft klärt diese Frage indessen recht wenig; sie begnügt sich
im allgemeinen mit der Angabe, dass die Reactionen in den
lebenden Zellen eine Begünstigung erfahren durch physikalische und chemische Bedingungen, welche den Zellen eigen-
thümlich sind.

Diese These kann nicht als Erklärung der intercellularen
Vorgänge gelten. Wirklich zu erfassen vermag man diese
letzteren nur durch ein vertieftes Studium des Schauplatzes,
auf dem sie sich abspielen. Ein aufmerksames Studium dieser
Bedingungen zeigt, dass die Leichtigkeit, mit welcher sich all
diese Vorgänge im Innern der Zellen abspielen, nicht von
einer einzigen Ursache abhängt: Bald ist es ein rein physikalischer, bald ein rein chemischer Umstand, welcher die
Affinität begünstigt.

Sicher sind wir noch weit entfernt von der Kenntnis all
derjenigen Bedingungen, welche die intercellularen Reactionen
begünstigen, aber einige von' ihnen hat man doch studiert und
aus den hiebei geschöpften Kenntnissen darf man schließen:
So oft man eine gesteigerte Thätigkeit der Zellen wahrnimmt,
ist dieselbe nicht etwa die Wirkung eines all diesen Erscheinungen gemeinsamen Umstandes, sondern einer genau
definierbaren, von Fall zu Fall verschiedenen Ursache.

Man kennt Vorgänge, bei denen die chemische Affinität
lediglich durch physikalische Bedingungen eine Steigerung
erfährt, wie z. B. der Vorgang der Osmose, welcher sich
fortgesetzt durch die Zellmembran hindurch abspielt. In
anderen Fällen findet man, dass Gegenwart von mineralischen
Substanzen in den Zellen die Vorgänge begünstigt.

Die Zersetzung des Chlornatriums z. B. und die Bildung
von Salzsäure in gewissen Zellen sind solche Vorgänge, welche
sich keineswegs mit den Vorstellungen decken, welche wir
uns im allgemeinen von der Beständigkeit gewisser Verbindungen machen. Wir kennen die Thatsache, dass das Kochsalz
eine sehr beständige Verbindung ist und dass seine Zersetzung
in der Kälte in schwach saurer Lösung ein Ding der Unmög-

lichkeit ist. Daher erklärte man sich die Zerlegung von Kochsalz in den Zellen früher durch das Dazwischentreten der Lebenskraft, welche eine Verbindung an Beständigkeit einbüßen, an Disposition, Zersetzungen einzugehen, aber gewinnen lassen sollte.

Heute vermag man dieser Erscheinung eine zutreffendere Erklärung zu geben, heute weiß man, dass die Zersetzung des Chlornatriums einfach auf dem Wege der Osmose und unabhängig von der Lebenskraft vor sich geht, weil dieses Salz in sehr verdünnter Lösung sich dissociirt. In den Zellen muss also ein ähnlicher Dissociationsvorgang sich abspielen, die Säure muss auf osmotischem Wege die Zellmembran passieren und sich in gewisser Menge anhäufen. Auf diese Art und Weise erklärt sich die Säurebildung erstlich als eine Folge der Zersetzung einer sehr schwachen Salzlösung, sodann als ein osmotischer Vorgang durch die Zellwandung.

Hierin haben wir ein schlagendes Beispiel, wie eine physikalische Bedingung das Eintreten einer Reaction begünstigt.

Den bündigsten Beweis für die vermittelnde Rolle der Mineralsubstanzen liefern die Resultate, welche die Landwirtschaft durch Anwendung künstlicher Düngemittel erzielte. Stellt man den Zellen verhältnismäßig geringe Mengen von Phosphaten zur Verfügung, so findet man die Production von Eiweißkörpern in den Pflanzen erheblich vermehrt.

Um eine synthetische Arbeit zu leisten, bedarf also die pflanzliche Zelle der Gegenwart von Mineralstoffen, welche organo-metallische Verbindungen bilden, Verbindungen, welche mit größerer Affinität begabt sind als die nicht mit Mineralstoffen combinierten organischen Substanzen und leichter in Reaction treten.

Auf der anderen Seite kennt man eine ganze Reihe von Vorgängen in den Zellen, welche sich ohne die Vermittelung physikalischer Factoren oder Mineralsubstanzen abspielen, vielmehr abhängen von der Gegenwart eigenartiger chemischer Substanzen, welche man Diastasen nennt.

Das Studium dieser Stoffe, die Art und Weise ihrer Absonderung und Wirkung bildet den Gegenstand der vorliegenden Arbeit.

Die Enzyme, lösliche Fermente, Zymasen oder Diastasen sind organische Verbindungen, welche von den Zellen abgesondert werden; sie haben die Eigenschaft, unter bestimmten Bedingungen die chemischen Reactionen zwischen gewissen Körpern zu erleichtern, ohne selbst in die Zusammensetzung der Reactionsproducte einzutreten.

Diese Stoffe spielen eine sehr wichtige Rolle im Bildungs- und Zersetzungsprocesse der Nahrungsmittel. In der That ist auch der größte Theil derjenigen Nahrungsstoffe, welche Menschen, Thieren und Pflanzen von der Natur dargeboten werden, nicht direct assimilierbar; sie brauchen die Vermittelung einer Diastase, um sich in assimilierbare und zur Bildung von neuen Geweben taugliche Formen umzubilden.

Das Stärkemehl, welches fast allen Lebewesen als Nahrungsstoff dient, ist direct nicht assimilierbar und unterliegt in den höher ausgebildeten Organismen vor seiner Aufnahme verschiedenen Umwandlungen. Zuerst stößt er auf Enzyme im Speichel, dann auf andere Enzyme im Pankreassaft und bildet sich so in Malzzucker und Traubenzucker, also im Nahrungsstoffe um, welche zur Bildung von Geweben unmittelbar tauglich sind.

Fleisch, Milch, Eiweiß müssen auch durch Diastasen eine Umwandlung erfahren, ehe sie assimilierbar werden. Sie finden ihre Enzyme im Magen- oder im Pankreassafte.

Diese Erscheinungen, welche man bei den höher organisierten Wesen wahrnimmt, trifft man auch im Pflanzenreiche an. Während der Keim- und Blütezeit werden Reservestoffe, wie Stärkemehl, Cellulose, Fette, Eiweißkörper, theilweise aufgebraucht von der in Bildung begriffenen Pflanze. Aber dieser Verbrauch von Reservematerial verläuft indirect: Diese Stoffe werden zuvor von den Diastasen in assimilierbare Producte umgewandelt.

Betrachten wir z. B. den Keimungsvorgang näher. Ein Gerstenkorn, welches man 10—14 Tage im Dunkeln hält, verliert 30—40% seines Gewichtes. Bestimmt man in diesem Korne den Wasserstoff und den Sauerstoff vor und nach der Keimung, so findet man, dass der Verlust an diesen beiden Elementen im Verhältnis von 1 : 8 steht. Daraus kann man schließen, dass der Sauerstoff sich mit dem Wasserstoff unter

Wasserbildung vereinigt hat. Bestimmt man andererseits die Menge der gebildeten Kohlensäure, so stellt man fest, dass sie beinahe genau mit der Menge verschwundenen Kohlenstoffs übereinstimmt. Es findet also Verbrennung von Kohlenstoff und Bildung von Kohlensäure einerseits, Bildung von Wasser andererseits statt, und doch erscheint der ganze Vorgang als einfache Oxydation.

Sieht man sich diese Vorgänge in der Nähe an, so bemerkt man, dass die Keimung keineswegs ein einfacher Oxydationsvorgang ist, dass vielmehr während der Keimung eine Reihe von untergeordneten Vorgängen sich abspielt. Vor allem sieht man in dem Korne Diastasen auftreten, welche auf das Stärkemehl und die Cellulose einwirken, so zwar, dass diese beiden Stoffe allmählich ihre Art und chemische Zusammensetzung ändern. Die Cellulose löst sich auf, Stärkemehl wandelt sich in Maltose um, wird theils oxydiert, zum Theil von dem Gewebe des Keimlings in Rohrzucker umgewandelt.

Alle diese Umwandlungen, wie auch die Oxydation selbst, sind ein Product der Thätigkeit von Diastasen, welche während des Keimungsvorganges zur Ausscheidung gelangen.

In der Mehrzahl der Fälle kann man den Verlauf dieser Umwandlungen verfolgen, so z. B. die Lösung und Umbildung des Stärkemehles. Zu diesem Ende trennt man einen Keim von dem Korne ab und bringt ihn zu weiterer Entwickelung auf gelatinierte Würze, in welcher sich Stärkemehl vertheilt vorfindet.

Bei genauer Beobachtung des Vorganges und mikroskopischer Untersuchung des Stärkemehles kann man finden, dass das Stärkekorn seine ursprüngliche Form verliert, dass es an mehreren Stellen angegriffen wird, dass es sich verflüssigt und zuletzt verschwindet. In der Nährflüssigkeit findet man alsdann einen neuen Stoff vor, welcher bisher in derselben nicht enthalten war: eine Zuckerart und eine stickstoffhaltige, lösliche, durch Alkohol fällbare Substanz, welche aufs neue Stärkemehl umzuwandeln vermag, nämlich die Diastase.

Der Assimilierungsvorgang eiweißartiger Stoffe seitens der Zellen spielt sich ganz analog demjenigen der Kohlehydrate ab: Die Eiweißkörper werden durch die wirksamen Stoffe der

Zellen schrittweise umgebildet zu Proteosen, Peptonen und endlich Amiden.

Wir haben früher schon die außerordentlich wichtige Rolle betont, welche die Diastasen bei Zersetzungsvorgängen spielen.

Die Molecüle der Eiweißkörper, welche unter Wasseraufnahme von den Enzymen gespalten und umgewandelt wurden, schließen sich in Gegenwart von Zellprotoplasma aufs neue zusammen unter Wasserabgabe und molecularer Condensation. Nach ihrem Wiederaufbau unterliegen die Molecüle neuen Veränderungen: Unter Wasseraufnahme spalten sie sich abermals und fallen gleichzeitig einer schrittweisen Oxydation anheim. In diesem Stadium des Umwandlungsvorganges erfährt das Eiweißmolecül eine Zersetzung zu Harnstoff, Glykogen, Fetten und Amiden. Auch diese Veränderungen sind großentheils auf active Substanzen zurückzuführen, welche von den Zellen abgesondert werden.

Endlich sind die Enzyme mächtige Wärmeerzeuger; die Reactionen, welche die Diastasen hervorrufen, sind exothermische Reactionen.

So liefert ein Molecül Harnstoff bei seiner Umwandlung in Ammoniumcarbonat acht Wärmeeinheiten. Ein Molecül Traubenzucker bei seiner Umsetzung in Kohlensäure und Alkohol entwickelt deren 71, das Tripalmitin bei seiner Umsetzung in Fettsäure und Glycerin deren 30. 1 g Eiweiß liefert bei seiner Umwandlung in Harnstoff 4·6 Wärmeeinheiten.

Wie man sieht, spielen die Enzyme als Wärmeerzeuger in den lebenden Organismen eine bedeutende Rolle.

Die Wärme, welche durch die exothermischen Reactionen freigemacht wird, wird von den Zellen zu ihrem Unterhalt und zur Bildung neuer Gewebe benützt.

Versetzt man eine Rohrzuckerlösung mit Hefe, so scheidet diese letztere zuerst eine Diastase ab, welche den Nährboden assimilierbar macht, da Rohrzucker von der Hefe nicht direct aufgenommen werden kann. Es bildet sich in der Hefe eine Diastase, die Sukrase, welche den Rohrzucker in Invertzucker, also in Glukose und Lävulose, umwandelt. Alsdann befindet sich die Hefenzelle in einem ihrer Entwickelung günstigen Nährboden: sie vermag dessen Nährstoffe zu verwerten und dieselben in Gewebe umzubilden, aber diese Umbildung erfordert Kraft, Energie.

Einerseits braucht die Hefe also Energie, um ihre Gewebe zu erhalten, andererseits aber ist diejenige Wärmemenge, welche bei der Umwandlung von Rohrzucker in Invertzucker sich entwickelt, recht unbedeutend und ganz und gar ungenügend, um die erforderliche Wärmemenge zu liefern. Die Hefenzelle scheidet nunmehr eine zweite Diastase ab, welche auf den Invertzucker viel energischer einwirkt und ihn in Alkohol und Kohlensäure umwandelt.

Diese beiden Stoffe, Alkohol und Kohlensäure, kann zwar die Hefe nicht verwerten; aber der Umwandlungsprocess, welchem sie ihre Entstehung verdanken, stellt eine exothermische Reaction dar, welche der Zelle diejenige Energiesumme liefert, welche sie zur Wahrung ihres Besitzstandes an Gewebe braucht.

Ein anderes, wohl noch schlagenderes Beispiel ist die Umwandlung von Harnstoff in kohlensaures Ammoniak durch besondere Fermente.

Züchtet man diese Fermente in einem Nährboden, welcher Harnstoff und Peptone enthält, so sieht man, dass die Zelle mit Vorliebe Peptone als ihr Baumaterial verwendet; gleichzeitig bemächtigt sie sich aber auch des Harnstoffes und wandelt ihn in Ammoniumcarbonat um. Zweck dieser letzteren Umwandlung ist lediglich die Beschaffung der für die Zellen erforderlichen Energie, erforderlich zum Aufbau und zur Unterhaltung ihres Gewebes.

Dieselbe Erscheinung beobachtet man auch im Pflanzenreich. In den grünen Pflanzentheilen erfolgt unter dem Einfluss der Sonnenstrahlen eine constante Zersetzung von Kohlensäure; es entsteht Formaldehyd, welcher sich polymerisiert und so verschiedene Kohlehydrate bildet. Dank einem Diffusionsvorgange sammeln sich diese Kohlehydrate in verschiedenen Pflanzentheilen an. Hier unterliegen sie der Einwirkung von Diastasen, wobei sie sich unter Wasseraufnahme zersetzen. Die Kohlehydrate sind also thatsächlich Wärmequellen, sie geben diese Wärme ab, indem sie sich an verschiedenen Stellen zersetzen. Die Zersetzungsproducte werden auf dem Wege der Diffusion wiederum in die grünen Pflanzentheile zurückbefördert, wo sie aufs neue ihre Molecüle zusammenlagern, also Wärme aufspeichern können.

Die Wanderung der Kohlehydrate, ihre Aufnahme und Abgabe von Wasser, wie sie sich in den Pflanzen abspielen, finden damit ihre Erklärung.

Aus allen diesen Thatsachen ist zu folgern, dass die Diastasen im Leben der Organismen geradezu unentbehrliche Stoffe sind, ermöglichen sie doch den Bau des Zellgewebes, indem sie Stoffe assimilierbar machen und die erforderliche Wärme spenden.

LITERATUR:

CL. BERNARD. — Leçons sur la digestion. Paris.

V. KUHNE. — Erfahrungen und Bemerkungen über Enzyme und Fermente. Physiologisches Institut, Heidelberg, 1878.

AD. MAYER. — Die Lehre von den chemischen Fermenten. 1882.

DUCLAUX. — Mikrobiologie. Dunod éditeur. Paris, 1883, p. 134.

ARMAND GAUTIER. — Leçons de chimie biologique. Paris, 1897.

JEAN EFFRONT. — Actions des substances minérales et des diastases sur les cellules. *Moniteur scientifique*, 1894, p. 562.

ZWEITES CAPITEL.

ALLGEMEINE EIGENSCHAFTEN.

Historisches über die Kenntnis der Diastasen. — Arbeiten von Réaumur und Spalanzani. Kirchhoff, Dubrunfaut und Payen. — Allgemeine Eigenschaften der Diastasen. — Mittel, um einen diastatischen von einem rein chemischen Vorgang zu unterscheiden. — Färbeversuch mit Guajak. — Das Proportionalitätsgesetz im diastatischen Vorgange. — Mittel, um die Arbeit figurierter Fermente von einem diastatischen Vorgange zu unterscheiden. — Mittel, um Diastase zu isolieren. — Chemische Zusammensetzung der Enzyme. — Zymogenesis. — Wirkungsweise der Diastasen.

Unsere ersten Kenntnisse über das Vorhandensein und die Thätigkeit der Enzyme liegen sehr weit zurück. Schon am Anfange des 16. Jahrhunderts beschäftigte sich die gelehrte Welt vielfach mit den Vorgängen bei der Verdauung. Die Ansichten hierüber waren getheilt: Einerseits erklärte man die Verdauung für eine rein mechanische Arbeit, für eine Zerreibung der Stoffe durch die Magenwände, während man auf der anderen Seite in der Verdauung einen Lösungs- und Umwandlungsprocess durch die Einwirkung der Magensäfte erblickte.

Die letztere Erklärungsweise verfochten Réaumur und der Abbé Spalanzani und erhärteten ihre Theorie durch beweiskräftige Versuche.

Um den Einfluss der Magensecrete kennen zu lernen, ließ Réaumur kleine durchlöcherte und mit Fleisch, Körnern und Eiweiß gefüllte Metallröhren von Falken verschlucken. Nach erfolgtem Abgang untersuchte er den Inhalt der Röhren und stellte fest, dass lediglich die Eiweißkörper vom Magensafte verflüssigt und umgewandelt waren, während die stärkehaltigen Stoffe unverändert blieben.

Abbé Spalanzani widmete sich dem Studium des Magensaftes und seiner Wirkung. Um sich wirksames Magensecret zu verschaffen, gab er Raubvögeln kleine, an Fäden angebundene Schwämme zum Verschlucken. Gesättigt mit Magensaft zog er sie wieder heraus. Spalanzani gelang die Einleitung einer künstlichen Verdauung zuerst, indem er mit dem aus diesen Schwämmen ausgepressten Safte Fleisch in Berührung brachte. Er fand, dass hiebei eine Verflüssigung und Umwandlung vor sich gehe.

Leider wurden diese beweiskräftigen Versuche, welche ein so helles Licht auf die Vorgänge der Verdauung, wie auf die Rolle der Diastasen werfen, nicht ihrem wahren Werte nach geschätzt. Die wissenschaftliche Welt vermochte sich von denselben nicht überzeugen zu lassen, so dass noch am Anfang des XIX. Jahrhunderts verschiedene Erklärungsweisen für die Vorgänge der Verdauung sich behaupteten. Nach der Anschauung gewisser Gelehrten sollte der Magensaft keine constante Beschaffenheit zeigen und seine Art und Eigenschaften sollten hauptsächlich von den aufgenommenen Nahrungsmitteln abhängen.

Diese verschiedene Auffassung des Verdauungsvorganges haben das Studium der Enzyme aufgehalten, so gefördert dasselbe durch die Arbeiten von Réaumur und Spalanzani auch war. Erst zwei Jahrhunderte nach deren Veröffentlichungen kam die Frage nach den wirksamen Bestandtheilen, welche von den Zellen abgesondert werden, wieder auf die Tagesordnung.

Dabei ist es merkwürdig zu beobachten, wie gerade das Studium von Vorgängen bei der Bierbereitung es war, welches die größten Entdeckungen dieses Jahrhunderts wachrief.

Durch seine Untersuchungen über Bierhefe gelang es Pasteur, endgiltige Beweise gegen die Theorie von der generatio spontanea beizubringen. Mit seinen Studien über die Rohmaterialien der Brauerei, besonders über das Malz, schuf Dubrunfaut eine sichere Grundlage für die Lehre von den Enzymen.

Die Arbeiten Dubrunfaut's knüpfen an eine Beobachtung Kirchhoff's vom Jahre 1814 an. Dieser berühmte Gelehrte, welcher die Umwandlung des Stärkemehls durch Säuren zuerst untersuchte, fand, dass frisches Gluten unter gewissen Bedingungen auf Stärke einwirken, diese in eine Zuckerart umwandeln kann.

Dieser Versuch wurde von Dubrunfaut wiederholt; in einer langen und meisterhaften Arbeit legte er dar, dass die Wirksamkeit des Glutens zurückzuführen sei auf eine geringe Menge activer, aus dem rohen Korne stammender Substanz. Er wies ferner nach, dass diese Diastase in Wasser löslich ist, dass das rohe Korn nur wenig davon enthält, aber während der Keimung der Diastasegehalt sich vermehrt. Er legte die Wirkungsweise der Diastase und die Bedingungen klar, unter welchen dieselbe ihre höchste Leistungsfähigkeit entwickelt; endlich wies er nach, dass der mit Hilfe von Diastase aus dem Stärkemehl gebildete Zucker nicht identisch ist mit der Glukose, welche Kirchhoff durch Einwirkung von Säure erhalten hatte.

In den Arbeiten von Dubrunfaut, deren Publication in das Jahr 1822 fällt, finden sich die erste wissenschaftliche Abhandlung über Diastasen, die ersten genauen Angaben über ihre Wirkungsweise.

Payen nahm die Arbeiten von Dubrunfaut wieder auf; ungerechterweise hat er dem letzteren die Vaterschaft der Entdeckung der Malzdiastasen streitig gemacht.

Payen untersuchte die Eigenschaften eines Malzaufgusses und erkannte dabei, dass die wirksame Substanz aus ihrer Lösung durch Alkohol fällbar ist und der so erhaltene Niederschlag alle die Eigenschaften besitzt, wie die Flüssigkeit selbst.

Diese Erfahrung hat eine bedeutende Rolle bei der Entdeckung von Enzymen gespielt, hatte doch Payen damit sowohl ein allgemeines Mittel zur Isolierung von Diastasen gefunden, als auch gleichzeitig eine allen Diastasen gemeinsame Eigenschaft. Dank dieser Methode konnte man auch die wirksamen Substanzen des Magensaftes, des Pankreassaftes, sowie diejenigen Stoffe isolieren, welche auf die Fettkörper und die Glukoside einwirken.

Allgemeine Eigenschaften der Diastasen.

Wie eben angeführt, werden die Enzyme aus ihren Lösungen durch Alkohol gefällt. Indess muss alsbald beigefügt werden, dass wohl alle Enzyme durch sehr starken Alkohol fällbar, in verdünnten Alkohol aber mehr oder weniger löslich sind.

Seit den Entdeckungen von Payen hat man eine Reihe weiterer, mehr oder minder charakteristischer Eigenschaften der Enzyme festgestellt.

Die Enzyme lösen sich in Wasser, fallen mit Niederschlägen aus ihren Lösungen aus, haften auf verschiedenen Stoffen, wie Seide und Fibrin und sind Stoffen gegenüber widerstandsfähig, welche die Lebenskraft unterbinden.

Die Enzyme verlieren ihre Wirksamkeit unter dem Einflusse einer Temperatur von nahezu 100°.

Wasserstoffsuperoxyd wird von der Mehrzahl der Enzyme zersetzt.

Charakteristisch für diese Classe von Körpern ist auch die Thatsache, dass unter bestimmten Bedingungen ihre Wirkung proportional ihrer Menge verläuft.

Alle diese Eigenschaften sind indessen nicht ausschließlich den Diastasen eigen: es gibt viele andere Körper, welchen die eine oder die andere Eigenschaft der Diastasen auch zukommt. Die bezeichnendste Eigenschaft der Diastasen ist die Arbeit, welche sie zu leisten vermögen.

Betrachten wir jede der bisher aufgezählten Eigenschaften etwas näher.

Zu allererst haben wir die Fällbarkeit der Enzyme durch Alkokol kennen gelernt; da dieselben in verdünntem Alkohol aber mehr oder weniger löslich sind, so ist die erforderliche Menge Alkohol, um Enzyme aus wässriger Lösung auszufällen, nicht immer dieselbe. Für gewisse Diastasen, z. B. für das Ferment des Blutes, genügen zum Ausfällen 10—15%, also ein ganz geringes Mengenverhältnis. Bei anderen Fermenten, demjenigen z. B., welches die Milch gerinnen macht, muss man starke Alkoholmengen anwenden, so zwar, dass die Flüssigkeit 80—90% Alkohol enthält.

Wie alle Enzyme durch Alkohol gefällt werden, so werden sie durch dieses selbe Agens auch alle zerstört. Bei fortgesetzter Berührung mit Alkohol erfährt die wirksame Substanz der Diastase eine Umwandlung, sie wird unlöslich und verliert ihre Wirksamkeit. Fällt man daher ein Enzym mittelst concentrierten Alkohols, so muss dessen Einwirkung so rasch wie möglich zu Ende kommen.

Vom Gesichtspunkte der Wasserlöslichkeit aus zeigen die Enzyme bemerkenswerte Verschiedenheiten. Man kennt solche mit leichter Löslichkeit; andere hingegen bedürfen einer bedeutend größeren Wassermenge, wenn sie in Lösung gehen sollen.

Bedenkt man übrigens, dass die wirksamen Stoffe sich mit Leichtigkeit auf verschiedenen Körpern fixieren, so wird man auch begreifen, dass derselbe Stoff bald in löslicher, bald in unlöslicher Form erscheinen kann.

Das Ausfällen der Enzyme aus ihren Lösungen durch Niederschläge kann man leicht bewerkstelligen. Man fügt einem klar filtrierten Malzinfus eine ganz verdünnte Lösung von phosphorsaurem Natrium und sodann die Auflösung eines Kalksalzes bei; es bildet sich in der Flüssigkeit ein Niederschlag von phosphorsaurem Kalk, welcher sich schließlich am Boden des Gefäßes absetzt. Man decantiert die klare Flüssigkeit, bringt den Niederschlag aufs Filter, wäscht ihn mit etwas Wasser aus und erhält schließlich ein Pulver, welches alle Eigenschaften eines Malzinfuses besitzt. Dieses Pulver vermag z. B. Stärke zu lösen und Maltose zu bilden, genau so wie das Malz, aus welchem es herstammt.

Diese Methode ermöglicht es, alle bekannten Diastasen aus einem Infus darzustellen. Nur eine Bedingung muss dabei erfüllt sein: Die Stoffe, welche man zur Bildung des Niederschlages anwendet, dürfen die Diastase nicht angreifen. Man erzielt z. B. ein ganz gutes Resultat, wenn man kohlensaure Magnesia oder Thonerdehydrat anwendet.

Die Diastasen schlagen sich, wie wir gesehen haben, auch auf verschiedenen Stoffen nieder. Z. B. ein Stück Fibrin, in eine Lösung von Magensaft getaucht, nimmt wirksame Substanz dergestalt auf, dass die Diastase daraus nicht mehr ausgewaschen werden kann. Ja, hat man das Stück Fibrin aus der Lösung von Magensaft entfernt und gewaschen, um auch die letzte Spur von wirksamer Substanz zum Verschwinden zu bringen und legt es dann in Wasser von geeigneter Temperatur, so beobachtet man, dass sich das Fibrin auflöst. Diese Umwandlung des Eiweißkörpers rührt augenscheinlich von der wirksamen Substanz her, welche wie eine Farbe auf dem Fibrin haftet.

Es ist übrigens nicht nöthig, dass die Diastase auf den Körper, auf. dem sie haftet, auch einwirken kann. Legt man z. B. einige Stücke Seide in Magensaft, so tränken sie sich mit der wirksamen Substanz, obgleich die Diastase auf Seide keineswegs einwirkt.

Die meisten Diastasen sind gegenüber der Einwirkung gewisser Stoffe, wie Blausäure und Chloroform, unempfindlich, Stoffe, welche die Lebensthätigkeit der Zellen lähmen. Bringt man z. B. Hefe bei Gegenwart von Chloroform in eine Lösung von Rohrzucker, so beobachtet man, dass die Hefezellen ruhen und sich nicht mehr vermehren; dagegen sieht man, dass sich der Rohrzucker in Invertzucker umwandelt. Die Absonderung von Diastase seitens der Zellen und die Leistung chemischer Arbeit geht also weiter, während die cellulare Arbeit sozusagen von dem Chloroform gelähmt wurde.

Hieraus hat man geschlossen, dass die Enzyme unempfindlich sind sowohl gegenüber der Einwirkung von antiseptischen Mitteln, als auch gegenüber derjenigen von Stoffen, welche die Lebensthätigkeit hemmen. Indessen ist dies keine allgemeine Thatsache. Man kennt heute eine Reihe von Enzymen, welche gegenüber von Äther, Chloroform, Thymol und Blausäure äußerst empfindlich sind.

Die verschiedenen Diastasen zeigen in der That beträchtliche Verschiedenheiten sowohl hinsichtlich ihrer Natur, als auch hinsichtlich ihrer Empfindlichkeit gegenüber verschiedenen Reagentien.

Die Malzdiastasen, sowie die wirksamen Substanzen der Hefen, welche Rohrzucker in Invertzucker umwandeln, sind sehr widerstandsfähig und weit weniger empfindlich als die Zellen, von denen sie erzeugt werden.

Die gleichen Diastasen finden sich hin und wieder in anderen lebenden und widerstandsfähigeren Zellen, denn es herrscht zwischen den Zellen, wie zwischen den Diastasen eine beträchtliche Verschiedenheit hinsichtlich ihrer Empfindlichkeit gegenüber von Reagentien.

Es gibt also Fälle, wo antiseptische Mittel die activen Substanzen früher angreifen als die Zellen selbst und wiederum Fälle, wo das Umgekehrte zutrifft.

Die Hefearten, welche wir soeben angeführt haben, liefern ein Beispiel wechselnder Empfindlichkeit der Diastase gegenüber antiseptischen Mitteln. Man weiß heute in der That, dass die Bierhefe außer der Diastase, welche Rohrzucker in Invertzucker umwandelt, ein zweites Enzym in sich birgt, welches den Invertzucker in Alkohol verwandelt.

Das Unterbleiben einer Gährung bei Gegenwart von Chloroform ist schon ein Beweis, dass von den beiden Diastasen der Hefe die eine durch das Antisepticum zerstört wird, während die andere demselben Widerstand leistet.

Die größere oder geringere Empfindlichkeit der Diastase gegenüber der Einwirkung antiseptischer Mittel und gegenüber von Substanzen, welche die Lebensthätigkeit lahm legen, kann benützt werden, um ein Eingreifen der Fermente während eines diastatischen Vorgangs zu unterdrücken. Studiert man z. B. die Verzuckerung des Stärkemehls oder die Umwandlung von Fleisch durch Diastase, so ist man häufig Irrthümern ausgesetzt durch die Wirkung von Fermenten, welche die gleiche Wirkung hervorbringen wie die Diastase, deren Einfluss man studiert. In diesem Falle gibt man in die Versuchsflüssigkeit ein wenig Antisepticum, etwa einige Tropfen Chloroform, und verhindert auf diese Weise die Einwirkung der Fermente.

Nur bei gewissen Diastasen von erhöhter Empfindlichkeit muss man zu anderen Mitteln seine Zuflucht nehmen, um die Einwirkung der geformten Fermente zu verhindern, weil die Diastase selbst durch das antiseptische Mittel zerstört würde. Diese Vorsicht ist besonders nothwendig, will man die Einwirkung von Fermenten studieren, welche noch unbekannt sind; in diesen Fällen kann ein negatives Resultat von der Gegenwart eines antiseptischen Mittels herrühren.

Die Einwirkung der Wärme auf die Enzyme ist außerordentlich wichtig und kann besser als anderen Eigenschaften zur Charakterisierung einer diastatischen Wirkung dienen.

Im allgemeinen ist die Wirkung der Enzyme bei einer
Temperatur von 0^0 eine langsame, ja sogar häufig bei dieser
Temperatur vollständig gleich 0. Steigert man die Temperatur allmählich auf 40^0, so beobachtet man hiebei ein Stärker-
werden der Reaction; zwischen 40^0 und 50^0 ist die Steigerung
eine sehr beträchtliche — bei dieser Temperatur erlangt die
Diastase im allgemeinen ihre größte Wirksamkeit — über
50^0 hinaus nimmt die Wirksamkeit wieder ab; bei 80^0 bemerkt man bereits eine bedeutende Abschwächung und über
90^0 endlich wird die Diastase vollkommen zerstört.

Die verschiedenen Diastasen charakterisieren sich durch
ihre Optimaltemperatur, d. h. durch den Wärmegrad, bei
welchem dieselben die kräftigste Wirkung ausüben. Diese
Optimaltemperatur ist für die verschiedenen Diastasen eine
sehr unterschiedliche und dieser Umstand erlaubt es, die einzelnen Diastasen von einander zu unterscheiden. Indessen
diejenige Eigenschaft der Enzyme, welche ihr Studium erleichtert, ist die Leichtigkeit, mit welcher sie in Gegenwart
von Wasser zwischen 90 und 100^0 zugrunde gehen.

Allerdings in vollkommenem trockenen Zustand vermögen
einige Diastasen eine Temperatur von 90^0 und sogar über
90^0 auszuhalten; aber alle Enzyme ohne Ausnahme verlieren
ihre Wirksamkeit, wenn sie in wässrigen Lösungen bis nahe
auf 100^0 erwärmt werden.

Dieses Verhalten kann dazu dienen, eine diastatische
Wirkung von einer rein chemischen Wirkung zu unterscheiden.

Gibt man einen Aufguss von Hefe in eine Lösung von
Rohrzucker, so beobachtet man die Umwandlung des Rohrzuckers zu Invertzucker. Aber man darf daraus noch nicht
auf die Gegenwart eines diastatischen Vorganges schließen;
denn die Umwandlung könnte entweder von einem Säuregehalt
des Aufgusses, oder von einem anderen chemischen Agens
herrühren.

Um sich von der Gegenwart einer wirksamen Substanz
in der Hefe zu vergewissern, muss man einen doppelten Versuch ausführen. Man muss auf gleich große und gleich verdünnte Zuckermengen während des gleichen Zeitabschnittes
und bei der gleichen Temperatur einwirken lassen: einerseits
eine gewisse Menge von Hefeaufguss und andererseits eine

gleich große Menge desselben Aufgusses, welchen man zuvor
einige Minuten auf 100° erhitzt und alsdann wieder abgekühlt hat.

Erhält man bei den Versuchen dasselbe Ergebnis, so
kann man daraus schließen, dass die Umwandlung nicht von
einer activen Substanz in dem Hefeaufguss herrührt. Dagegen
wird die Einwirkung einer Diastase sich geltend machen,
wenn man in demjenigen Versuch, bei welchem der Hefeaufguss erhitzt war, keine Inversion wahrnimmt, während man
mit dem nicht erhitzten Hefeaufguss eine Umwandlung erzielt.

Die Eigenschaft der Diastasen, bei 100° zerstört zu werden,
erinnert in auffälliger Weise an die organisierte, lebende Materie.

Wir haben weiter oben schon mitgetheilt, dass in Gegenwart einer Diastaselösung Wasserstoffsuperoxyd sich zersetzt.
Will man diesen Vorgang sich abspielen lassen, so greift man
zu einer alkoholischen Lösung von Guajakharz. Man nimmt
2—3 cm^3 von dieser Guajaklösung, fügt einige Tropfen
Wasserstoffsuperoxyd und dann tropfenweise von derjenigen
Flüssigkeit zu, in welcher man das Vorhandensein eines Enzyms
vermuthet. Ist eine wirksame Substanz vorhanden, so nimmt
die ursprünglich rothe Flüssigkeit eine intensiv blaue Färbung
an. Diese Färbung ist auf eine Umwandlung der Guajakonsäure zurückzuführen. Die Farbenreaction mittelst Guajak ist
außerordentlich empfindlich: Unendlich kleine Mengen wirksamer Substanz vermögen sie hervorzurufen.

Dabei darf man nicht vergessen, dass die Guajaklösung
mit der Zeit ihr Färbevermögen einbüßt; es ist daher räthlich,
vor der Versuchsanstellung eine frische Lösung zu bereiten,
indem man pulverisiertes Guajakharz mit Alkohol zerreibt.
Im übrigen bietet diese Reaction stets gewisse Schwierigkeiten,
da der gebildete Farbstoff sehr unbeständig ist und sich sowohl
durch Wärme, als durch verschiedene chemische Reagentien
zersetzt. Eine schwach alkalische oder auch schwach saure
Reaction verhindert das Auftreten der Färbung; man muss
also stets gewisse Vorsichtsmaßregeln beobachten, wenn man
sich dieses Reagens bedient; räthlich ist es, das Wasserstoffsuperoxyd zuvor genau zu neutralisieren, da es gewöhnlich
sehr sauer ist. Man bestimmt daher in der auf Diastase zu

untersuchenden Flüssigkeit den Säure- oder Alkalinitätsgrad und neutralisiert alsdann.

Die Färbung durch Guajakonsäure erfährt durch Essigsäure keine Zerstörung; arbeitet man mit einer vollkommen neutralen Flüssigkeit, so thut man gut daran, diese mit einem Tropfen verdünnter Essigsäure anzusäuern.

Die Guajakreaction leistet bei der Untersuchung auf Enzyme wertvolle Dienste. Allein absolut zuverlässig ist sie nicht, denn die in einer Flüssigkeit aufgetretene Färbung kann auch von anderen Körpern, als von Enzymen herrühren. Erhält man also keine Reaction, so darf man daraus noch nicht auf die Abwesenheit von activen Substanzen schließen, denn es kann ja ein Nichtauftreten der Färbung von verschiedenen Stoffen herrühren, welche neben den Enzymen in der zu untersuchenden Flüssigkeit vorhanden sind.

Im übrigen kennt man solche Enzyme, welche mit Guajak keine Färbung geben, wie es auf der anderen Seite Diastasen gibt, welche unter Einwirkung eines gewissen Einflusses wohl ihr Färbevermögen aber keineswegs ihre activen Eigenschaften einbüßen.

So geben auch gewisse Enzyme bei hoher Temperatur keine Färbung mehr mit Guajak, obgleich die wirksame Substanz noch nicht zerstört ist. Bei anderen Diastasen erlischt das Färbevermögen mit Guajak durch fortgesetzte Berührung mit Wasserstoffsuperoxyd, wobei indessen die active Eigenschaft der Diastase keine Änderung erfährt. Auf der anderen Seite kennt man jedoch keine Enzyme, welche auch dann noch eine Färbung mit Guajak geben, nachdem sie ihre Wirksamkeit unter dem Einfluss chemischer oder physikalischer Agentien eingebüßt haben.

Will man also die Guajakreaction mit Vortheil anwenden, so muss man, wie oben bei der Einwirkung des Wärmefactors beschrieben, einen Doppelversuch anstellen und zwar einmal mit einer frischen Lösung und sodann mit einer solchen, welche auf 100^0 erhitzt wurde. Gibt die frische Lösung eine Färbung, die erhitzte dagegen nicht, so darf man die Gegenwart einer Diastase annehmen.

Im übrigen gibt die Guajaklösung mit einer ganzen Classe von Diastasen und ohne Wasserstoffsuperoxyd eine blaue Färbung. In diesem Falle darf man nicht lediglich auf die Gegenwart einer Diastase in der Flüssigkeit schließen, da ohne Wasserstoffsuperoxyd die Guajakreaction nur bei Gegenwart einer oxydierenden Diastase möglich ist.

Auch bei der Untersuchung auf Diastase in Pflanzen vermag die Guajaklösung erhebliche Dienste zu leisten. Es kommt häufig vor, dass die in den pflanzlichen Zellen enthaltenen Diastasen durch die auflösende Einwirkung des Wassers verändert oder zerstört wurden und zwar infolge einer Zersetzung der Extractivstoffe der Zellen, welche die activen Substanzen zerstören. In einem solchen Falle muss man die Diastase nicht in der Lösung, sondern in den Zellen selbst suchen.

Zu diesem Zwecke bereitet man sich sehr feine Schnitte und legt dieselben entweder in eine Guajaklösung oder in eine mit Wasserstoffsuperoxyd versetzte Lösung von Guajak. Die active Substanz enthaltenden Zellen färben sich hiebei blau.

Oftmals ist es sehr schwierig, eine diastatische Thätigkeit von der Zellenthätigkeit zu unterscheiden. Stellt man fest, dass irgend welche Flüssigkeit in gewissen Substanzen chemische Änderungen hervorbringen kann, so ist man zu der Annahme geneigt, dass man ein Enzym vor sich hat, falls die Flüssigkeit nach dem Aufkochen diese Veränderung nicht mehr hervorzubringen vermag. In Wirklichkeit aber liegt hierin kein Beweis, dass die beobachtete Thätigkeit eine diastatische ist, denn gewisse geformte Fermente können dieselbe auch veranlasst haben. Will man genau nachweisen, ob man es mit geformten oder löslichen Fermenten zu thun hat, so nimmt man in gewissen Fällen seine Zuflucht zu einer Filtration durch ein poröses Filter, welches Fermente zurückzuhalten vermag. Hat die filtrierte Flüssigkeit noch active Eigenschaften, so ist man zu dem Schluss berechtigt, dass die beobachtete Umwandlung von Diastasen herrührt. Das Gegentheil jedoch beweist keineswegs die Abwesenheit von Diastasen in der Versuchsflüssigkeit, denn es werden alle Enzyme von der porösen Filtermasse mehr oder weniger zurückgehalten, ja gewisse Enzyme passieren das Filter überhaupt nicht.

In dem Verhältnis der Proportionalität, welches zwischen der angewandten Diastasemenge und der durch diese Diastase umgewandelten Substanzmenge besteht, findet man einen sicheren Beweis für das Vorhandensein von Diastasen.

Das Proportionalitätsgesetz hat indessen keine absolute Giltigkeit. Mit einer unendlich kleinen Menge von Enzym kann man eine recht beträchtliche stoffliche Umwandlung hervorrufen, wenn man nur die Einwirkung lange genug fortdauern lässt unter solchen Bedingungen, dass das Enzym weder von physikalischen noch von chemischen Einflüssen in der Versuchsflüssigkeit beeinträchtigt wird.

Bei Beginn der Einwirkung und besonders dann, wenn man eine recht geringe Menge von Enzym auf eine große Menge von Substanz einwirken lässt, kann man eine Proportionalität zwischen der Menge angewendeten Enzyms und derjenigen umgewandelter Substanz wahrnehmen. Nur unter dieser Bedingung findet man das Proportionalitätsgesetz bestätigt.

Gibt man zum Beispiel zu 100 cm^3 einer 10%igen Zuckerlösung eine geringe Menge von Sucrase, etwa 1 cm^3 eines Hefeaufgusses, und lässt man die Einwirkung eine Stunde dauern, so findet man alsdann einen Theil des Zuckers umgewandelt. Gibt man jedoch in eine gleiche Flüssigkeit unter denselben Bedingungen der Verdünnung und Temperatur nur $^1/_2$ cm^3 dieser Sukraselösung, so findet man, dass die Menge Invertzuckers ungefähr halb so groß ist wie bei dem vorhergehenden Versuch.

Wendet man an Stelle von Diastase geformte Fermente an, welche dieselbe stoffliche Umwandlung zu bewirken vermögen, so beobachtet man niemals eine Proportionalität zwischen angewandter Menge und erzielter Wirkung. Eine doppelte Menge geformten Ferments inventiert keineswegs die doppelte Zuckermenge. Es ist in letzterem Fall augenscheinlich eine größere Zuckermenge invertiert worden, doppelt so groß ist diese Menge indes nicht.

Die Proportionalität zwischen der angewandten Diastasenmenge und der stofflichen Umwandlung ist außerordentlich wichtig, besonders, wenn man die Gegenwart geformter Fermente in einer activen Flüssigkeit vermuthet.

Chemische Zusammensetzung der Enzyme. Nachdem wir nun die Erkennungsmerkmale für die Gegenwart von Diastasen in einer Flüssigkeit kennen, haben wir

uns mit der chemischen Zusammensetzung der Enzyme näher
zu befassen. Die Elementaranalyse der Enzyme gibt für
verschiedene bekannte Arten recht wenig übereinstimmende
Zahlen, ja ab und zu haben verschiedene Forscher für eine
und dieselbe Diastase recht abwechselnde Resultate gefunden.
Dies kann einmal davon herrühren, dass das der Analyse
unterworfene Material keineswegs reine Substanz war, vielmehr
ein Gemisch verschiedener Substanzen. Möglich ist es auch,
dass die Enzyme in ihrer Zusammensetzung in der That
variieren; letzteres dürfte uns nicht wundernehmen, da es
sich hier um Körper handelt, welche sehr verschiedene Wirkungen ausüben, um Körper, deren Wirkung sich auch auf
sehr verschiedene Substanzen erstreckt.

Im folgenden theilen wir die Zusammensetzung einiger
Enzyme mit.

	Kohlenstoff	Wasserstoff	Stickstoff	Schwefel	Asche	Analytiker
Enzyme:						
Malzdiastase . .	45·68	6·9	4·57	0	6·08	Krauch
	47·57	6·49	5·14	0	3·16	Zalkowski
	46·66	7·35	10·41	0	4·79	Lintner
	46·66	7·35	16·53	0	4·79	Wrablewski
Ptyalin	43 1	7·8	11·86	0	6·1	Hüfner
Invertin. . . .	43·1	7·8	4·30	0	6·1	Mayer
	43·90	8·4	6	0·63	6·1	Brauth
	40·50	6·9	9·30	0·63	6·1	Donath
Emulsin . . .	43·06	7·2	11·52	1·25	6·1	Brucklau
	48 80	7·10	14·20	1·3	6·1	Schmid
Pankreatin . . .	43·6	6·5	13·81	0·88	7·04	Hüfner
Trypsin	52·75	7·5	16·55	0·88	17 7	Loenid
Pepsin	53·2	6 7	17·8	0·88	17·7	Schmid
Eiweißkörper						
Nicht coaguliertes Hühnereiweiß	63·7	7·1	15·8	1·8	17·7	Dumas

Sehen wir uns den Stickstoffgehalt der Enzyme, deren Zusammensetzung die Tabelle enthält, näher an, so bemerken wir, dass gewisse Diastasen, wie das Pepsin, sehr stickstoffreich sind und sich in ihrer Zusammensetzung den Eiweißkörpern nähern. Bei anderen Enzymen, wie bei dem Invertin, findet man einen wesentlich geringeren Gehalt an Stickstoff.

In der Reihe von Oxydasen gibt es sogar Enzyme, jüngst erst entdeckt, welche vollständig stickstofffrei zu sein scheinen. Diese letzteren nähern sich mehr den Gummiarten.

Wir haben eben gesagt, dass die mangelhafte Übereinstimmung der Untersuchungsresultate von der Unreinheit der untersuchten Stoffe herrühren kann. In der That sind auch die Methoden, nach welchen man die Enzyme aus ihren Lösungen abscheidet, nicht derart, um reine Stoffe liefern zu können.

Meistens extrahiert man die Diastase aus den Zellen mittelst Wasser und nachheriger Fällung durch Alkohol. In Lösungen, welche bei Gegenwart von Protoplasma hergestellt sind, befindet sich stets eine große Menge von Stoffen, welche durch Alkohol gefällt werden, und die Producte, welche man hiebei erhält, enthalten nothwendigerweise Mischungen verschiedener Stoffe. Will man die Niederschläge durch Wiederauflösen und abermaliges Fällen reinigen, so erzielt man allerdings Stoffe von constanter Zusammensetzung, dieselben haben aber ihre activen Eigenschaften fast vollständig eingebüßt.

In den Enzymen findet man stets eine große Menge anorganischer Salze, besonders phosphorsauren Kalk in sehr wechselnder Menge.

Will man die Diastase durch die Erzeugung eines Niederschlages isolieren, erzielt man dasselbe Resultat: Man findet nach der Fällung Stoffe, welche noch viele Verunreinigungen enthalten.

Außerdem setzt man sich beim Ausfällen von Diastasen aus einer activen Flüssigkeit stets der Gefahr aus, ein Gemenge verschiedener Diastasen zu erhalten und nicht nur eine einzige.

Die Trennung der Diastasen von einander ist alsdann unmöglich, denn ihre Unlöslichkeit in Alkohol ist nicht derart, dass man sie durch Fällung trennen könnte. Zieht man z. B. Gerstenmalz mit Wasser aus, so erhält man in der Flüssigkeit eine ganze Reihe activer Substanzen, welche allesammt durch Alkohol oder mit einem sich ausscheidenden Niederschlag ausgefällt werden.

Diejenigen Diastasen, welche sich laut Analyse den Eiweißkörpern am meisten nähern, unterscheiden sich doch von diesen letzteren immerhin recht bemerkenswert.

Die Enzyme geben nicht alle die Farbenreaction wie die Eiweißkörper. Die letzteren diffundieren nicht durch Pergament, was die Diastasen, allerdings mit einer gewissen Schwierigkeit, zu thun vermögen.

Die Diastasen verhalten sich auch anders, als Proteosen; diese letzteren werden von den Zellen assimiliert, was bei den Diastasen nicht der Fall ist. Die Fermente des Speichels und Pankreassaftes dienen niemals als Reservestoffe: Während der normalen Ernährungsperiode im Innern der Zellen vorhanden, verschwinden sie in dem Augenblick, wo die Nahrungszufuhr unterbleibt.

Nach Untersuchungen von BEIYERINK vermag die Amylase weder die Kohlehydrate, noch die Eiweißkörper bei der Ernährung zu ersetzen, da sowohl Hefen, als Bakterien dieselben nicht aufnehmen.

Zymogenesis. Die Bildungsstätte für die Enzyme befindet sich in gewissen besonderen Zellen. Nach HÜFNER sollten sich die Enzyme durch Oxydation der Eiweißkörper bilden. Diese Anschauung bekämpft indes WROBLEWSKI, welcher die Diastasen als Proteosen auffasst.

Man besitzt heutigentags sehr wenig Anhaltspunkte über die Bildungsweise der Enzyme. In der Mehrzahl der Fälle vermag man ihre Gegenwart erst festzustellen, wenn die Enzyme bereits alle ihre Eigenschaften erreicht haben; es sind nur vereinzelte Fälle beobachtet, in welchen man die Gegenwart einer nicht activen Substanz constatierte, welch letztere bei geeigneter Behandlung zu einem Ferment sich ausbilden konnte.

So gibt der Magenschleim durch Behandlung mit Wasser eine Flüssigkeit, welche Milch nicht zum Gerinnen bringt; dieselbe Flüssigkeit erreicht aber die Eigenschaft, Milch gerinnen zu machen, wenn man ihr 1 % Salzsäure zufügt. Auch

nach erfolgter Neutralisation findet sich die active Eigenschaft
noch vor.

Das frische Pankreasgewebe kann an Wasser einen Stoff
abgeben, welcher bei Gegenwart einer geringen Säuremenge
eine langsame Wirksamkeit ausübt.

Diese Wirksamkeit vermag man zu beschleunigen, indem
man durch diese Flüssigkeit einen Sauerstoffstrom durchleitet
oder auch durch Versetzen mit Wasserstoffsuperoxyd.

Derartige Stoffe, welche active Wirksamkeit zu erreichen
vermögen, nennt man Profermente, Proenzymasen, zymogen-
bildende Substanzen; die Umwandlung einer zymogenbildenden
Substanz in ein Ferment bezeichnet man nach ARTHUS als
Zymogenese.

Höchst wahrscheinlich ist es, dass die Mehrzahl der
Enzyme von zymogenbildenden Substanzen herrührt, und dass
die Erscheinungen der Zymogenbildung ebenso häufig sind,
als diejenigen der Diastasezerstörung, der sogenannten Zymolyse.

Wirkungsweise der Diastasen. Die chemische
Analyse allein reicht zur Charakterisierung eines Enzyms nicht
aus. Um die charakteristischen Eigenschaften einer Diastase
genau zu bestimmen, muss man ihre Wirkungsweise, die chemischen Reactionen, welche sie hervorzubringen vermag und
vor allem die Stoffe, auf welche sich ihre Einwirkung erstreckt,
genau untersuchen.

Entsprechend ihrer Natur vermögen die Diastasen sehr
verschiedene chemische Reactionen zu veranlassen. Die einen
haben eine hydratisierende Wirkung, d. h. sie vermögen ein
oder mehrere Molecüle Wasser an diejenigen Stoffe zu binden,
auf welche sich ihre Wirkung erstreckt.

Es sei hier beispielsweise an die Umwandlung von Rohrzucker in Dextrose und Lävulose erinnert.

$$C_{12}H_{22}O_{11} \ + \ H_2O \ = \ C_6H_{12}O_6 \ + \ C_6H_{12}O_6$$

$$\underset{\text{Saccharose}}{} \qquad \underset{\text{Wasser}}{} \quad \underset{\text{Traubenzucker}}{} \qquad \underset{\text{Lävulose}}{}$$

Im Gegensatz hiezu wirkt eine andere Reihe von Diastasen oxydierend.

Hier mag als Beispiel dienen, die Umwandlung von
Hydrochinon in Chinon.

$$C_6H_4{<}{OH \atop OH} + O = H_2O + C_6H_4{<}{O \atop O}$$

Wieder andere Enzyme wirken lediglich spaltend auf die
Molecüle ein, ohne eine Wasseraufnahme oder eine Oxydation
hervorzubringen, indem sie lediglich einen Molecülwechsel veran-
lassen. Die Diastasen der Hefen, welche die alkoholische
Gährung hervorruft, veranlasst lediglich eine Spaltung der
Molecüle ohne Wasseraufnahme.

$$C_6H_{12}O_6 = 2\,CO_2 + 2\,C_2H_6O$$

| Traubenzucker | Kohlensäure-Anhydrid | Alkohol |

Bei dem oben angeführten Beispiel der Umwandlung von
Rohrzucker in Dextrose und Lävulose wird das Zuckermolecül
unter Aufnahme von Wasser gespalten.

Derselbe Vorgang von Molecülspaltung mit Wasseraufnahme spielt sich auch bei der Umwandlung der Glukoside
durch die Diastasen ab.

Unter Wasseraufnahme spaltet sich das zusammengesetzte
Molecül der Glukoside in zwei Theile, gibt einerseits Traubenzucker, andererseits denjenigen Körper, mit welchem der Zucker
verbunden war.

Denselben Vorgang beobachtet man bei Einwirkung von
Diastasen auf Fettkörper. Diastasen, welche auf die Eiweißkörper einwirken, bringen ebenfalls eine Spaltung unter gleichzeitiger Wasseraufnahme hervor, wenngleich es auch schwierig
ist, diesen Vorgang vollständig zu erklären.

Die Molecüle der Eiweißkörper sind außerordentlich hoch
zusammengesetzt; man gibt ihnen im allgemeinen ein Moleculargewicht von ungefähr 5500, und da gewisse Spaltungsproducte Moleculargewichte von 2800, 1400 und 400 zeigen,
erkennt man daraus, dass die diastatische Einwirkung eine
Verminderung des Moleculargewichts hervorzubringen vermag.

Enzyme, welche unter Wasseraufnahme oder unter Spalt-
tung der Molecüle wirksam sind, vermögen verschiedene Stoffe
zu liefern, wie ja auch aus Rohrzucker Dextrose und Lävulose
entsteht.

Denselben Vorgang beobachtet man bei der Umwandlung des Milchzuckers; die beiden Spaltungsproducte seines Moleculs sind verschieden: Dextrose und Galaktose.

Dass sich bei einer Spaltung zwei Molecüle von der nämlichen chemischen Configuration bilden, kommt auch vor. So wirkt die von CUSENIER gefundene Diastase, die Glykase, unter Bildung von zwei Molecülen Traubenzucker auf Maltose ein.

LITERATUR:

KIRCHHOFF. — Formation du sucre dans les céréales. Journal de pharmacie. 1816, p. 250. Acad. de St. Pétersbourg, 1814.

DUBRUNFAUT. — Mémoire sur la saccharification. Société d'agriculture de Paris, 1823.

PAYEN ET PERSOZ. — Mémoire sur les diastases et les principaux produits de leur action. Ann. de chimie et de physique, 1833, p. 73.

RÉAUMUR. — Mémoire sur la digestion des oiseaux. Histoire de l'Acad. des sciences, 1752, p. 266—461.

SPALANZANI. — Expériences sur la digestion. Genève, 1783.

SCHWANN. — Essence de la digestion. Müllers Archiv 1836.

SCHAER. — Über das Gajaktinktur-Reagens. Apoth.-Zeitung. Berlin, 1894.

JACOBSON. — Untersuchungen über die löslichen Fermente. Zeitschrift für phys. Chemie, 1892, 16, p. 340—369.

DASTRE. — Solubilité et activité des ferments solubles en liquide alcoolique. Bull. de l'Acad. des sciences 1895, 24, p. 899.

NIKILTA CHODSCHAJEW. — Dialyse des enzymes. Archiv. physiolog., 1898.

BOUCHARDAT. — Sur le ferment saccharrifiant au glucosique. Ann. de chimie et physique, 1845.

MUNTZ. — Sur le ferment chimique et physiologique. Comptes Rendus. 1875. Ann. de chimie et de physique. 5, p. 428.

NASSE UND FRAMM. — Glykolyse. Pflügers Archiv, 63, p. 203—208.

J. R. ULIN. — Recherches sur le développement d'une mucédinée dans un milieu artificiel. Ann. des sciences naturelles, 1890.

SCHIFF. — Leçons sur la digestion stomacale, 1872—1873. Traduct. franç. Paris, 1868.

EFFRONT. — Sur les conditions chimiques de l'action des diastases, 1892. Comptes Rendus de l'Acad. des sciences, p. 1324.

BEIYERINK. — Centralblatt für Bakteriologie, II, 1898.

WROBLEWSKY. — Über die chemische Beschaffenheit der amylilytischen Fermente. Berichte der deutschen chemischen Gesellschaft, 1898.

BOURQUELOT. — Sur les caractères pouvant servir à distinguer la pepsine de la trypsine. Journ. de Pharmacie et Chimie, 1884.

WÜRTZ. — Sur le ferment digestif du Caria papaya. Comptes Rendus, 1879, t. XXXIX, p. 425.

GAUTIER. — Sur les modifications solubles et insolubles du ferment de la digestion gastrique. Comptes Rendus, 1892, p. 682.

— — Sur la modification insoluble de la pepsine. Comptes Rendus, 1892, p. 1192, t. XCIV.

A. WROBLEWSKY. — Classification der Enzyme. Bericht der deutschen chemischen Gesellschaft, 1897, 3, 30408.

R. PAWLEWSKY. — Unsicherheit der Guajakreaction. Bericht der deutschen chemischen Gesellschaft, 1897, 2, 1313.

DRITTES CAPITEL.

WIRKUNGSWEISE DER DIASTASEN.

Wirkungsweisen der Diastasen. — Verschiedene Anschauungen über diesen Punkt. — Diastase als Kraft und Diastase als Stoff. — Arbeiten von BUNSEN, HÜFNER, NAEGELI, WITTICH, FICK, JÄGER und ARTHUS. — Analogie zwischen geformten und löslichen Fermenten. — Hypothese von ARMAND GAUTIER über die Natur der Enzyme.

Wir haben weiter oben schon davon gesprochen, dass die Diastasen, je nach ihrer Natur, eine moleculare Änderung, eine Wasseraufnahme oder eine Oxydation bewirken können. Wir haben ebenfalls schon gesehen, dass der diastatische Vorgang charakterisiert ist durch das Missverhältnis, welches zwischen den Umwandlungsproducten und dem Gewichte der activwirksamen Substanz obwaltet. Dieses Missverhältnis zwischen Ursache und Wirkung beweist, dass die activ wirksamen Substanzen sich bei der Zusammensetzung der Endproducte ihrer Umwandlung nicht betheiligen.

Die Enzyme scheinen hiebei die Rolle eines Vermittlers zu spielen, insofern sie die innere Energie der Stoffe, auf welche sie wirken, erhöhen und sie zu Spaltungen oder Vereinigungen geeigneter machen.

BERZELIUS hat die diastatischen Vorgänge mit den sogenannten katalytischen verglichen, also mit Vorgängen, welche man früher einzig und allein durch die Wirkungen eines Contactes oder die Gegenwart eines Körpers erklärte. Dieser Gelehrte hatte eine Analogie zwischen der Wirkung eines

Enzyms und der Zersetzung von Wasserstoffsuperoxyd durch Platinmoor beobachtet.

Der Vergleich von BERZELIUS ist indes kein glücklicher: Wasserstoffsuperoxyd ist eine leicht zersetzliche Substanz und poröse Körper wie z. B. Kohlenpulver und viele Metalle in fein pulverisiertem Zustand vermögen infolge ihrer außerordentlichen Porosität die Zersetzung gewisser Körper hervorzurufen. Es ist nun einleuchtend, dass die Enzyme eine andere Wikungsweise haben und dass der Vergleich, welchen BERZELIUS anstellt, umso weniger passt, als auf der einen Seite eine Reaction zwischen einer Flüssigkeit und einem festen Körper stattfindet, während andererseits lediglich zwei gelöste Körper auf einander wirken.

Wenn auch der Vergleich von BERZELIUS nicht stimmt, so muss man doch zugeben, dass auf den ersten Blick die Enzyme lediglich durch Contact wirken und dass in der That eine auffallende Ähnlichkeit zwischen katalytischer Reaction und diastatischer Wirkung obwaltet. In beiden Fällen finden sich mit Beendigung der Reaction die auf einander einwirkenden Körper in solchem Zustande wieder vor wie zu Anfang, und ferner ist festgestellt, dass das Mengenverhältnis der in Wirkung tretenden Körper ohne Einfluss auf das Endresultat ist.

In der anorganischen wie organischen Chemie kennt man eine Reihe Reactionen dieser Art; die Zersetzung von Calciumhypochlorid durch Kobaltoxyd, die Zersetzung von Wasserstoffsuperoxyd durch Kaliumbichromat, die Verbindung von Benzol mit Methylchlorid bei Gegenwart von Chloraluminium u. s. w. Bei allen diesen Reactionen findet man die wirksame Substanz bei Beendigung der Reaction wieder vor. Es sind dies Erscheinungen, welche man früher als katalytische Reactionen betrachtete, Erscheinungen, deren eigentlichen Mechanismus man indessen heute kennt.

Die Zersetzung von Calciumhypochlorid durch gewisse Metalloxyde, z. B. durch Kobaltoxyd, scheint lediglich durch die Gegenwart dieses Kobaltoxydes hervorgerufen, da das letztere sich unverändert wieder vorfindet und im Verlauf der Reaction keinen Wandel erfahren zu haben scheint. In Wirklichkeit aber ist seine Rolle keine ganz indifferente: es bildet sich während der Reaction ein Kobaltoxydul, welches nachher oxydiert wird, und welches auf neue Mengen des gebildeten Oxychlorürs einwirken kann.

1. $(ClO)_2\, Ca \,+\, 2\, Co_2O_3 \,=\, CaCl_2 \,+\, 2\, O_2 \,+\, 4\, CoO$

2. $4\, CoO \,+\, O_2 \,=\, 2\, Co_2O_3.$

Zersetzt man Wasserstoffsuperoxyd durch Kaliumbichromat, so beobachtet man bei der Reaction einen ähnlichen Mechanismus. Das Bichromat besitzt die Eigenschaft, nach und nach eine unbegrenzte Menge von Wasserstoffsuperoxyd zersetzen zu können und findet sich bei Beendigung der Reaction unverändert wieder vor.

BERTHELOT erklärt diesen Vorgang durch die Bildung eines Zwischenproducts, welches ohne Unterlass zerstört und wieder gebildet wird.

Diese Zersetzung und Wiederbildung erreicht ihr Ende erst dann, wenn die ganze Menge Wasserstoffsuperoxyd vollständig zersetzt ist.

BERTHELOT setzte zu einem Gemisch von Wasserstoffsuperoxyd und Bichromatlösung etwas Ammoniak und erzielte in dem Augenblick, als Sauerstoff frei wurde, einen Niederschlag, welcher aus Wasserstoffsuperoxyd, Chromsesquioxyd und Chromammonium bestand. Diese Verbindung von Wasserstoffsuperoxyd mit Chromsesquioxyd setzt sich im Verlauf der Reaction aufs neue in Chromsäure und Wasser um. Diese Reaction findet wahrscheinlich nach folgender Formel statt:

$$6\,(H_2O_2) \,+\, 2\, CrO_3 \,=\, Cr_2O_3,\, 3\, H_2O_2 \,+\, 3\, H_2O \,+\, 3\, O_2$$
$$(Cr_2O_3,\, 3\, H_2O_2) \,=\, 2\, CrO_3 \,+\, 3\, H_2O$$

In der organischen Chemie gibt es ganz analoge Reactionen. So begünstigen z. B. bei der Reaction von FRIEDEL und KRAFT die Metallsalze in der Benzolreihe die Substitution von Wasserstoffatomon durch einatomige Gruppen.

Benzol, C_6H_6, und Chlormetyl, CH_3Cl, wirken unter gewöhnlichen Verhältnissen nicht auf einander ein: findet indes die Einwirkung bei Gegenwart von Metallsalzen, z. B. Chloraluminium statt, so bildet sich Toluol, $C_6H_5CH_3$, und Salzsäure HCl. Die Rolle, welche das Salz hiebei spielt, besteht in der Bildung eines Zwischenproductes, welches die Reaction begünstigt.

$$C_6H_6 + Al_2Cl_6 = C_6H_5Al_2Cl_5 + HCl$$
$$C_6H_5Al_2Cl_5 + CH_3Cl = C_6H_5CH_3 + Al_2Cl_6.$$

Überhaupt gleichen sich all diese Reactionen in ihrem Mechanismus und die Bildung von Äther durch die Berührung von Schwefelsäure mit Alkohol können als charakteristische Beispiele dieser Art von Reactionen dienen.

Die Umwandlung des Alkohol spielt sich in zwei Phasen ab:

Im ersten Stadium vereinigt sich der Alkohol mit der Schwefelsäure, um eine Alkoholschwefelsäure zu bilden; im zweiten Stadium wirkt das gebildete Product weiter auf Alkohol ein: Es bildet sich Äther, und Schwefelsäure wird regeneriert.

Es ist wahrscheinlich, dass die Moleküle der Enzyme mit den der Umwandlung unterworfenen Substanzen vorübergehende Verbindungen eingehen, welche wenig beständig sind und sich leicht zersetzen, sei es durch Wasser, sei es durch Sauerstoff.

Man kann sich diese Theorie folgendermaßen erklären. Man lässt zwei Körper mit schwacher Verwandtschaft, z. B. Stärkemehl und Wasser, bei Gegenwart eines dritten Körpers, z. B. Malzdiastase, auf einander wirken. Hiebei bildet sich eine moleculare Vereinigung von Stärkemehl und Diastase. Diese Verbindung hat die Eigenschaften derjenigen Körper, welche ihre Zusammensetzung ausmachen, nicht mehr; sie ist bereits eine weit weniger beständige Substanz, welche sich in Gegenwart von Wasser zerlegt. Infolge dieser Zerlegung erscheint die Diastase wiederum in ihrem vormaligen Zustand; das Wasser wird an das Stärkemolecül gebunden, und diese Wasseraufnahme verwandelt das Stärkemehl in Zucker.

Leider stützt sich diese Theorie, welche wir BUNSEN und HÜFNER verdanken, nicht auf wirkliche Thatsachen, sondern nur auf Analogien, ein Umstand, welcher diese Theorie anfechtbar macht.

WÜRTZ glaubte für diese Hypothese einen experimentellen Beweis beizubringen durch das Studium des Papaïns, welches bekanntlich ein auf Eiweißkörper wirkendes Enzym ist. WÜRTZ fand hiebei, dass, wenn man Fibrin in die Lösung dieser Diastase taucht, diese sich mit der wirksamen Substanz derart belädt, dass man auch durch Auswaschen dieselbe nicht mehr davon befreien kann.

Der hiemit getränkte Eiweißkörper erfährt eine Umwandlung, verflüssigt sich und bildet sich zu Pepton um, wenn man nur eine für die diastatische Wirkung günstige Temperatur einhält.

Da man dieselbe Erscheinung auch bei dem Pepsin beobachtet, so nahm WÜRTZ an, dass die Eiweißkörper mit den Diastasen eine unlösliche Verbindung eingehen und dass diese Verbindung ein Zwischenglied darstellt, analog demjenigen, welches bei allen katalytischen Reactionen auftritt.

Leider ist diese Erklärungsweise keineswegs zutreffend, denn die Diastasen haften nicht allein auf denjenigen Körpern, welche sie umzuwandeln vermögen, sondern auch auf solchen, auf welche sie keine Wirkung ausüben, wie z. B. Seide. Ferner bilden die Eiweißkörper solche Verbindungen nicht allein mit Diastasen, welche auf sie einwirken, sondern auch mit anderen Enzymen, welche ohne Einwirkung auf sie sind.

Die Versuche von WÜRTZ konnten also die Bildung von Zwischenproducten keineswegs beweisen. Gleichwohl findet seine Theorie von der Wirkungsweise der Diastasen eine Stütze in Arbeiten von SCHÖNBEIN, SCHAER und BUCHNER, welche sich auf die Einwirkung der Blausäure auf active Substanzen beziehen.

Gibt man Blausäure zu einer wässrigen Diastaselösung, so verliert letztere hiedurch die Fähigkeit, Wasserstoffsuperoxyd zu zersetzen und Körper umzuwandeln, auf welche die Diastase sonst einzuwirken vermag. Indessen zerstört die Blausäure die Diastase nicht; denn lässt man einen Luftstrom die inactive Lösung passieren, so tritt die active Eigenschaft des Enzyms wieder zutage.

Hieraus kann man schließen, dass die Enzyme mit der Blausäure eine unbeständige Verbindung bilden, welche durch das Durchleiten eines Luftstroms zerstört wird.

Diese Punkte sprechen sehr für die BUNSEN'sche Theorie. Hat man einmal festgestellt, dass die Enzyme mit Blausäure Zwischenproducte bilden können, so darf man auch annehmen, dass sie auf diejenigen Substanzen reagieren, auf welche sie einwirken und dass sie mit diesen Stoffen auch Verbindungen von der nämlichen Beschaffenheit bilden.

Leider konnten diese mittelst Blausäure gebildeten Zwischenproducte nicht rein dargestellt werden und die an sich sehr annehmbare Hypothese von WÜRTZ gründet sich also auf keine ganz klar gestellten Thatsachen.

Es ist daher naheliegend, andere Hypothesen zur Erklärung der Wirkungsweise der Enzyme zu suchen.

NAEGELI erklärt die Wirkung der Enzyme vollständig anders; er betrachtet dieselbe nicht als eine rein chemische Erscheinung, vielmehr, theilweise wenigstens, als eine physikalische.

Dieser Gelehrte geht davon aus, dass die Molectile der Enzyme sich in besonderen Schwingungen befinden und die gährungsfähige Substanz zu molecularen Schwingungen vermögen, welche zur Zerstörung der Molectile führen.

Wie man sieht, gleicht diese Theorie der alten LIEBIG'schen Gährungstheorie, nach welcher die Erscheinungen der Gährung im allgemeinen herrühren sollen von Stoffen, welche in Zersetzung begriffen sind und welche dieselbe moleculare Bewegung auf andere Körper übertragen.

Diese auf Speculation gegründete Hypothese wurde von DE JAGER wieder aufgenommen. Letzterer gieng noch weiter und glaubte beweisende Thatsachen dafür beibringen zu können, dass die Enzyme nicht als Stoffe, sondern nur als Kräfte wirken.

Die Versuche, auf welche DE JAGER hiebei sich stützte, verdanken wir WITTICH und FICK.

FICK gab in ein langes Rohr eine Lösung von Lab in Glycerin und füllte alsdann unter Beobachtung der größten Vorsicht mit Milch auf. Die beiden Flüssigkeiten beließ er einige Zeit bei 40⁰, wobei er eine Mischung der beiden Schichten zu vermeiden sich bestrebte; FICK konnte alsdann ein Gerinnen der Milch in der ganzen Länge des Cylinders beobachten. Da Lab nicht diffundiert, schloss DE JAGER daraus, dass das Gerinnen nicht von dem Lab selbst, sondern von einer demselben anhaftenden Eigenschaft herrühre.

WITTICH gab in einen Dialysator, welcher an seiner unteren Seite mit Pergament versehen war, Pepsin, welches

in einer gewissen Menge Wassers gelöst war. Hierauf führte
er diesen Dialysator in ein größeres Gefäß ein, welches
Wasser und Flocken von Fibrin enthielt. Obgleich er kein
Dialysieren des Pepsins beobachtete, so wurden doch die
Fibrinflocken flüssig und peptonisierten sich, wie wenn sie in
Berührung mit der Diastase gewesen wären.

Falls diese Versuche ganz genau und exact ausgeführt
waren, so musste es einleuchten, dass die Einwirkung der
Enzyme als chemischer Körper vollständig hätte müssen zurückgehalten werden, und man musste die Wirkung der Enzyme
betrachten als einen rein physikalischen Vorgang.

Allein andere Forscher konnten bei Wiederholung dieser
Versuche niemals zu denselben Resultaten gelangen.

Die Anschauung von de JAGER wurde erst ganz kürzlich
von ARTHUS wieder getheilt. Obgleich derselbe die mangelhafte Genauigkeit bei der Versuchsanstellung von FICK und
WITTICH erkennt, so bleibt er doch ein Anhänger der Theorie
von der Kraftwirkung der Enzyme.

So wenig wie seine Vorgänger konnte ARTHUS experimentelle Nachweise zu Gunsten seiner Theorie beibringen,
allein er beleuchtet sehr glücklich die schwachen Seiten der
Theorie, welche in den Enzymen die Wirkung von Stoffen
erblickt.

Vor allem stellt er fest, dass auch die genaueste Analyse
zur Charakterisierung der Enzyme nicht ausreicht.

Wie es von uns oben schon geschehen ist, so betont
auch ARTHUS die mangelhafte Übereinstimmung der Enzym-
analysen durch verschiedene Forscher; er weist auch darauf
hin, dass die Diastasen in keine bestimmte chemische Kategorie
eingereiht werden können, da sie weder Eiweißkörper noch
Gummiarten sind. Verwundert spricht er sich ferner darüber
aus, dass jeder Forscher ein reines Enzym durch verschiedene
Fällungen nacheinander hergestellt haben will, ohne dass einer
von ihnen die Merkmale für die Erkennung eines reinen
Enzyms angeben kann. Er hat auch beobachtet, dass die
Enzyme verschieden sind hinsichtlich ihrer Zusammensetzung
und ihrer Eigenschaften, und zwar je nach der Art ihrer
Darstellung. Er führt hierauf die Anschauungen verschiedener
Forscher betreffs der Unreinheit der diastatischen Nieder-

schläge an und kommt zu dem Schluss, dass alle Diastasen, welche bis heute untersucht wurden, mit Fremdkörpern mehr oder weniger gemischt waren.

ARTHUS bekennt sich auch als Gegner der Theorie, welche in die Ätherbildung mittels Schwefelsäure ein Analogon mit die Enzymwirkung erblickt, er stützt sich hiebei auf die Verschiedenheit zwischen der zur Umwandlung von Alkohol in Äther erforderlichen Menge Schwefelsäure und derjenigen Enzymmenge, welche zu einer diastatischen Umwandlung nothwendig ist. In der That ätherificiert die Schwefelsäure nur das 25fache bis 30fache ihres Gewichts an Alkohol, während eine gewisse Menge Diastase im Verhältnis hiezu unendlich große Stoffmengen umwandeln kann, Lab z. B. vermag das 250.000fache seines Gewichts an Casein zu coagulieren.

Er führt endlich aus, dass die Eigenschaften der Enzyme keineswegs eine chemische Natur derselben bedingen, dass sie vielmehr unwägbare Kräfte sein können, wie dies Wärme, Elektricität u. s. w. sind.

Zum Beweis hiefür zählt ARTHUS die Eigenschaften der Diastasen nacheinander auf und versucht analoge Erscheinungen von Licht, Wärme, Elektricität ihnen entgegen zu halten.

Die Enzyme vermögen chemische Umwandlungen herbeizuführen, dieses vermögen indessen Licht, Wärme und Elektricität ebenfalls. Die Erscheinungen der Elektrolyse sind ein schlagendes Beispiel hiefür. Die Enzyme erleiden durch die Wärme eine Zerstörung; indessen ein magnetisch gemachter Eisenstab verliert in der Rothglut seine magnetische Eigenschaft auch.

Die Enzyme lösen sich in Wasser und Glycerin; taucht man aber einen warmen Körper in irgend eine Flüssigkeit, so erwärmt sich die letztere, ohne dass sich der betreffende Körper auflöst.

Die Enzyme kann man aus ihren Lösungen durch Alkohol oder mit Niederschlägen ausfällen, allein das Chlornatrium, durch Alkohol gefällt, vermag auch eine gewisse Wärme aufzuspeichern, und diese letztere kommt wieder zum Vorschein, wenn man dasselbe in geeignete Bedingungen bringt. Die

Enzyme schlagen sich auf frischem Fibrin nieder; aber auch die elektrischen Accumulatoren speichern Elektricität auf, und gewisse Körper wie das Schwefelbarium vermögen die Lichtstrahlen zu absorbieren.

Unter dem Einfluss gewisser Chemikalien erlangen manche Stoffe diastatische Fähigkeiten; die Verbindung von Phosphor und Sauerstoff entwickelt bekanntlich Licht.

Die Enzyme gehen unter dem Einfluss gewisser Agentien zugrunde; aber auch die magnetische Eigenschaft einer magnetisierten Stange verschwindet, sowie man letztere in Salzsäure auflöst.

Die Wirkung der Diastase wird durch gewisse Körper behindert, durch andere begünstigt; schaltet man jedoch in einen elektrischen Strom einen Widerstand ein, so sinkt die Stromstärke, während sie auf der anderen Seite wieder zunimmt, wenn man diesen Widerstand ausschaltet.

Die diastatische Wirkung erstreckt sich im allgemeinen auf gewisse Körper, andere Körper sind hievon ausgeschlossen, indessen Eisen und Stahl allein vermögen magnetische Eigenschaften in sich aufzunehmen.

Aus all diesen Eigenschaften zieht ARTHUS den Schluss, dass man es bei den Enzymen nicht mit Stoffen, sondern nur mit Eigenschaften von Stoffen zu thun hat. Er gibt wohl zu, dass seine Theorie nicht bewiesen ist, macht aber andererseits geltend, dass die Sustanztheorie der Enzyme eines Beweises ebenfalls noch harrt.

Es gibt also, wie wir sehen, zwei Theorien. Nach der einen sollen die Enzyme chemisch wirken und eine bestimmte chemische Zusammensetzung haben; die andere Theorie erblickt in den Enzymen keine Substanzen, sondern nur Kräfte.

Die Gründe, welche ARTHUS gegen die Substanztheorie der Enzyme anführt, vermögen dieselbe indessen nicht zu stürzen.

Die mangelhafte Übereinstimmung zwischen den Analysen einer und derselben Diastase können sehr wohl von der Reinigungs- und Darstellungsweise dieser Stoffe herrühren. Wenn auf der anderen Seite nachgewiesen wurde, dass die Diastasen keiner gegenwärtig bekannten chemischen Gruppe eingereiht werden können, so ist dadurch doch stoffliches Vorhandensein von Diastasen keineswegs aufgehoben.

Denn in der That sind wir heutzutage noch weit davon entfernt, alle chemischen Verbindungen zu kennen, und es ist mehr wie wahrscheinlich, dass eine ganze Reihe uns noch unbekannter Körper existiert. Die Thatsache, dass die Enzyme in ganz geringen Dosen wirksam sind, kann die Hypothese von der stofflichen Natur der Enzyme nicht entkräften. Bei der Wirkung von Strichnin, von Akonitin und einer ganzen Reihe anderer Alkaloide beobachtet man auch ein erstaunliches Missverhältnis zwischen der erzielten Wirkung und dem Gewichte der wirksamen Substanz.

Die Wirkung des Moschus ist ohne Frage weit deutlicher, als diejenige der Enzyme; mit unendlich geringen Dosen von Moschus erzielt man Reactionen auf die Schleimhäute, und diese bemerkenswerte Eigenschaft ist bekanntlich nur ein Ausfluss der chemischen Constitution dieser Körper.

Der Vergleich zwischen dem Gährungsvorgang und den physikalischen Erscheinungen ist ein sehr verlockender; allein die Hypothese von der Kraftwirkung der Enzyme hat weit geringere Wahrscheinlichkeit als diejenige der stofflichen Wirkung.

Die active, wirksame Substanz findet man stets an eine materielle Unterlage geknüpft und niemals noch hat man die Eigenschaft von dem Stoff zu trennen vermocht. Wir haben also keinerlei Anhaltspunkte dafür, dass die Substanz bei diastatischen Vorgängen keine Rolle spielt.

Die Enzyme zeigen von verschiedenen Gesichtspunkten aus Ähnlichkeit mit dem lebenden Protoplasma.

Wie letzteres, ist die Diastase außerordentlich empfindlich gegenüber von chemischen Agentien, wie Säuren und Alkalien; beide Classen von Körpern werden durch eine Temperatur von 100° zerstört; beide vermögen chemische Reactionen in ihrer Umgebung hervorzurufen.

Die Mehrzahl der Enzyme hat eine dem Protoplasma ganz analoge chemische Zusammensetzung, und beide Körper geben einige der allgemeinen Reactionen der Eiweißkörper. Die Ähnlichkeit wird noch auffallender, wenn man sich mit den Mineralsubstanzen beschäftigt, welche sich an der chemischen

Zusammensetzung von Protoplasma und von löslichen Fermenten betheiligen. In beiden Fällen beobachtet man das Vorhandensein von Phosphaten von Kalk, Kalium, Magnesium, von Chlor und Schwefelalkalien.

Mineralische und organische Stoffe, welche auf die lebende Zelle günstig einwirken, vermögen auch die Thätigkeit gewisser Diastasen anzuregen, wie wir dies für Asparagin und phosphorsaure Salze schon klar gelegt haben.

Die Enzyme haben wie die protoplasmatische Substanz ein nur geringes Dialysierungsvermögen und in vielen Fällen gehen sie nicht einmal durch ein unglasiertes Porzellanfilter durch.

Man muss also zugeben, dass die Diastasen keineswegs lösliche Körper im gewöhnlichen Sinne des Wortes sind und dass sie nur in Berührung mit Wasser in einen Zustand außerordentlicher Verdünnung gebracht werden, wie dies bei den colloidalen Substanzen und dem Stärkekleister der Fall ist.

Diese Ähnlichkeit zwischen organisierter Substanz und Enzym hat Armand Gautier auf die Vermuthung gebracht, dass sich die Fermente in ihrer Zusammensetzung denjenigen Zellen nähern, von denen sie herrühren.

Gautier nimmt ferner an, dass die Enzyme ebenso oder doch ganz ähnlich organisiert sind, wie das Protoplasma, und erkennt ihnen die Fundamentaleigenschaften der lebenden Zellen zu, nämlich das Vermögen der Assimilierung und der Reproduction.

Diese so kühne Theorie stützt Gautier auf einen einzigen Versuch mit Pepsin, auf welchen wir zu sprechen kommen gelegentlich der Betrachtung der Einwirkung der Enzyme auf Eiweißkörper. Nach der Annahme dieses Gelehrten vermögen die Enzyme gewisse Stoffe umzubilden zu solchen Stoffen, aus denen sie, die Enzyme, zusammengesetzt sind. Hier können wir nur so viel sagen, dass der von Gautier angeführte Versuch seine These keineswegs bestätigt, vielmehr neigen wir der Anschauung zu, welche in den Enzymen chemische Körper von besonderer Art und Beschaffenheit erblickt.

Und in der That, je mehr sich unsere Kenntnisse der Diastasen ausbreiten, desto mehr gewinnt die Substanztheorie an Wahrscheinlichkeit. Wir besitzen heutigen Tags schon eine ganze Reihe von Thatsachen, welche uns den Beweis dafür liefern, dass wir uns bei den Enzymen in Gegenwart von Körpern und nicht nur von Kräften befinden.

So wissen wir z. B., dass die aus verschiedenen Quellen stammende Amylase, aus dem rohen Korn, aus dem gemälzten Korn, aus dem Speichel, aus dem Pankreassaft, aus den Bakterien und Schimmelpilzen, stets dieselbe chemische Zusammensetzung zeigt und auch stets die Proteosereaction gibt.

Die chemische Natur der Enzyme wird auch noch durch die Farbenreactionen bestätigt, welche diese mit gewissen Reagentien geben. So hat Guignard gezeigt, dass das Emulsin mit Orcin eine violette und mit dem Millon'schen Reagens eine rothe Färbung gibt.

Ein anderes Enzym, das Myrosin, färbt sich in Gegenwart von Salzsäure violett.

In gewissen, besonderen Fällen ist es geglückt, ein Enzym auf ein anderes einwirken zu lassen. Diese Einwirkung ist außerordentlich charakteristisch und liefert Anhaltspunkte über die chemische Natur der Enzyme. So wirkt nach Naegeli und Kuhne beispielsweise das Pepsin auf das Trypsin wie auf einen Eiweißkörper ein. Schittenden und Griswald haben die nämliche Erscheinung beim Ptyalin beobachtet. Dieses letztere Enzym wird durch Pepsin ebenfalls verändert. Die Zymase, also diejenige Diastase, welche die alkoholische Gährung hervorruft, wird nach Buchner in Gegenwart von Trypsin zerstört. Bei der Einwirkung eines Enzyms auf ein anderes sehen wir immer die eine der wirksamen Substanzen durch Wasseraufnahme sich verändern, und die chemische Umwandlung zieht ein Versagen der activen Eigenschaft nach sich. Da Pepsin und Trypsin ausschließlich auf Eiweißkörper einwirken, so kann man schließen, dass Ptyalin, Trypsin, wie auch die Zymase dieser Classe von Körpern angehören.

Das Vorhandensein von Enzym mit wenig oder gar keinem Stickstoff kann die Krafttheorie der Enzymwirkung auch nicht bestätigen. Die verschiedenen Diastasen wirken auf verschiedene Stoffe unter Hervorrufung ganz verschiedener Reactionen ein. Es ist also ersichtlich, dass alle activen Substanzen nicht einer und derselben Körperclasse angehören können, dass man es vielmehr aller Wahrscheinlichkeit nach

mit Körpern von verschiedener Zusammensetzung und verschiedener Structur zu thun hat.

LITERATUR.

LIEBIG. — Sur les phénomènes de la fermentation et de la putréfaction
et sur les causes qui les provoquent. Ann. de chimie et de physique,
1839, t. LXXI, p. 147.

WÜRTZ. — Sur la papaïne, contribution à l'histoire des ferments solubles.
Comptes Rendus, 1880, p. 1379.

— — Sur la papaïne, nouvelle contribution à l'histoire des ferments
solubles. Comptes Rendus, 1880, p. 787.

WÜRTZ et BOUCHUT. — Sur le ferment digestif du carica papaya.
Comptes Rendus, 1889, p. 425.

O. LOEW. — Über die Natur der ungeformten Fermente. PFLÜGERS
Archiv für die gesammte Physiologie, 1885, Band 36, p. 170.

— — PFLÜGERS Archiv, 1881, p. 205.

C. J. LINTNER. — Über die chemische Natur der vegetabilischen
Diástase. Bemerkungen zu der Arbeit HEBSCHLEGERS. PFLÜGERS
Archiv, 1887, Band 49, p. 311.

E. HIRSCHFELD. — Über die chemische Natur der vegetabilischen
Diastase. PFLÜGERS Archiv für die gesammte Physiologie, 1886,
Band 39, p. 499.

LATSCHENBERGER. — Über die Wirkungsweise der Gährungsfermente.
Centralblatt für Physiologie, 1891, Band IV, p. 3.

HUEFNER. — Untersuchungen über die ungeformten Fermente. Journal
für praktische Chemie, t. V, p. 372.

— — Recherche sur le ferment non organisé. Bull. de la Soc. chim.
Paris 1877.

JACOBSON. — Untersuchungen über lösliche Fermente. Zeitschrift für
physiologische Chemie, XVI, p. 340.

L. de JAGER. — Erklärungsversuch über die Wirkungsart der ungeformten Fermente. VIRCHOWS Archiv, Band 121, 1890, p. 182.

V. WITTICH. — Weitere Mittheilungen über Verdauungsfermente des
Pepsins und seine Wirkung auf Blutfibrin. PFLÜGERS Archiv,
Band 5, p. 435, 1872.

A. FICK. — Über die Wirkungsart der Gerinnungsfermente. PFLÜGERS
Archiv, Band 45, sect. 293, 1889.

EFFRONT. — Comparaison entre le rôle des Diastases et celui de la
nutrition minérale. Moniteur scientifique, 1894.

MAURICE ARTHUS. — Nature des enzymes. Thèse pour le doct en médec. Paris, 1896.

SCHOENBEIN. — Über das Verhalten der Blausäure zu den Blutkörperchen und den übrigen organischen, das H_2O_2 katalysierenden Materien. Zeit. für Biologie, Band III, p. 140.

ED. SCHAER. — Der thätige Sauerstoff und seine physiologische Bedeutung. WITTSTEINS Journal für praktische Pharmacie 1896, III et IV.

— — Beiträge zur Chemie des Blutes und der Fermente. Zeitschrift für Biologie, 1870, p. 467.

— — Über dem Einfluss des Cyanwasserstoffs und Phenols auf gewisse Eigenschaften der Blutkörperchen und Fermente.

BUCHNER. — Berichte der deutschen chemischen Gesellschaft, 1897, Nro. 2668.

KAHN. — Berichte der deutschen chemischen Gesellschaft, 1898.

A. GAUTIER. — Les toxines microbiennes et animales. Paris. Soc. d'éditions scientifiques.

G. TAMMANN. — Zur Wirkung ungeformter Fermente. Zeitschrift für physiologische Chemie, p. 421, 442.

VIERTES CAPITEL.

INDIVIDUALITÄT DER ENZYME.

Betrachtet man die von der lebenden Zelle ausgeschiedenen activen Substanzen vom Standpunkt ihrer chemischen Wirkung aus, so wird man in der Mehrzahl der Fälle constatieren müssen, dass dieselbe eine recht verschiedene ist, dass sie sich auf verschiedene Stoffe erstreckt und zu verschiedenen Umwandlungsproducten führt.

So vermag ein Malzauszug einzuwirken auf Stärkemehl, auf Cellulose, auf Pektin, auf Trehalose und auf Caroubin. Die Einwirkungsproducte hiebei sind äußerst verschieden; bei ihrer Einwirkung auf Stärkemehl gibt die Diastase Maltose und Dextrin, sie verflüssigt die Cellulose, wandelt die Pektinkörper in eine gelatinöse Substanz um, überführt die Trehalose in Glukose und das Caroubin in eine von der vorhergehenden verschiedene Glukose.

Dieselbe Erscheinung nimmt man wahr bei den Eigenschaften eines Wassers, in welchem man Bierhefe extrahiert hatte. Dieses Hefeninfus ist wirksam gegenüber von Rohrzucker, von Maltose, von Glukosiden und gibt in jedem Falle ein besonderes Umwandlungsproduct.

Diese Thatsache legt uns die Frage nahe, ob die lebenden Zellen nur eine einzige active Substanz ausscheiden, welche die Gabe hat, auf verschiedene chemische Verbindungen einzuwirken oder ob im Gegentheil die Zellen ein Gemenge verschiedener Enzyme secernieren, von denen jedes eine specielle Wirkung hervorzubringen vermag.

Dieselbe Frage ist zu erledigen für die aus Lösungen gefällten Enzyme, denn auch diese geben meistens ganz verschiedene Resultate.

Es ist schwer, diese Frage in jedem einzelnen Falle ganz zutreffend zu erörtern; im allgemeinen jedoch kann man die Individualität der Enzyme nicht in Abrede ziehen.

Diese Individualität tritt besonders deutlich zutage, wenn man die Einwirkungen der von den Zellen ausgeschiedenen Secrete unter verschiedenen Ernährungsbedingungen studiert.

Wie DUCLAUX gefunden hat, findet man bei der Cultur von Penecillium glaucum auf einer stärkehaltigen Unterlage inmitten der Cultur eine active Substanz, welche sowohl auf Rohrzucker als auf Stärkemehl einwirkt. Es ist sehr schwierig, in diesem Nährboden das Vorhandensein zweier verschiedener Enzyme direct nachzuweisen, von denen das eine auf Rohrzucker, das andere auf Stärkemehl einwirkt. Denn isoliert man die activen Substanzen aus diesem Nährboden, sei es durch Erzeugung eines Niederschlages oder durch Fällung mit Alkohol, so erhält man noch einen Stoff, welcher auf verschiedene Kohlehydrate einwirkt und dabei verschiedene Producte gibt.

Man vermag indessen die Frage dadurch zu lösen, dass man eine zweite Cultur von Penecillium glaucum anfertigt und in dem Nährboden das Stärkemehl durch milchsauren Kalk ersetzt. Die hiebei sich bildende wirksame Substanz wirkt in diesem Falle sehr energisch auf Rohrzucker ein, ist dagegen auf Stärkemehl wirkungslos. Hieraus vermag man zu schließen, dass wir im Nährboden der ersten Cultur zwei Enzyme hatten, während wir bei der Cultur des Schimmelpilzes auf milchsaurem Kalk nur eines dieser Enzyme erhielten.

Unsere Schlussfolgerung wird eine weitere Bekräftigung erhalten, wenn wir noch andere Beispiele auffinden, bei denen eine active Substanz ihre Wirkung ausschließlich auf Rohrzucker oder Stärkemehl erstreckt. Diese Beispiele sind sehr zahlreich. So wirkt ein Gerstenauszug auf Stärkemehl ein, auf Zucker jedoch nicht, und die aus dem Labmagen erhaltene Amylase wirkt wohl auf Stärkemehl, bleibt jedoch auf Rohrzucker ohne Wirkung. Im Speichel kann man ebenfalls die

Gegenwart eines Fermentes nachweisen, welches auf Stärkemehl wirkt, eine Umwandlung von Rohrzucker herbeizuführen jedoch nicht vermag, besonders wenn der Speichel keine geformten Fermente enthält. Ein Auszug von Hefe kann auf Zucker einwirken, dabei aber das Stärkemehl ganz unverändert lassen.

In gewissen Fällen vermag man die Individualität der Enzyme zu verfolgen und zwar durch andere Mittel als diejenigen, welche wir eben besprochen haben. Lässt man z. B. Bierhefe längere Zeit in Berührung mit Wasser, welches einen Zusatz von Äther oder von Tymol erhalten hat, so findet man, dass die Flüssigkeit gleichermaßen auf Rohrzucker und auf Maltose einwirkt. Wir können uns daher die Frage vorlegen, ob die Maltose umwandelnde Diastase nicht gleichzeitig auch eine Wirkung auf den Rohrzucker ausübt. Hier ist die Gegenwart zweier Fermente leicht nachzuweisen. Es genügt, dieselbe Hefe jedoch nur sehr kurze Zeit in Berührung mit Wasser zu belassen: man findet alsdann, dass diese Flüssigkeit wohl eine auf Rohrzucker einwirkende Substanz enthält, indessen nicht die geringste Einwirkung auf Maltose zeigt. In diesem Falle gelingt es, die beiden Enzyme zu trennen, und zwar dank dem Umstand, dass das eine von ihnen nur ganz lose von den Zellen, welche es abscheiden, festgehalten wird, während das andere die Zellmembran sehr schwer durchdringt.

Wie wir gesehen haben, wirkt die Malzdiastase auf Stärkemehl ein und gibt hiebei Maltose und Dextrin; sie wirkt auch auf Trehalose und wandelt diese in Glukose um. Einige Forscher wollten daraus den Schluss ziehen, dass man es hier mit einer einzigen Substanz zu thun habe. Indessen die aus dem Speichel erhaltene Amylase wirkt auf Stärkemehl genau so ein wie die Amylase des Malzes, bleibt aber ohne jegliche Wirkung auf Trehalose.

Auch in diesem Falle erscheint uns die Annahme von zwei Enzymen im Malzauszug als die Erklärung dieser Erscheinung durch die Annahme, dass sowohl im Speichel und im Malzauszug zwei verschiedene Diastasen enthalten sind, welche beide ganz gleich auf Stärkemehl einwirken und sich nur durch ihr Verhalten gegenüber der Trehalose unterscheiden.

Das Emulsin wirkt auf die Glukoside ein, aber gleichzeitig vermag dieser activ wirksame Stoff den Milchzucker in Glukose und Galaktose umzuwandeln.

Auch beim Emulsin wird unseres Erachtens die Gegenwart zweier Diastasen augenscheinlich, wenn man bedenkt, dass die von gewissen Hefen abgeschiedenen wirksamen Stoffe wohl die Fähigkeit haben, den Milchzucker umzuwandeln, auf die Glukoside jedoch ohne jede Einwirkung bleiben.

Man ist also durch eine Reihe gewichtiger Thatsachen zu dem Beweis fortgeschritten, dass in einer großen Anzahl von Fällen die Zellabsonderungen aus verschiedenen activen Stoffen bestehen und dass die chemische Wirkung eines jeden dieser Enzyme sich auf eine gewisse Anzahl von Stoffen beschränkt.

Diese Thatsachen sind zahlreich genug, um im allgemeinen einen Schluss zu Gunsten der Individualität der Enzyme daraus zu ziehen. Es ist in der That schwierig anzunehmen, dass ein und derselbe active Stoff in einem Falle auf zwei oder drei chemische Substanzen einwirken sollte, während er in einem anderen Falle mit seiner Wirkung auf einen dieser Stoffe beschränkt blieb.

Wir haben schon gesehen, dass eine mit hydratisierender oder oxydierender Wirkung begabte Diastase nicht auf all die Stoffe einwirken kann, welche sich zu hydratisieren oder zu oxydieren vermögen; das diastatische Agens unterscheidet sich hier vollständig von einem chemischen Agens, welch' letzteres eine bestimmte Function hat und dieselbe unabhängig von der Constitution der Körper, auf welche es einwirkt, auszuüben vermag.

Bei der Einwirkung von Mineralsäure z. B. erzielt man die Spaltung von Rohrzucker, die Verseifung von Fetten, die Zerlegung der Glukoside, die Peptonisierung von Eiweißkörpern, mit einem Worte all diejenigen Erscheinungen, welchen man bei der hydratisierenden Wirkung mittels Diastasen begegnet. Im Gegensatz hiezu bewirken die Diastasen die Spaltung und die Wasseraufnahme durch zahlreiche Agentien, von denen jedes eine bestimmte diastatische Arbeit zu liefern vermag und seine Einwirkung nur auf eine sehr beschränkte Anzahl von Stoffen ausüben kann.

Die Einwirkung der Säuren ist also bis zu einem gewissen Grad unabhängig von der Constitution derjenigen Körper, auf welche die Säuren einwirken, während die Diastasen ihre hydratisierende oder oxydierende Wirkung nur auf Körper einer ganz bestimmten Structur auszuüben vermögen.

Ein hydratisierendes Enzym vermag seine Wirkung hin und wieder auf verschiedene Körper auszudehnen, jedoch nur unter der Bedingung, dass die chemische Constitution des betreffenden Körpers große Verwandtschaft zeigt zu derjenigen der Diastase, und dass die Producte hiebei dieselben sind.

So sehen wir die Amylase auf Stärke, Glykogen und Dextrin einwirken und dabei stets dasselbe Endproduct geben, nämlich Maltose.

Das Pepsin wirkt auf eine große Anzahl von Körpern, z. B. auf alle Eiweißkörper. Alle diese Körper gleichen sich und haben eine analoge Structur und ihre Spaltungsproducte durch Diastase sind stets die nämlichen: Proteose und Pepton.

Die Enzyme der Glykoside scheinen auf den ersten Blick mit kräftigerer Einwirkung und der Fähigkeit begabt, ihre Wirkung auf verschiedene chemische Körper auszudehnen, indes ist diese Abweichung von der Regel nur eine scheinbare: das Emulsin, welches auf sehr zusammengesetzte Körper einwirkt, erstreckt diese seine Wirkung nur auf denjenigen Theil, welcher allen Molecülen der Glukoside gemeinsam ist.

Die Einwirkung des Emulsins ist zurückzuführen auf seine Affinität zu der Glukose und, wie EMIL FISCHER gezeigt hat, geht diese Affinität Hand in Hand mit der geometrischen Structur der Kohlehydrate.

Das Emulsin wirkt nicht nur auf die natürlichen Glukoside ein, sondern auch auf die künstlich hergestellten Äther der Glukose. EMIL FISCHER hat die Einwirkung der Enzyme auf diese künstlich hergestellen Äther studiert und dabei die sehr interessante Thatsache beobachtet, dass das Auftreten oder Unterbleiben einer Enzymwirkung nicht allein von der Zusammensetzung des Stoffes abhängt, auf welchen sich die Einwirkung erstrecken soll, sondern auch von der Configuration. Behandelt man Glukose mit Methylalkohol bei Gegenwart von Salzsäure, so erhält man zwei isomere Äther, welche sich durch ihre geometrische Structur hinsichtlich der asymmetrischen Kohlenstoffatome der Glukosekette unterscheiden.

Die Bildung der beiden isomeren Äther ist leicht erklärlich. Die Aldehydgruppe der Glukose verschwindet durch die Einwirkung des Alkohols in Gegenwart von Salzsäure, und die Wasserentziehung geht in der Glukosekette selbst vor sich unter Bildung einer Intramolecular-Äthergruppe. Der Kohlenstoff der Aldehydgruppe wird also asymmetrisch und die Folge davon ist das Auftreten zweier stereo-isomerer Körper.

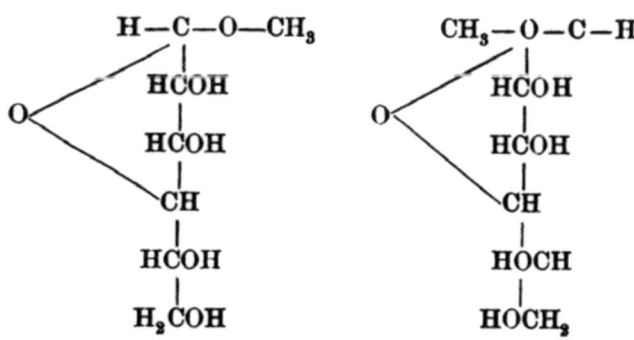

α-Methyldextroglukosid   β-Methyldextroglukosid

Diese beiden isomeren Glukoside zeigen unter der Einwirkung der Enzyme ein ganz verschiedenes Verhalten. Das Emulsin, welches auf gewisse Abkömmlinge von Glukose und Galaktose einwirkt, wirkt auch auf β-Methylglukosid, hat aber auf das isomere α keine Wirkung.

In der Bierhefe findet man ein anderes lösliches Ferment, welches auf die natürlichen Glukoside einwirkt; dieses Ferment ist absolut wirkungslos auf das β-Methylglukosid, wirkt jedoch auf das isomere α ein.

Dieses Beispiel ist ein neuer Beweis für die Individualität der Enzyme und kennzeichnet schlagend den Einfluss, welchen die Structur der chemischen Körper auf die diastatische Einwirkung ausübt.

EMIL FISCHER hat die Hypothese aufgestellt, dass eine diastatische Einwirkung nur dann möglich ist, wenn eine stereo-chemische Beziehung obwaltet zwischen der wirksamen

Substanz und demjenigen Körper, auf welchen sich die Wirksamkeit erstreckt.

Nach FISCNER müssen die Fermente und die Substanzen, auf welche erstere einwirken, eine ähnliche geometrische Structur zeigen oder wenigstens hinsichtlich der Structur in gewisser Beziehung stehen.

Unseres Erachtens vermag diese Hypothese das Auftreten verschiedener Diastasen in einer Zelle mit verschiedener Ernährungsart ganz besonders zu beweisen.

Eine mit Stärkemehl ernährte Zelle wird auch eine active Substanz ausscheiden, welche die stereo-chemische Structur des Stärkemehls zeigt. Andererseits bei Ernährung der Zelle mittelst Rohrzucker wird die gebildete Diastase die geometrische Constitution des Rohrzuckers haben.

Unsere Kenntnis der oxydierenden Enzyme ist weit lückenhafter, als diejenige der hydratisierenden. Aber die bis heute beobachteten Thatsachen sprechen unabweislich dafür, dass man sich in einem wie im anderen Falle gegenüber von verschiedenen Individualitäten befindet, welche alle oxydierend wirken, ihre Wirkung jedoch auf verschiedene Materialien ausüben.

Für diese Classe von Körpern vermochte man ebenfalls nachzuweisen, dass die Stellung der verschiedenen chemischen Gruppen in dem Molecüle der zu oxydierenden Substanzen von beträchtlichem Einfluss ist auf die Activität der Enzyme.

Man kennt Beispiele von oxydierend wirkenden Enzymen, welche auf eine ganze Reihe homologer Körper einwirken und ihre Einwirkung dauert auch fort, selbst wenn man eine Gruppe durch eine andere ersetzt. Dagegen hört die Wirkung derselben Enzyme auf, wenn man die Anordnung der Gruppen ändert.

Die Laccase z. B., welche Diphenyl, seine homologen und seine Substitutionsproducte oxydiert, erstreckt ihre Wirkung auf alle diese Derivate, solange die beiden zu oxydierenden Gruppen sich in der Orthostellung befinden; dieselbe Diastase wirkt aber auf isomere Producte nicht ein, wenn in diesen dieselben Gruppen die Metastellung einnehmen.

Classification der Enzyme. Nachdem wir uns nunmehr einige allgemeine Kenntnisse über die Enzyme und ihre Wirkungsweise verschafft haben, beschäftigen wir uns mit den speciellen Eigenschaften jedes der bekannten Enzyme. Ehe wir aber mit einer Beschreibung derselben beginnen, müssen wir erst über die namentliche Bezeichnung und die Classification der Diastasen uns orientieren.

Die Chemiker, welche die ersten Diastasen entdeckten, bezeichneten von dem verschiedenen Standpunkt aus, den ein jeder einnahm, die Enzyme auch ganz verschieden. Solange sich die Erforschung der Enzyme nur auf eine geringe Anzahl von Stoffen erstreckte, waren die Unzukömmlichkeiten dieser Bezeichnungsweise nicht eben groß. Heutzutage aber, wo wir bereits eine stattliche Anzahl von Diastasen kennen, sind die Schwierigkeiten in der Bezeichnung auch unleugbar gewachsen.

Es wäre daher wünschenswert, eine logische Bezeichnung zu haben, welche es gestattete, ein Ferment mit einem Namen zu belegen, welcher ein klares Bild von dessen charakteristischen Eigenschaften gibt.

Diesem Erfordernis Rechnung tragend, hat DUCLAUX versucht, eine rationelle Bezeichnung zu schaffen, indem er das Enzym mit dem Namen desjenigen Körpers belegte, auf welchem man zuerst eine Einwirkung wahrgenommen hat, und um den Stoff, auf welchen das Enzym einwirkt, zu bezeichnen, schlug DUCLAUX vor, der Wurzel dieses Stoffes die Endsilbe *ase* anzuhängen.

So wurde die Diastase, welche auf Casein einwirkt, als Casease bezeichnet, und diejenige Diastase, welche Stärkemehl umwandelt, als Amylase.

Bedauerlicherweise wurde die Bezeichnungsweise von DUCLAUX nicht von allen Gelehrten angenommen, und es hat eine Reihe neuentdeckter Diastasen von ihren Entdeckern eine Bezeichnung mit der Endsilbe *ase* erhalten, allein die Wurzel dieser Bezeichnung nennt keineswegs denjenigen Körper, auf welchen die Diastase einwirkt, sondern das Einwirkungsproduct.

So ist die Glukase von CUSENIER keineswegs eine auf Traubenzucker einwirkende Diastase, vielmehr eine active Substanz, welche Stärkemehl und Maltose in Traubenzucker umwandelt.

Diese neue Bezeichnung bietet den großen Nachtheil, dass sie Verwechslungen im Gefolge hat, und man wäre daher besser bei der Bezeichnung von DUCLAUX geblieben, obgleich diese nicht allen Wünschen entspricht.

Es ist falsch, als Stamm der Bezeichnung denjenigen des gebildeten Productes zu nehmen, denn die verschiedenen Diastasen können bei Beendigung der Einwirkung dieselben Producte geben, obgleich sie auf ganz verschiedene Körper eingewirkt haben. So kennen wir außer der Glukose eine ganze Reihe von Fermenten, welche gewisse Kohlehydrate in Traubenzucker umwandeln.

Man muss zugeben, dass die Bezeichnung von DUCLAUX ebenfalls Verwechslungen verursachen kann. So wurde die Einwirkung der Glukase zuerst auf Stärkemehl wahrgenommen, man sollte daher dieses Enzym mit Amylase bezeichnen, eine Bezeichnung, welche der Malzdiastase beigelegt wurde.

Man muss also nicht nur den Stoff, auf welchen die Diastase einwirkt, berücksichtigen, sondern auch das Umwandlungsproduct der Diastase. Von diesem Standpunkt aus musste man die Glukose von CUSENIER Amylo-Glukase nennen und damit angeben, dass diese Diastase auf Stärkemehl einwirkt und Traubenzucker bildet. Die Malzdiastase hinwiederum hätte die Bezeichnung Amylo-Maltase verdient, da das Endproduct der Einwirkung dieser Diastase auf Stärkemehl die Maltose ist.

In der vorliegenden Arbeit halten wir uns indessen an die alte Bezeichnung und wir werden die Diastasen mit den Namen belegen, welchen man gewöhnlich in der Literatur begegnet; der Grund hiefür ist unsere Überzeugung, dass jeder Wechsel in der Bezeichnung, obwohl er eine Vereinfachung bezweckt, doch nur zu Verwicklungen führt und schließlich mit dem entgegengesetzten Resultat endigt, welches man erreichen wollte.

Die richtigste Eintheilung der Enzyme besteht in einer Unterscheidung nach der chemischen Arbeit, welche von ihnen geleistet wird.

Wir wissen bereits, dass die Diastasen eine Wasseraufnahme, eine Oxydation oder eine moleculare Umlagerung bewirken können.

Wir werden also die Diastasen nach dem chemischen Charakter ihrer Wirkung beschreiben.

Die Behandlung der Diastasen der Eiweißkörper wird den zweiten Band des vorliegenden Werkes zum Gegenstand haben. In diesem ersten Bande beschäftigen wir uns nur mit Diastasen, welche eine Wasseraufnahme, eine Oxydation oder eine moleculare Änderung herbeiführen.

Die hydratisierenden Diastasen wirken auf die Kohlehydrate, auf die Fette, die Glukoside, die Eiweißkörper und den Harnstoff ein, die Oxydasen erstrecken ihre Wirkung auf sehr verschiedene Körper: auf Alkohol, Phenol, Amide, Fette u. s. w.

Diejenigen Enzyme, welche eine moleculare Umwandlung bethätigen, sind zu wenig zahlreich, als dass man viele Körper nennen könnte, auf welche sich ihre Einwirkung erstreckt.

Classification der löslichen Fermente.

A. Lösliche hydratisiernde Fermente.

1. Lösliche Fermente der Kohlehydrate.

Name der Enzyme	Stoffe, auf welche das Enzym einwirkt.	Producte der Einwirkung.
Invertin oder Sukrase	Rohrzucker	Invertzucker
Amylase oder Diastase	Stärke und Dextrine	Maltose
Glukase oder Maltase	Dextrine und Maltose	Traubenzucker
Laktase	Milchzucker	Traubenzucker und Galaktose
Trehalase	Trehalose	Traubenzucker
Inulase	Inulin	Lävulose
Cytase	Cellulose	Zuckerarten
Pektase	Pektin	Pektate und Zuckerarten
Caroubinase	Caroubin	Caroubinose

2. Lösliche Fermente der Glukoside.

Emulsin	Amygdalin und andere Glukoside	Traubenzucker, Bittermandelöl und Blausäure
Myrosin	Myronsaures Kali	Traubenzucker und Allylsenföl.
Betulase	Gaultherin	Gaultheriaöl, Traubenzucker
Rhamnase	Xauthorhamin.	Rhamnatin, Fjodulcit

3. Lösliche Fermente der Fette.

Steapsin Lipase	} Fette	Glycerin und Fettsäuren

4. Lösliche Fermente der Eiweißkörper.

Lab	Caseïn	Caseium
Plasmase	Fibrinogen	Fibrin
Casease	Caseïn	
Pepsin		Proteosen,
Trypsin	Albuminoïde	Peptone
Papaïn		Amide

5. Fermente des Harnstoffs.

Urease	Harnstoff	Kohlensaures Ammoniak.

B. Lösliche oxydierende Fermente.

Laccase	Uruschiksäure	Oxyuruschiksäure
	Tannin, Anilin etc.	Oxydationsproducte
Oxydin	Farbstoffe der Cerealien	„
Malose	Farbstoffe der Früchte	„
Olease	Olivenöl	„
Tyrosinase	Tyrosin	„
Oenoxydase	Weinfarbstoff	„

C. Fermente, welche eine moleculare Spaltung bewirken.

Zymase oder alkoholische Diastase	Verschiedene Zuckerarten	Alkohol und Kohlensäure.

LITERATUR.

EM. BURQUELOT. — Sur l'indentité de la diastase chez les êtres vivants. Comptes Rendus des séances de la Soc. de Biologie, 1885, p. 73.

DUCLAUX. — Individualité des diverses diastases. Microbiologie, 1883, p. 141.

EM. FISCHER. — Einfluss der Configuration auf die Wirkung des Enzymes. Berichte der deutschen chemischen Gesellschaft, 1894, p. 2071, 2985, 1429, 3479.

— — Ueber die Verbindungen des Zuckers mit den Alkoholen und Ketonen. Berichte der deutschen chemischen Gesellschaft, 1895, p. 1145, 1429.

FÜNFTES CAPITEL.

Die Sukrase stellt eine Diastase vor, welche den Rohr-zucker in Invertzucker umzuwandeln vermag. Unter der Ein-wirkung der Sukrase spaltet sich der Rohrzucker unter Bindung von 1 Molecül Wasser und gibt zwei Mono-Saccharide: die Dextrose und die Lävulose.

$$\underset{\text{Rohrzucker}}{C_{12}H_{22}O_{11}} + H_2O = \underset{\text{Glukose}}{C_6H_{12}O_6} + \underset{\text{Lävulose}}{C_6H_{12}O_6}$$

Die Sukrase ist in der Natur außerordentlich verbreitet, ihre Gegenwart ist z. B. nachgewiesen im Speichel, im Magen-safte und im Dünndarm.

Behält man Rohrzucker einige Zeit hindurch im Munde, so vollzieht sich unter der Einwirkung des Speichels seine Umwandlung zu Invertzucker. Diese Umwandlung rührt indessen nicht von Secreten der Speicheldrüsen her, vielmehr von Sukrase, dem Producte verschiedener Bakterien, welche sich im Speichel finden. Überdies wandelt die im Munde vorhandene active Substanz nur ganz beschränkte Mengen von Rohrzucker um.

Die Diastasen des Magensaftes sind mit einer bedeutend stärkeren Inversionskraft begabt. Trotzdem wird die Inversion des Rohrzuckers im Magen nicht beendigt. Ein beträchtlicher Theil des Rohrzuckers nimmt an der Stoffwanderung theil, ohne vorherige Umwandlung durch die Diastasen, und erst im Dünndarm wird diese Umwandlung vollständig.

Im Blut ist die Gegenwart activer Substanzen, welche Rohrzucker umzuwandeln vermögen, nicht nachgewiesen.

Injiciert man eine Zuckerlösung in die Venen oder das thierische Zellgewebe, so wird dieselbe im Harn wieder ausgeschieden; diese Ausscheidung findet indes nicht statt, wenn der Zucker in die Pfortader eingespritzt wird; im letzteren Fall passiert er die Leber und erleidet hiebei eine energische diastatische Einwirkung, durch welche er vollkommen invertiert wird. Im Pflanzenreich ist die Sukrase ebenfalls sehr verbreitet. Man findet sie in den Knospen, den Blüten und den Blättern einer großen Anzahl von Pflanzen. Außerdem vermögen zahlreiche Schimmelpilze, wie Aspergillus niger, Mucor racemosus, Penicillium glaucum, Penicillium Duclauxi, Aspergillus orizae, die Hefen und eine ganze Reihe anderer Fermente die Inversion des Rohrzuckers zu bethätigen. Im allgemeinen gilt die Regel, dass eine von Zucker sich ernährende Zelle nothwendigerweise auch Sukrase enthalten muss.

Diese Regel wurde indes von HANSEN bekämpft, welcher die Beobachtung machte, dass der Schimmelpilz Monilia candida, obgleich er sich von Rohrzucker ernährt, doch keine Sukrase abscheidet. Diese Behauptung wurde indessen von EMIL FISCHER siegreich widerlegt; derselbe hat bei einem genauen Studium dieses Schimmelpilzes gefunden, dass derselbe in Wirklichkeit doch eine Sukrase enthält, dieses Enzym jedoch von den Zellen zurückgehalten wird und nur schwierig daraus freizumachen ist.

In der Literatur findet man die Sukrase unter verschiedenen Bezeichnungen; man nennt sie Ferment der Glukose, Citocymase, Cymase und Invertin.

Wir verdanken die Entdeckung dieses Enzyms DÖBEREINER und MITSCHERLICH. Diese Gelehrten haben zuerst festgestellt, dass Bierhefe Rohrzucker zu invertieren vermag. Sie haben

ferner noch die Beobachtung gemacht, dass die wirksame
Substanz durch Waschen mit Wasser den Hefezellen entzogen
werden kann. BERTHELOT war der erste, welchem eine Isolierung der Diastase in trockenem Zustand durch Fällung
mit Alkohol aus Hefenwasser gelang.

Darstellungsweise. — Es gibt verschiedene Arten zur Darstellung der Sukrase.

Die wirksame Substanz kann man leicht erhalten, wenn
man Bierhefe in Berührung mit Wasser bringt und letzterem
einige Tropfen Chloroform zufügt; nach Verlauf einer gewissen
Zeit löst sich die active Substanz in Wasser auf. Man filtriert
hierauf, um die Hefezellen, welche sich suspendiert vorfinden,
zu trennen.

Selbstverständlich besteht die so hergestellte Lösung
keineswegs nur aus Sukrase, da ja die Hefe außer Sukrase
andere Extractivstoffe enthält, welche gleichzeitig mit in Lösung
gehen. Trotzdem ist diese Lösung activ sehr wirksam und
vermag wohl zum Studium der Sukrase zu dienen.

Eine bessere Darstellungsweise dieses Enzymes beruht
in der Extraction einer Cultur von Aspergillus niger auf
RAULIN'scher Flüssigkeit. Indessen erfordert die letztere Methode, soll sie hinreichende Mengen von Enzym liefern, die
Beobachtung ganz genauer Bedingungen; die erzielten Resultate
sind sonst nicht befriedigend. Die beste Methode wurde von
DUCLAUX angegeben; er räth, eine Cultur von Aspergillus niger,
während vier Tagen etwa, auf einer großen Oberfläche von
RAULIN'scher Flüssigkeit sich entwickeln zu lassen, und in
dem Augenblick, wo die gebildeten Schimmelpilze eine grüne
oder hellbraune Farbe angenommen haben, die Flüssigkeit zu
entfernen und dieselbe durch reines oder zuckerhaltiges Wasser
zu ersetzen. Auf dieser neuen Flüssigkeit lässt man den
Aspergillus niger zwei oder drei Tage weiter wachsen bis zur
vollständigen Erschöpfung der Nährlösung. In diesem Augenblick lösen sich die von den Pflanzen abgeschiedenen Enzyme
auf, und man hat nur noch nöthig zu filtrieren, um die Reste
von Schimmelpilzen, welche etwa noch suspendiert sind, zu
entfernen. Die auf diese Weise hergestellte Sukraselösung
ist außerordentlich wirksam und enthält verhältnismäßig wenig
Unreinigkeiten.

Um eine Veränderung der Flüssigkeit während des Wachsthums der Pilze zu verhüten, kann man einige Tropfen Senföl zugeben, welches antiseptisch wirkt und die Lösung vor Infection durch geformte Fermente schützt, ohne jedoch der Diastase zu schaden. Es ist indessen besser, den Schimmelpilz in sterilisierter Flüssigkeit zu cultivieren und diese letztere mit einer Reincultur von Aspergillus niger zu impfen. Hat sich dann die Entwickelung des Pilzes auf der RAULIN'schen Flüssigkeit genügend entfaltet, so ersetzt man diese Lösung durch destilliertes Wasser, welches zuvor sterilisiert war.

Zur Herstellung von Sukrase in trockenem Zustand gibt ED. DENATHE folgenden Weg an: Man zieht während längerer Zeit Bierhefe mit absolutem Alkohol aus, decantiert den Alkohol, filtriert und trocknet an der Luft. Man erhält hiebei eine brüchige Masse, welche man pulverisiert und aufs neue mit Wasser auszieht. Man filtriert hernach, um die Hefezellen zurückzuhalten. Da jedoch diese Zellen sehr leicht durchs Filter gehen, so muss man sich von ihrer Abwesenheit in der Flüssigkeit durch mikroskopische Prüfung vergewissern. Finden sich noch Hefezellen vor, so wiederholt man die Filtration durch Doppelfilter. Ist alsdann die Flüssigkeit frei von Zellen, so gibt man Äther zu und schüttelt um. Man sieht alsdann einen zähen Körper auftreten, welcher in dem oberen Theil der Flüssigkeit suspendiert bleibt, und welchen man alsdann trennt. Man behandelt diesen Stoff hierauf mit destilliertem Wasser, gießt ihn Tropfen für Tropfen in absoluten Alkohol, wo sich ein pulverförmiger Niederschlag bildet. Man trennt diesen Niederschlag von der Flüssigkeit, wäscht ihn mit Alkohol aus und trocknet ihn im Vacuum.

Nach dieser Methode erhält man ein weißes Pulver, welches in Wasser aufschwillt und sich nur sehr schwierig darin löst. Es hält sich sehr lange Zeit hindurch und verfügt über ein großes diastatisches Vermögen. Jedoch ist es außer Zweifel, dass ein beträchtlicher Theil der wirksamen Substanz bei der Behandlung mit Alkohol oder Äther coaguliert und hiedurch wirkungslos wird.

Der Verlauf der Inversion des Rohrzuckers durch Sukrase hängt von der Menge der angewandten activen Substanz, sowie von den physikalischen und chemischen Bedingungen der

Lösung ab, in welcher sich diese Umwandlung vollzieht. Das
Studium der speciellen Bedingungen, welche die diastatische
Einwirkung begünstigen oder verzögern, ist umso interessanter,
da es sehr wertvolle Thatsachen liefert, sowohl vom theoretischen, wie vom praktischen Standpunkt aus. Wir werden
daher dieser Frage diejenige Ausführlichkeit widmen, welche
sie verdient.

Zuerst haben wir uns mit dem Einfluss zu beschäftigen,
welchen die angewandten Sukrasemengen und die Temperatur, bei
welcher man arbeitet, auf die Schnelligkeit der Inversion ausüben. Sodann werden wir den Einfluss der Zeit bei der Inversion, sowie denjenigen der Acidität und Alkalinität der
Lösungen festlegen. Endlich werden wir die Einwirkung des
Lichtes, des Sauerstoffes und einer gewissen Anzahl anderer
chemischer Substanzen hinsichtlich ihres Einflusses auf die
Schnelligkeit der Umwandlung prüfen.

Einfluss der Menge und der Zeit. — Lässt man Sukrase
auf eine Lösung von Rohrzucker einwirken, so erhält man
ganz verschiedene Resultate, je nach der Menge der angewandten activen Substanz.

Unter ganz bestimmten Bedingungen vermag man eine
beinahe constante Beziehung zwischen der Menge angewandter
Sukrase und derjenigen invertierten Zuckers wahrzunehmen.
Dieses Verhältnis ist bis zu einem gewissen Grad unabhängig
vom Gehalt der Flüssigkeit an Zucker, in welcher die Diastase zu arbeiten hat. Lässt man z. B. 1 oder 2 cm^3 Sukrase
während derselben Zeit und bei derselben Temperatur auf gleiche
Mengen von Rohrzucker einwirken, so erhält man mit 2 cm^3
Sukrase zweimal mehr Invertzucker als mit 1 cm^3.

Indessen muss man bemerken, dass die Proportionalität
zwischen der Menge wirksamer Substanz und der Menge des
Umwandlungsproductes nicht immer constant ist. DUCLAUX
hat beobachtet, dass sich das Gesetz der Proportionalität nur
bewahrheitet, wenn man mit ganz schwaschen Dosen von
Sukrase arbeitet und die Inversion gleich bei · ihrem Beginn
unterbricht. Die Proportionalität besteht bis zu dem Augenblick, wo 10—20 % des Zuckers invertiert sind, nachher hört
sie auf.

Studiert man den Einfluss der Zeit auf die Einwirkung der Sukrase, so kommt man zu ganz analogen Erscheinungen.

Das Invertin ist ein außerordentlich energisches Enzym.
Nach DUCLAUX vermag 1 g Invertin bis zu 4000 Theilen
seines Gewichtes an Rohrzucker zu invertieren. Obgleich seine
Einwirkung eine sehr energische ist, so verläuft sie doch verhältnismäßig langsam. Lässt man eine 10 %ige Rohrzuckerlösung bei einer Temperatur von 50° in Berührung mit 1 cm^3
Sukrase, so erhält man hiebei folgende Resultate:

Nach einer Stunde . . . 0·20 Invertzucker
 „ zwei Stunden . . . 0·41 „ „
 „ drei „ . . . 0·60 „ „
 „ vier „ . . . 0·80 „ „
 „ fünf „ . . . 0·97 „ „

Aus diesem Versuch erhellt die große Langsamkeit, mit
welcher sich die Inversion abspielt. Bemerkenswert ist hiebei
außerdem, dass die Menge des Invertzuckers proportional der
Dauer der Einwirkung wächst.

So finden wir nach zwei Stunden ungefähr die doppelte
Menge invertierten Zuckers, als nach einer Stunde und nach
fünf Stunden etwa die fünffache Menge.

Nun hört aber die Proportionalität auf. Verfolgen wir
die Einwirkung der Sukrase noch weiter, so erhalten wir:

Nach zehn Stunden . . . 1·72 Invertzucker
 „ zwanzig „ . . . 3·12 „ „

Hätte die Umwandlung dieselbe Schnelligkeit beibehalten,
wie am Anfang, so müsste sich ergeben haben:

Nach zehn Stunden . . . 2·00 Invertzucker
 „ zwanzig „ . . . 4·00 „ „

Diese gefundene Verzögerung beginnt in dem Augenblicke,
wo etwa 20 % des Zuckers invertiert waren und in dem
Maße, als die Inversion fort geht, nimmt die Verlangsamung zu.

Die Unregelmäßigkeit, welche man bei der Einwirkung
der Sukrase beobachtet, hat viele Forscher beschäftigt und zu
verschiedenen Hypothesen geführt, welche wir späterhin be-
sprechen werden. Hier genüge es, die Thatsache festzulegen.
Nun zum Einfluss der Temperatur.

Einfluss der Temperatur. — Bei der Inversion des Rohr-zuckers spielt die Temperatur eine hervorragende Rolle und ist auch von beträchtlichem Einfluss auf das Wirkungsver-mögen der Sukrase. Bei 0⁰ ist die Wirkung nur eine schwache, nimmt aber dann mit der Temperatur zu. Zwischen 5—30⁰ ist diese Zunahme eine langsame. Darüber hinaus von 30 – 50⁰ nimmt die Activität außerordentlich rasch zu.

Lässt man Hefeinvertin während einer Stunde auf eine 20%ige Zuckerlösung einwirken, so erhält man mit derselben Menge von Sukrase bei verschiedener Temperatur folgende Zahlen:

Temperatur (Celsius)	Gebildeter Invertzucker.
0⁰	0
5⁰	0·05
10⁰	0·11
15⁰	0·18
20⁰	0·35
30⁰	0·4
40⁰	1·65
50⁰	2·2
60⁰	2·1

Die Temperatur, bei welcher der Gang der Inversion der rascheste ist, soll nach Kjeldahl bei 52⁰ liegen, darüber hinaus soll sich die Diastase mehr und mehr verändern.

Um diejenige Temperatur zu finden, bei welcher die Zerstörung der Sukrase sich abspielt, muss man ganz bestimmte Versuchsbedingungen einhalten, weil die Concentration der Flüssigkeit, der Säuregrad sowie andere Eigenschaften der Lösung von beträchtlichem Einfluss auf das Wirkungsvermögen der Diastasen sind.

Ein stark verdünntes Hefeinvertin kann man während einer Stunde auf 52⁰ halten, ohne dass es an Inversionskraft einbüßt, concentrierte Sukraselösungen dagegen werden ganz beträchtlich schwächer, auch wenn man sie nur kurze Zeit bei der angegebenen Temperatur hält.

Gibt man Hefe während einer Stunde in Wasser von 65⁰, so wird ihre Diastase vollkommen zerstört; arbeitet man aber mit einer sehr verdünnten Sukraselösung, so bleibt ein Theil ihres activen Vermögens bei der nämlichen Temperatur unverändert.

Der Grund dieser verschiedenen Widerstandsfähigkeit ist darin zu suchen, dass sich im Hefeextract außer Sukrase noch andere Körper vorfinden, welche ungünstig auf die Diastase wirken und dass die verzögernde Wirkung dieser Stoffe augenscheinlich abnimmt mit dem Verdünnungsgrad dieser Lösung.

Die Gegenwart von Zucker in einer Sukrase enthaltenden Lösung vermehrt die Widerstandskraft dieses Enzyms gegenüber von Wärme augenscheinlich.

Überhaupt sind die Schwankungen zwischen der Optimaltemperatur und der Zerstörungstemperatur äußerst bemerkenswert. Die Optimaltemperatur liegt nach einigen Forschern zwischen 50—56°, die Zerstörungstemperatur zwischen 65 und 70°: aber die Wirkungskraft der Sukrase ist in der Nähe der Zerstörungstemperatur schon bedeutend geschwächt.

Sukrasen verschiedener Herkunft. — KJELDAHL hat beobachtet, dass eine aus untergähriger Hefe extrahierte Sukrase eine andere Optimaltemperatur hat, als eine aus obergähriger Hefe stammende. Die Optimaltemperatur dieser letzteren hat er um 35° höher gefunden, als diejenige aus Unterhefe.

Aber nicht allein hinsichtlich der Optimaltemperatur variieren die Sukrasen verschiedener Abstammung: Die meisten Eigenschaften des Enzyms hängen von seinem Ursprung wie von seiner Herstellungsweise ab. So kann die aus Hefe extrahierte Sukrase durch ein CHAMBERLAND-Filter filtriert werden, während die aus Aspergillus niger isolierte active Substanz hiedurch vollkommen zurückgehalten wird.

In der Bierhefe befindet sich die Sukrase in nicht gebundenem Zustand und vermag durch Wasser leicht ausgezogen zu werden: in der Monilia candida dagegen wird das Invertin in den Zellen zurückgehalten, wo es an andere Stoffe gebunden ist, welche es unlöslich machen.

Die aus verschiedenen Hefen stammenden Sukrasen unterscheiden sich auch noch durch ihre größere oder geringere Empfindlichkeit gegenüber von chemischen Reagentien.

FERNBACH hat nachgewiesen, dass beispielsweise das Enzym der Hefe von TANTONVILLE 50mal empfindlicher ist, als die Sukrase von anderen Hefearten, welche zu untersuchen ihm vergönnt war.

Diese Verschiedenheit der Eigenschaften, wie sie für die Sukrase festgelegt ist, kommt ihr indessen nicht allein zu. Wir werden analogen Thatsachen begegnen gelegentlich des Studiums von Pepsin, sowie desjenigen vieler anderer löslicher Fermente. Man kann diese Verschiedenheiten mit der Gegenwart verschiedener Fremdkörper erklären, welche die Eigenschaft haben, die Optimaltemperatur, wie die Zerstörungstemperatur zu erniedrigen, die Löslichkeit der Enzyme zu verändern und ihre Empfindlichkeit gegenüber physikalischen und chemischen Agentien zu beeinflussen.

Diese Erklärungsweise führt zu der Annahme, dass das Enzym für sich selbst wohl constante Eigenschaften hat, und dass, wenn beispielsweise zwei Sukrasen verschiedene Eigenschaften und ein verschiedenes Verhalten zeigen, man den Grund hiefür nur in der Lösung zu suchen hat, d. h. in der Gegenwart von Stoffen mit beschleunigender oder verzögernder Wirkung.

Indessen wird diese Anschauung keineswegs von allen Forschern getheilt. Die Verschiedenheit der Eigenschaften zweier Enzyme derselben Art, aber von verschiedener Abstammung, hat hin und wieder eine ganz andere Erklärung erfahren. Man kann z. B. annehmen, dass die Lösung, in welcher sich das Enzym secerniert vorfindet, nicht nur von Einfluss ist auf die Wirkungsweise, sondern auch auf die Diastase selbst.

Diese Hypothese fasst die Verschiedenheit in der Wirkungsweise der verschiedenen Enzyme auf als das Resultat einer Veränderung in der Zusammensetzung oder der chemischen Structur der Diastase, wobei man es lediglich mit verschiedener Modification eines und desselben Enzymes zu thun hat.

Wie schon angegeben, erreicht die Sukrase aus obergährigen Hefen ihre höchste Wirksamkeit bei höherer Temperatur, als dies bei der Sukrase aus Unterhefen der Fall ist. Diese Verschiedenheit kann man als eine Anpassung der Hefe

an die Lösung, in welcher sie arbeitet, deuten, und aus dieser
Anpassung ist die Bildung verschiedener Diastasen bei verschiedener Temperatur zu folgern.

Dieses Anpassungsvermögen gibt sich beim Studium der
Wirkung des Magensaftes noch deutlicher zu erkennen. Das
Pepsin von warmblütigen Thieren ist bei 0^0 wirkungslos und
erreicht sein höchstes Wirkungsvermögen bei 50^0; der Magensaft kaltblütiger Thiere dagegen wirkt schon bei 0^0 ganz
deutlich und seine Optimaltemperatur liegt bei 40^0.

Man kennt bereits eine ganze Reihe analoger Thatsachen,
welche das Anpassungsvermögen der Diastasen als begründete
Hypothese erscheinen lassen.

Indessen ist das Auftreten von Varietäten eines und
desselben Enzyms nur schwierig ganz genau nachzuweisen,
denn man hat es stets mit einem Gemenge von Enzymen und
mehr oder weniger bekannten Fremdkörpern zu thun; dennoch
neigen wir weniger der Annahme zu, dass es von einem und
demselben Enzym verschiedene Arten gibt, weil der Wechsel
in den Eigenschaften eines solchen Enzyms im allgemeinen
weniger ausgesprochen ist und vielleicht auch künstlich hervorgebracht worden sein kann, wenn man von einer bestimmten
Diastase ausgeht und lediglich die Bedingungen der Nährlösung verändert. Bis das Gegentheil bewiesen ist, halten
wir die Annahme für richtiger, dass die Veränderungen, welche
man bei Enzymen verschiedener Abstammung wahrgenommen,
von der Gegenwart von Fremdkörpern herrühren.

Im übrigen werden wir fernerhin öfters auf diese Frage
zurückkommen gelegentlich des Studiums von jedem einzelnen
Enzym.

Einfluss der Acidität und der Alkalinität. — Acidität und
Alkalinität beeinflussen die Sukrase beträchtlich. Wie KJELDAHL
gefunden hat, ist ein schwacher Säuregehalt von günstiger
Wirkung, starke Mengen von Säuren oder Alkalien dagegen
vermögen ihre diastatische Kraft zu verringern.

In einer sehr ausführlichen Arbeit hat FEREBACH die
Sukrase des Aspergillus niger untersucht und auch den Einfluss der Nährlösung sehr sorgfältig geprüft. Seine Arbeit
hat über die vorwürfige Frage höchst schätzenswerte Winke
gegeben; wir werden dieselbe kurz zusammenstellen.

Nach FERNBACHS Untersuchungen besitzt die aus Aspergillus niger stammende Sukrase stets eine saure Reaction, herrührend von Oxalsäure, welche dieser Pilz in größerer oder geringerer Menge bildet. Die saure Reaction ist allerdings sehr schwach; immerhin kann man die diastatische Lösung in einem beträchtlichen Grade mit verdünnter Natronlauge versetzen, ehe Lackmuspapier sich bläut.

Die Sukrase zeigt sich auch sehr empfindlich gegenüber der Wirkung von recht geringer Menge von Alkali, und zwar so gering, dass sie von Lackmuspapier und anderen Indicatoren nicht angezeigt wird. Um diese Empfindlichkeit gegenüber von Säure und Alkalien in der Lösung darzuthun, hat FERNBACH folgenden Versuch angestellt:

Er gießt in 8 Reagensgläser 2 cm^3 eines Sukraseauszugs, gibt alsdann in jedes Glas wachsende Mengen einer Natronlauge von $\frac{1}{15000}$, bringt alsdann in jedes Glas das Volumen auf 10 cm^3 durch Zuzatz von Zuckerlösung. Nach einstündiger Einwirkung bei 56° bestimmt er in jedem Glas die Menge invertierten Zuckers und erhält hiebei folgende Resultate:

Nr.	Menge zugesetzter Lauge:	Menge gebildeten Invertzuckers:
	cm^3	mg
1	0	35
2	0·5	31
3	1	25
4	1·5	17
5	2	12
6	2·5	7
7	3	5
8	3·4	3

In den Proben 1—4 zeigt die Flüssigkeit saure Reaction, die Proben 4—6 enthalten neutrale Lösung; diese wird schwach alkalisch in den Gläsern 7 und 8. Aus dieser Tabelle ersieht man, dass der gebildete Invertzucker in dem Maße abnimmt, als die Sodamenge in der Flüssigkeit wächst. Fügt man keine Natronlauge zu, so erhält man

35 mg Invertzucker; der bloße Zusatz von 1·5 cm^3 einer

Natronlauge von $\dfrac{1}{15000}$, einer die Lösung kaum neutralisie-

renden Menge, lässt die Menge des Invertzuckers schon auf 17 mg sinken; diese Verminderung um rund 50% wird hervorgebracht durch eine Dosis von Alkali, welche etwa 1 g pro hl entspricht.

In dieser außerordentlichen Empfindlichkeit der Diastase gegenüber von Alkalinität und Acidität der Flüssigkeit dürfen wir einen der Gründe für das proportionale Verhalten zwischen Menge angewandter Substanz und Menge des hiebei gebildeten Invertzuckers erblicken.

In der That, solange die Sukrase neutral und in geringer Menge angewendet wird, ist, wie wir oben gesehen haben, die Menge der verwendeten activen Substanz proportional dem Umwandlungsproduct; diese Proportionalität hört aber auf, sobald man mit einer sauren oder schwach alkalischen Sukraselösung arbeitet. Mit der Verwendung wachsender Mengen von Sukrase führt man, wie erklärlich, auch wachsende Mengen von Säure oder Alkali ein, welche den Gang der Inversion mehr und mehr beeinflussen und das proportionale Verhalten verschwinden lassen.

In seiner Arbeit hat FERNBACH auch für verschiedene Säuren diejenige Dosis nachgewiesen, bei welcher die Diastase am kräftigsten wirkt. Zu diesem Ende hat er so genau, als überhaupt möglich, eine Sukraselösung neutralisiert und sie hierauf durch wachsende Mengen verschiedener Säuren ange- säuert. Die hiebei erzielten Resultate gibt folgende Tabelle wieder:

Bezeichnung der Säuren	Günstige Menge (Anzahl g in 1 l)	Schädliche Menge (Anzahl g in 1 l)
Schwefelsäure	0·025	0·2
Weinsäure	1	2
Oxalsäure	0·066	0·1
Bernsteinsäure	2	4·
Milchsäure	5	10
Essigsäure	10	50

Wie man sieht, hängt die günstige Menge von der Natur
der angewandten Säuren ab. Die Wirkungskraft des Enzyms
vermehrt sich in Gegenwart ganz geringer Säuremengen bis
zu dem Punkt, wo die Maximaldosis erreicht ist; ist diese
jedoch überschritten, so wirkt die Gegenwart der Säure ungünstig auf die diastatische Arbeit, welche sichtlich schwächer
wird.

Die Menge von Oxalsäure, welche auf den Verlauf der
Inversion die stärkste Wirkung ausübt, besitzt für sich allein
bei 56⁰ keine Inversionskraft; die anderen Säuren jedoch
invertieren eine gewisse Zuckermenge schon vermöge ihrer
eigenen Einwirkung. Der in Gegenwart von Säuren gebildete
Zucker ist also ein Resultat combinierter Wirkungen von
Säure und von Diastase. Es folgt daraus, dass bei Anwendung verschiedener Säuren, jeder in ihrer Maximaldosis, man
nothwendigerweise mit derselben Menge von Sukrase verschiedene Mengen Invertzucker erhalten muss. Diese Verschiedenheit ist auf die Einwirkung der Säure allein und nicht auf
diejenige der Sukrase zurückzuführen, denn die Sukrase wird
stets im selben Grad von den verschiedenen Säuren beeinflusst. Um die vereinte Wirkung von Säure und Sukrase
festzustellen, hat FERNBACH eine Reihe vergleichender Versuche angestellt. Mit verschiedenen Zuckerlösungen hat FERN-
BACH je zwei Versuchsreihen, A und B, ausgeführt. Beim
Versuch A lässt er die Maximaldosis von Säure einwirken
und gibt eine gewisse Menge von Sukrase hinzu; beim Versuch
B wirkt die Säure allein ein. Er bestimmt hierauf in jedem
Versuch die Menge Invertzucker und vermag durch Subtraction
diejenige Menge von Invertzucker zu bestimmen, welche lediglich der Einwirkung der Diastase zu verdanken ist.

Diese mit verschiedenen Säuren ausgeführten Versuche
führten zu folgenden Resultaten:

Säuremenge in 1 l	Invertzucker Einwirkung von Säure und von Diastase	Invertzucker Einwirkung von Säure	Differenz oder Invertzucker, gebildet durch Diastase
Schwefelsäure 0,05 . . .	31·3	0·7	30·5
Oxalsäure 0,066	30	0·0	30
Weinsäure 1	40	8·6	31·4
Bernsteinsäure 2	34·2	3·7	30·5
Milchsäure 5	41·5	12·2	29·3
Essigsäure 10	37·9	7·2	30·7

Wie man sieht, sind die Zahlen der letzten Reihe, welche das Ergebnis lediglich diastatischer Einwirkung bezeichnen, für alle Säuren gleich; die kleinen Schwankungen, welche vorkommen, sind auf Versuchsfehler zurückzuführen.

Dieser Versuch beweist aufs neue eine Thatsache, welche wir früher angegeben haben, diejenige nämlich, dass die Diastase von den verschiedenen Säuren stets im selben Maße beeinflusst wird.

Indessen beziehen sich die von FERNBACH gemachten Angaben über den Einfluss der Nährlösung lediglich auf Sukrase, welche von einer Cultur von Aspergillus niger auf RAULIN'scher Flüssigkeit ausgeschieden ist. Wahrscheinlich würde derselbe Schimmelpilz, auf anderem Nährboden cultiviert, Sukraselösungen geben, welche sich Reagentien gegenüber anders verhalten.

Im übrigen wurde die Bestimmung der Säuremengen, welche die diastatische Einwirkung hemmen oder begünstigen, von FERNBACH bei der Temperatur von 56° vorgenommen; es ist also wahrscheinlich, dass seine Zahlen nur für diese Temperatur Giltigkeit haben.

In der That sind auch die Säuremengen, welche der höchsten Leistung entsprechen, bei 30—40° ganz andere, als diejenigen bei 56°. Bei den ersten Temperaturen müssen die Säuremengen mit fünf multipliciert werden, sollen sie dasselbe Ergebnis erzielen wie bei 56°.

Nach O. SULLIVAN und THOMPSON hängt die Maximaldosis von Säure noch ab von der Menge angewandten Invertins, denn es ist nachgewiesen, dass mit Steigerung der Sukrasemenge auch die Säuredosen wachsen müssen. Überhaupt ist der Einfluss, welchen die Lösung auf den Gang der Inversion auszuüben vermag, ein sehr complicierter.

Die aus Hefen isolierte Sukrase bietet dem Einfluss der Säuren einen ganz anderen Widerstand, wie das Invertin aus Aspergillus niger.

Die Sukraselösung, welche man durch Behandeln von Hefe mit kaltem Wasser gewinnt, ist im allgemeinen empfindlicher gegenüber den Einwirkungen des Milieu als eine Diastaselösung aus Aspergillus niger. Außerdem variiert die Empfindlichkeit von Hefesukrasen je nach der Natur der angewandten

Hefe und für eine und dieselbe Hefe je nach der voraus-
gegangenen Ernährungsweise derselben.

FERNBACH hat für drei verschiedene Hefearten die für die
Wirkung der Sukrase günstigste Säuremenge festgestellt.

Ein Blick auf folgende Tabelle zeigt, dass für Champagner-
hefe die höchste Säuremenge diejenige von 0·2 cm^3 ist. Für
Sacharomyces pastorianus- und Pale Ale-Hefe, 0·5 cm^3; die
aus Aspergillus niger stammende Sukrase erreicht ihre höchste
Wirksamkeit dagegen nur bei weit höherer Säuremenge.

Menge Essig-säure (in 1 l)	Champagner-Hefe	Sacharomyces pastorianus	Pale ale-Hefe
0	38·3	29·7	18 8
0·02	38·7	31·9	19 8
0·05	63·9	32·4	22·3
0·1	74·3	32·4	25·5
0·2	**79·4**	32·9	28·3
0·5	78·4	**33**	**29·4**
1	7·5	3ı·3	28 9
2	71 9	29 6	27 6
5	—	—	—
10	50·4	—	—

Der bedeutende Einfluss, welchen ein Gehalt an Alkali
auf den Gang der Umwandlung ausübt, hat zur Annahme
geführt, dass die beschleunigende Wirkung der Säure auf eine
Veränderung in der Natur des Enzyms zurückzuführen sei.

Diese Änderung in der Beschaffenheit der Diastase vermag
man indessen nur sehr schwierig zu beweisen, jedenfalls scheint
sie überhaupt nur eine wenig eingreifende zu sein.

Diejenige Menge von Alkali, welche die Inversion vollständig hemmt, bringt in der Zusammensetzung der activen
Substanz keine bedeutende Änderung hervor. Die Abnahme
der Activität ist eine Folge anormaler Bedingungen des Milieu,
welch letzteres durch Zusatz von Alkali für die Einwirkung
der Enzyme ungeeignet geworden ist. Die active Substanz
selbst bleibt indessen augenscheinlich unverändert, denn es
genügt, die Flüssigkeit von neuem zu neutralisieren, und die
diastatische Arbeit beginnt wieder mit derselben Kraft, wie
anfangs.

Erst durch einen sehr starken Zusatz von Alkali vermag
man die Diastase zu zerstören, genau so, wie durch dieselben
Mittel auch die Eiweißkörper zerstört werden.

Einwirkung des Sauerstoffes und des Lichtes. — DUCLAUX
hat zuerst nachgewiesen, dass das Licht einen nicht zu unter-
schätzenden Einfluss auf die Sukrase ausübt. Wie er gefunden
hat, wechselt eine Lösung von Sukrase in gewöhnlichem Wasser
ihre Farbe bei Berührung mit Luft und wird infolge eines
Oxydationsvorganges unwirksam.

Diese Oxydation wird in sehr hohem Grade durch die
Gegenwart oder Abwesenheit von Licht durch alkalische oder
saure Reaction beeinflusst.

Bei Abschluss von Licht und in schwach alkalischer
Lösung geht die Zersetzung infolge von Luftsauerstoff sehr
rasch vor sich: sie ist weniger bedeutend in neutraler Flüssigkeit
und verläuft nur ganz langsam bei Gegenwart einer Säure.
Setzt man eine Sukraselösung der Wirkung der Luft bei 35⁰
aus, so zerstört man im Verlaufe von 48 Stunden ungefähr 50%
der wirksamen Substanz; bei einer Temperatur von 50⁰ verläuft die Oxydation noch rascher, und denselben Zersetzungs-
grad erreicht man nach 4—5stündiger Einwirkung von Sauerstoff auf Diastase.

Licht allein, bei Abschluss von Sauerstoff, ist ohne Wirkung
auf Sukrase. FERNBACH hat dies nachgewiesen, indem er in
luftleeren Gläsern Sukrase dem Sonnenlichte aussetzte. Die
Sukrase blieb während mehrerer Monate unverändert.

Wie wir eben gesehen haben, verleihen die Säuren in
der Dunkelheit der Diastase eine bedeutende Widerstandskraft
gegenüber der Einwirkung der Luft. Ist aber die Sukrase
dem Licht ausgesetzt, hört diese Widerstandsfähigkeit auf und
es sind nur die Alkalien, welche das Enzym gegen Oyxdation
zu schützen vermögen.

Überlässt man zwei Sukraselösungen der Einwirkung von
Luft und Licht, die eine Lösung schwach sauer, die andere
schwach alkalisch, so beobachtet man in der sauren Flüssigkeit
eine sehr rasche Veränderung, wogegen sich die alkalische
Lösung längere Zeit hält. Dieses Verhalten wurde von
FERNBACH beobachtet. Derselbe setzte während 48 Stunden
drei verschieden stark saure Zuckerlösungen der Einwirkung

von Licht- und Sonnenstrahlen aus und fand nach Verlauf dieser Zeit in denselben das folgende diastatische Vermögen:

Schwach saure Flüssigkeit 3·7
Neutrale Flüssigkeit 6·6
Schwach alkalische 7·4

Der günstige oder ungünstige Einfluss der sauren oder alkalischen Beschaffenheit der Lösung auf die Oxydation der Sukrase wurde durch folgende Versuche besonders deutlich gemacht:

Fünf Sukraselösungen, mit einem diastatischen Vermögen von 18, die einen sauer, die anderen alkalisch, je in verschiedenen Graden, wurden in der Dunkelheit bei einer Temperatur von 35⁰ 48 Stunden lang dem Einfluss der Luft ausgesetzt.

Die Bestimmung der diastatischen Kraft bei Ende des Versuches ergab folgende Werte:

Nr. des Versuches	Säuremenge in Millionteln	diastatisches Vermögen
1	420	18
2	270	18
3	neutral	17
4	75 Ätznatron	14·6
5	150 Ärznatron	10·6

In dieser Tabelle tritt deutlich zutage einerseits der schützende Einfluss der Säure, andererseits die schädliche Wirkung von Alkalien.

Das Studium der Einwirkung von Licht und Sauerstoff auf die Inversion des Rohrzuckers führt uns zu einer praktischen Folgerung hinsichtlich der Conservierung der Diastase.

Will man eine Sukraselösung aufbewahren, so muss man vor allem die Oxydation und hiemit den Zutritt der Luft ausschließen. Zu diesem Ende wird man ein nicht ganz befülltes Gefäß evacuieren oder die Diastaselösung mit einer Ölschicht bedecken. Meine Versuche haben ergeben, dass eine so präparierte Invertinlösung ihre volle Energie noch nach dreimonatlicher Aufbewahrung behalten hatte.

Einwirkung chemischer Substanzen. — Die Sukrase ist verschiedenen chemischen Reagentien gegenüber sehr empfindlich.

DUCLAUX hat diese Frage nach allen Seiten hin beleuchtet und Zahlenwerte angegeben, welche, ohne absolut richtig zu sein, den Thatsachen doch nahe genug kommen.

Chlorcalcium stört die Einwirkung der Sukrase außerordentlich stark und sein verzögernder Einfluss wächst mit der angewandten Dosis.

Kochsalz und Chlorkalium, welche in geringeren Dosen, z. B. 0·4 %, einen günstigen Einfluss ausüben, unterbinden die diastatische Wirkung, wenn die angewandte Menge steigt.

Nach Angabe von NASSE soll Chlorammonium in einer Dosis von 10 % sehr günstig einwirken und in geringerer Dosis keine Verzögerung hervorrufen.

Die Einwirkung von Salzen der Alkalien und von Basen ist nach DUCLAUX eine verzögernde oder zerstörende bei folgenden Dosen:

Salze	Menge in %				
	0·1	0·2	0·4	0·5	0·8
Arsensaures Natrium . . .	4	—	—	7·2	—
Borsaures „	1·4	2 5	5·6	—	9·3
Salicylsaures „	—	1	1·3	—	—

Das salicylsaure Natron scheint in einer Dosis von 0·2 % ohne Einfluss zu sein; eine Dosis von 0·4 % schwächt die diastatische Kraft ab, denn man muss anstatt 1 1·3 Diastase anwenden, um denselben Effect zu erzielen. Borsäure und arsensaures Natron bewirken eine recht beträchtliche Verlangsamung der Inversion. In Gegenwart einer 0·1 %igen Lösung von arsensaurem Natron zeigt die Diastase eine viermal geringere Activität, wie bei Abwesenheit dieses Agens.

Die Antiseptica wirken höchst verschieden auf das diastatische Vermögen der Sukrase ein. Chloroform, Äther, Wintergreenöl, in großem Überschuss angewandt, vermindern die Activität der Sukrase datwa um $1/10$.

Giftige Substanzen üben ebenfalls eine verzögernde Wirkung aus. Dies kommt in folgender Zusammenstellung, welche von DUCLAUX herrührt, zum Ausdruck:

Salze	Menge				
	0·01%	0·02%	0·04%	0·1%	0·2%
Sublimat	—	1·03	1·04	1·25	1·4
Salpetersaures Silber	1 26	1·30	1·25	0·70	—
Cyankalium	—	16·30	44	62	—

Demnach hat Sublimatlösung nur eine schwach verzögernde Einwirkung. In Gegenwart von 0·1 % zeigt sich die Diastase nur wenig geschwächt. Cyankalium hat eine ausgesprochen lähmende Einwirkung. In Gegenwart einer 0·02 %igen Lösung wird die Kraft des Fermentes eine 16mal geringere. Silbernitrat, weches anfangs die Wirkung verzögert, beschleunigt sie nachher, und zwar nach Angabe von Duclaux infolge des Säuregehaltes, welchen dasselbe in der Zuckerlösung hervorbringt.

Die verzögernde Einwirkung von 10 %igem Alkohol wird durch die Zahl 1·3 ausgedrückt. Knoblauchöl und andere flüchtigen Öle üben auf den Gang der Inversion eine kaum bemerkbare Wirkung aus.

Bildung von Sukrase in den lebenden Zellen. — Wie wir oben schon gesehen haben, sondern alle Zellen, welche durch Rohrzucker ernährt werden, Sukrase ab. Wir haben nun mehr zu untersuchen, welches die günstigsten Bedingungen für die Secretion von Invertin durch lebende Zellen sind. In Zellen von Bierhefe, welche in einer Rohrzucker enthaltenden Nährlösung gewachsen sind, sieht man Sukrase auftreten. Um sich diese Erscheinung zu erklären, kann man annehmen, dass Zellen, welche sich in Gegenwart nicht assimilierbarer Stoffe befinden, zu einer Secretion schreiten, welche diese Stoffe zu assimilierbaren umzugestalten vermag. Beobachtet man diese Erscheinung näher, so findet man die Secretion von Sukrase keineswegs direct hervorgerufen von der Art der Ernährung der Zellen; diese Absonderung scheint vielmehr ganz eng verknüpft mit der Natur des Organismus und vollständig unabhängig vom wirklichen Bedürfnis der Zellen.

Ersetzt man z. B. in der Nährlösung den Rohrzucker durch ein direct assimilierbares Kohlehydrat, so dauert trotz

dieser Veränderung die Sukraseabscheidung an. In diesem
Falle erheischt die Ernährung der Hefe keineswegs die Gegenwart dieses Enzymes. Besitzt demnach die Natur des Zuckers
keinerlei Einfluss auf die Sukraseabsonderung, so darf man
daraus noch nicht schließen, dass diese Absonderung ganz
allgemein unabhängig von der Ernährungsweise der Zellen ist.
Die Erfahrung hat im Gegentheil ergeben, dass die Secretion
von Diastase direct zusammenhängt mit der Ernährungsweise,
unabhängig allerdings von dem dargebotenen Kohlehydrat.
In Bierwürze cultivierte Hefen sondern weit größere Invertin-
mengen ab, als dies bei Hefen der Fall ist, welche lediglich
in Zuckerlösungen gewachsen waren; die Absonderung von
Sukrase wird in diesem Falle also begünstigt durch die stickstoffhaltigen Bestandtheile des Malzes. So weiß man z. B.
aus Erfahrung, dass bei Zugabe von Peptonen der Sukrase-
gehalt in der Nährlösung zunimmt.

Die für das Hefewachsthum günstigsten Stoffe sind nicht
stets auch diejenigen, welche der Sukrasebildung am meisten
Vorschub leisten. So wirken z. B. die Phosphate sehr günstig
auf Hefe ein, während sie die Bildung von Sukrase beeinträchtigen.

Die stickstoffhaltigen Substanzen sind es also nicht allein,
welche auf die Abscheidung von Sukrase Einfluss ausüben.
Leider kennt man die Bedingungen nur sehr unvollkommen,
unter welchen die Bildung von Diastase begünstigt wird; und
dennoch verdienen diese Bedingungen ein besonders ausge-
dehntes Studium, vermögen sie uns doch vom theoretischen
Standpunkt aus recht gewichtige Aufschlüsse zu ertheilen.

Sind wir über die günstigen Bedingungen der Invertin-
bildung nur mangelhaft unterrichtet, so verfügen wir über eine
desto bessere Kenntnis der Diffusion von Sukrase durch die
Zelle.

Um die Bildungsweise von Sukrase in Aspergillus niger
zu studieren, schlug FERNBACH folgenden Weg ein: In eine
gewisse Anzahl von Gläsern, welche mit derselben Menge
RAULIN'scher Flüssigkeit beschickt waren, säete er eine bestimmte Zahl von Sporen, alle von derselben Aspergillus-Cultur
herrührend, aus. Die mit dieser Aussaat versehene Flüssigkeit
wurde bei einer constanten Temperatur von 35° gehalten.

Er bestimmte jeden Tag in einem der Versuche das Gewicht der gebildeten Pflanzen, die verbleibende Zuckermenge, den Säuregehalt und endlich die Menge gebildeter Sukrase.

Jedes Glas enthielt 400 cm^3 RAULIN'scher Flüssigkeit, 17·6 g Rohrzucker und 0·72 g freie Weinsäure.

	Verbleibender Zucker	Invertierter Zucker	Assimilierter Zucker	Säuregehalt in g	Sukrase	Gewichte der Pflanze	Aschengehalt
Nach 2 Tagen	4·4	8·3	4·9	1.16	0	3·105	0·116
„ 3 „	0·3	4·5	12·8	0·74	50	6·200	0·171
„ 4 „	0	0	17·6	0·076	67	7·835	0·191
„ 6 „	0	0	—	0·038	104	6·870	0·200
„ 8 „	0	0	—	Spuren	285	5·580	0·198

Verfolgen wir in dieser Tabelle die Zahlen der Rubrik „Sukrase", so sieht man, wie bei Beginn der Entwicklung der jungen Pflanzen, also in Gegenwart großer Zuckermengen, Sukrase in der Flüssigkeit nicht auftritt, und dass man ihr Auftreten erst in dem Augenblick nachweisen kann, wo die Lösung frei von Zucker ist und eine Inversion nicht mehr statt hat.

Diese Thatsache ist von großem Interesse, zeigt sie uns doch, dass die Inversion nicht vor sich geht in der Flüssigkeit, welche den Schimmelpilz umgibt. Die Gegenwart von 8·3 g Invertzucker nach Verlauf von zwei Tagen bestätigt, dass die Umwandlung sich im Innern der Zelle vollzieht.

Gehen wir von dieser Annahme aus, so müssen wir zu gleicher Zeit auch zugeben, dass die Sukrase schon von Anfang an in der Zelle vorhanden ist, und dass die wahrgenommene Diffusion lediglich ein Product des veränderten Zellinhaltes ist.

In der That hat auch FERNBACH bei seinen Untersuchungen von Sukrase in der Pflanze nachgewiesen, dass die größte Menge von Diastase, welche von den Zellen abgeschieden wird, schon mit Beginn ihrer Entwicklung auftritt, und dass der Augenblick ihres Erscheinens außerhalb der Zelle zusammenfällt mit demjenigen Moment, wo die Pflanze bereits die größere Zuckermenge verarbeitet.

	Verbleibender Rohrzucker	Invertierter Zucker	Verbrauchter Zucker	Säuregehalt	Sukrase in der Flüssigkeit	Sukrase in den Zellen	Gewichte der Pflanzen
Nach 1 Tag	1·36	2·36	0·92	0·293	2	58	0·65
Nach 2 Tagen	0·22	1·65	2·57	0·368	3	47	1·265
„ 3 „	0	0·7	3·74	0·267	5	45	1·78
„ 4 „	0	0	4·44	0·143	10	44	1·65
„ 5 „	0	0	„	0·135	13	35	1·61

Das Diffundieren von Sukrase in dem Augenblick, wo der Zucker verschwunden ist, kann man wohl auffassen als eine Folge der Ernährungsstörung der Pflanze. Eine kurze Überlegung wird denn auch zu der Einsicht führen, dass in gut ernährten und mit Reservestoff versehenen Zellen die Diffusion nur sehr schwierig vonstatten gehen kann.

In dem Augenblick, als der Invertzucker in der Flüssigkeit verschwindet, beginnen die Zellen ihre Reservestoffe anzugreifen; es bilden sich Zellvacuolen, diese füllen sich mit Wasser und letzteres erleichtert die Diffusion.

Folgende Versuche bringen noch den schlagenden Beweis, dass sich die Diffusion von Diastasen als ein pathologischer Zustand der Zellen darstellt: Man taucht zwei junge und identische Culturen von Aspergillus niger in einem Falle in Wasser, im anderen in eine an Nährstoffen reiche Flüssigkeit. Nach Verlauf von 48 Stunden untersucht man beide Flüssigkeiten und wird hiebei in der ersten eine große Menge activer Stoffe finden, während die zweite keine Spur hievon enthält. Mangelhafte Ernährung begünstigt also die Abscheidung von Sukrase.

Man kann auch eine Aspergillus-Cultur unter Abschluss von Luft bringen. Hiedurch verändert man die Fructification, und dieses unnormale Verhältnis führt ebenso wie Nahrungs-entzug zu einer reichlichen Diffusion von Diastase in der

Culturlösung. Endlich kann man in Wasser suspendierte Bierhefe während einiger Secunden auf 100⁰ erhitzen. Hiebei zerstört man die active Substanz vollständig und die Hefezellen zum großen Theil. Lässt man die Flüssigkeit sich abkühlen, so beobachtet man nach Verlauf einer gewissen Zeit dennoch das Auftreten von Sukrase. Die Abscheidung des Enzyms kann von Zellen herrühren, welche dem zerstörenden Einfluss der Hitze entgangen sind, obgleich sie durch die hohe Temperatur wesentlich Schaden gelitten haben. Diese Zellen befinden sich alsdann in einem gewissen pathologischen Zustand und lassen ihren Inhalt an activer Substanz mit Leichtigkeit diffundieren.

Dieser Versuch lässt erkennen, dass Mangel an Zucker oder Sauerstoff, Erhöhung der Temperatur u. s. w. gleicherweise imstande sind, die von den Zellen abgeschiedene Sukrase in ihrer Diffusion zu begünstigen.

Bestimmung der Sukrase. — Mit Hilfe der Fehling'schen Flüssigkeit vermag man die Umwandlung von Rohrzucker in Invertzucker mit Leichtigkeit nachzuweisen. Rohrzucker reduciert Fehling'sche Lösung nicht, wohl werden 100 cm^3 dieser Lösung von 0·4941 g Invertzucker reduciert.

Die Umwandlung von Rohrzucker zu Invertzucker vermag man auch durch die veränderte Rotation nachzuweisen, mit welcher diese Umwandlung verknüpft ist. Rohrzucker ist rechtsdrehend und das durch die Hydrolyse entstandene Gemisch dreht nach links. Rohrzucker gibt eine Rechtsdrehung von $\alpha j + 73·8$, während Invertzucker —44 nach links dreht. Den Ausgangspunkt zur Sukrasebestimmung bildet die Bestimmung des gebildeten Invertzuckers. Nun vermag aber eine und dieselbe Sukrasemenge größere oder geringere Mengen Invertzucker zu liefern. Diese Schwankungen rühren von verschiedenen Factoren her, welche wir bereits angezeigt haben: von dem Säuregehalt der Flüssigkeit, von der Temperatur, von der Dauer der Einwirkung u. s. w. Auch darf man nicht vergessen, dass das proportionale Verhältnis zwischen der angewandten Fermentmenge und dem erhaltenen Invertzucker nur bei Beginn der Entwicklung besteht, und solange noch nicht mehr als 20% des Gesammtzuckers der Umwandlung unterlegen sind.

Hieraus folgt die absolute Nothwendigkeit, beim Vergleich zweier diastatischer Producte genau dieselben Verhältnisse einzuhalten. Um die Fehlerquelle zu beseitigen, welche der Säuregehalt verursachen kann, hat man die Flüssigkeit so genau als überhaupt möglich zu neutralisieren und hierauf mit 1% Essigsäure anzusäuern. Die Wahl der Essigsäure ist keine willkürliche, sondern dadurch geboten, dass man die Essigsäure in ziemlich großen Mengen anwenden kann und ihre Bestimmung dadurch eine leichte wird. Die Essigsäure hat die Eigenschaft, andere organische Säuren aus der Lösung nicht zu vertreiben und andererseits auf Sukrase nur wenig einzuwirken.

Bei der Bestimmung der Sukrase muss man jegliche Oxydation derselben vermeiden und zu diesem Ende die Analyse so rasch wie möglich ausführen. Im allgemeinen lässt man die Sukrase nur eine Stunde einwirken.

Um die Irrthümer zu beseitigen, welche aus dem Aufhören des proportionalen Verhältnisses zwischen angewandter Enzymmenge und der Menge invertierten Zuckers entspringen könnten, bestimmt man diejenige Sukrasemenge, welche imstande ist, eine bestimmte Menge Rohrzucker umzuwandeln, nicht aber diejenige Zuckermenge, welche eine gegebene Menge von Sukrase umzuwandeln vermag.

Bei der von FERNBACH angegebenen Bestimmungsweise stellt diejenige Sukrasemenge die Einheit vor, welche innerhalb einer Stunde 20 *cg* Rohrzucker invertieren kann, und zwar bei einer Temperatur von 56° und in Gegenwart von 1% Essigsäure.

Bei der Ausführung dieser Bestimmung neutralisiert man vorerst die Sukraselösung, gibt alsdann in eine Reihe von Reagensgläsern je 4 *cm³* einer 50%igen Rohrzuckerlösung, fügt alsdann 1, 2, 3, 4, 5 *cm³* derjenigen Sukraselösung zu, welche man untersuchen will; dieses Gemisch versetzt man mit 1 *cm³* $^1/_{10}$ Normalessigsäure, bringt alsdann das Volumen in allen Gläsern auf 10 *cm³*. Bei der Temperatur von 56° verweilt man eine Stunde, kühlt sodann rasch ab, fügt einige Tropfen Natronlauge hinzu, um die Inversion zu unterbrechen, und bestimmt in jeder der Proben die gebildete Menge Invertzucker mit Hilfe FEHLING'scher Lösung. Man kann alsdann

sehen, in welchem Cylinder die 20 cm^3 Zuckerlösung invertiert sind.

Angenommen, es sei dies der Fall bei der Probe, welche
5 cm^3 Sukraselösung enthielt: man hat alsdann eine Lösung
vor sich, welche nur Spuren von Sukrase enthält. Da die
angewandte Menge Essigsäure bei diesem Versuch schon für
sich einige cg Invertzucker gibt, so ist es möglich, dass die
Fremdkörper und nicht die Diastase die Inversion zu Ende
geführt haben.

Um sich hierüber Gewissheit zu verschaffen, ob die Umwandlung von Rohrzucker als Wirkung einer Diastase auf-
zufassen ist, muss man den Versuch einmal in der Kälte wiederholen, ein anderemal mit einer Lösung, welche auf 100^0
erwärmt war, und nun beobachten, ob die Resultate dieselben sind.

Genügen 1, 2 oder auch 3 cm^3 der Lösung, um eine Umwandlung der 20 cg Zucker zu erzielen, so hat man es mit
einer Flüssigkeit von bedeutender diastatischer Kraft zu thun.
Wiederholt man den Versuch mit $1\frac{1}{2}$, $1\frac{3}{4}$, 2, $2\frac{1}{4}$ u. s. f. cm^3
der Versuchsflüssigkeit, so vermag man eine ganz genaue Be-
stimmung des diastatischen Vermögens zu erzielen.

Waren z. B. $1\frac{1}{2}$ cm^3 der Lösung nothwendig, um 20 cg
Invertzucker zu erhalten, so liegt die Einheitsdosis von Sukrase
bei $1\frac{1}{2}$ cm^3, und man sagt alsdann, die Flüssigkeit besitzt $\frac{2}{3}$
der als Einheit angenommenen diastatischen Kraft.

Die Methode von FERNBACH gibt ziemlich genaue Resultate, aber sie erfordert viele Versuche und eine große Reihe
zeitraubender Bestimmungen.

Handelt es sich um eine mehr qualitative als quantitative
Schätzung, so kann man die Bestimmung des Zuckers vollständig umgehen.

Um Sukrase in Flüssigkeiten nachzuweisen, benütze ich
eine sehr fördernde Methode, welche nur eine halbe Stunde
beansprucht und wobei die Inversion durch die Färbung nachgewiesen wird, welche die invertierte Flüssigkeit unter der
Einwirkung von Lauge annimmt.

Zu dieser Art von Untersuchung bedient man sich einer
$10^0/_0$igen Zuckerlösung. Die Flüssigkeit, in welcher man die

Sukrase bestimmen will, wird so genau als überhaupt möglich mit $\frac{1}{1000}$ Ätznatron neutralisiert. In zwei Reagiercylinder A und B gibt man 10 cm^3 Zuckerlösung, A versetzt man mit 1 cm^3 der Diastaselösung, B ebenfalls mit 1 cm^3 derselben Lösung, welche aber zuvor einige Minuten auf 100° erwärmt war. Beide Cylinder lässt man $\frac{1}{2}$ Stunde bei 50° stehen. Hierauf gibt man in jeden Cylinder 1 cm^3 Normalnatronlauge und erwärmt 5 Minuten lang auf 98°. Ist Sukrase in der Flüssigkeit enthalten, so wird Cylinder A eine viel dunklere Färbung annehmen, als Cylinder B.

Im übrigen ist es auch möglich, diesen Versuch auf colorimetrischem Wege auszuführen.

LITERATUR.

A FERNBACH. — Recherches sur la sucrase, diastase inversive du sucre de canne. Thèse. Paris, 1890.

J. KJELDAHL. — Recherches sur les ferments producteurs de sucre. Medelelser fra Carlsborg, Laboratoriet. Copenhague, 1879.

DUCLAUX. — Microbiologie, 1883.

SECHSTES CAPITEL.

SUKRASE. (Fortsetzung.)

Verzögernder Einfluss und seine Erklärung. — Verbrauch und Änderung der Sukrase. — Beobachtungen von EFFRONT über den Einfluss des in der Gährungsflüssigkeit enthaltenen Invertzuckers. — Hypothese von O. SULLIVAN und THOMPSON. — Beweis für und gegen diese Hypothese. — Theorie von EFFRONT über die Umwandlung des Rohrzuckers und Beobachtungen über die Beeinflussung der Saccharoseinversion durch Säuren.

Die verzögernde Kraft bei der Inversion und ihre Erklärung. Als wir weiter oben den Gang der Umwandlung von Saccharose durch die Sukrase verfolgt haben, fanden wir, dass während einer gewissen Zeit die Menge gebildeten Invertzuckers stetig abnimmt im Verlauf der Inversion.

Diese Abnahme vollzieht sich derart, dass die letzten verbleibenden Saccharosetheile sich mit außerordentlicher Langsamkeit umwandeln, während bei Beginn der Umwandlung sich die Inversion viel rascher vollzieht.

Verschiedene Hypothesen wurden aufgestellt, um die bei der Hydratisierung des Rohrzuckers beobachteten Unregelmäßigkeiten zu erklären.

Einige Forscher schreiben die beobachtete Verzögerung einem Verbrauch oder einer Veränderung des Invertins zu, einer Veränderung, welche sich in dem Maße vollziehen soll, als die Hydratisierung fortschreitet.

Nach anderen Gelehrten ist die Verzögerung bei der Inversion eine Folge des verschwindenden Rohrzuckers, dessen Gegenwart den diastatischen Vorgang begünstigen sollte.

Die Hypothese endlich, wonach die Producte der Umwandlung, welche sich in der Flüssigkeit anhäufen, den diastatischen Vorgang lähmen, vermag auch noch eine wahrscheinliche Erklärung für die Unregelmäßigkeit bei der Umwandlung abzugeben. Nach dieser letzteren Hypothese sollte die Einwirkung des Enzyms durch den während des Vorganges gebildeten Invertzucker gehindert werden.

Prüfen wir nun, auf welchen Thatsachen diese verschiedenen Hypothesen basieren, und suchen wir eine Erklärung für den unregelmäßigen Gang der Inversion zu finden.

Verbrauch und Veränderung der Diastase. — Die Hypothese, welche die Verzögerung der Inversion durch einen Verbrauch activer Substanz während deren Wirkung erklären will, scheint uns eine ernsthafte Erörterung nicht zu verdienen.

Die anfangs beobachtete Proportionalität zwischen der Dauer der Einwirkung und der Menge des gebildeten Zuckers liefert uns einen giltigen Beweis, dass ein Verbrauch an Diastase nicht stattfindet.

In der That, wenn wir nach der zweiten Stunde der Einwirkung wahrnehmen, dass die Menge des gebildeten Zuckers doppelt so groß ist, als diejenige nach der ersten Stunde der Einwirkung, so ist es einleuchtend, dass die Diastase in der zweiten Periode ihrer Arbeitsleistung mit der nämlichen Wirkungskraft eingesetzt hat, wie während der ersten Periode.

Die während der ersten Stunde geleistete Arbeit hat also keine Zerstörung activer Substanz mit sich gebracht, und die Annahme scheint uns unwahrscheinlich, dass ein Verbrauch an Diastase, welcher sich bei Beginn nicht feststellen lässt, bei fernerer Arbeitsleistung zutage treten sollte.

Im übrigen schließt die Wirkungsweise der Enzyme jeglichen Verbrauch an activer Substanz im Verlauf des Umwandlungsvorganges aus.

Beim Studium der Wirkung der Amylase hatten wir Gelegenheit, durch directe Versuche einen Nichtverbrauch von Diastase während der Arbeit klar zu legen, und wir glauben, dass die Erklärungsweise, welche wir für diese Erscheinung angegeben haben, verallgemeinert und auf alle ähnlichen Fälle ausgedehnt werden kann, denn diese Verzögerung ist von

charakteristischer Indentität bei einer großen Anzahl diastatischer Vorgänge.

Die Annahme einer Veränderung der Diastase während
der Arbeit scheint uns größere Wahrscheinlichkeit zu besitzen.
In der That, eine Menge chemischer Agentien, wie verschiedene physikalische Bedingungen üben verschiedentlich und
in sehr hohem Grade Einfluss auf die Sukrase aus. Durch
Versuche, wie wir sie im vorhergehenden Capitel angeführt
haben, muss die Verzögerung in der Umwandlung z. B. der
vereinigten Einwirkung von Sauerstoff und Licht unwider-
sprechlich zuerkannt werden.

Indessen können wir doch die Unregelmäßigkeit bei der
Inversion physikalischen oder chemischen Ursachen nicht allein
zuschreiben, denn auch bei Ausschluss von Licht- und Sauer-
stoffeinwirkung beobachtet man dennoch eine Unregelmäßigkeit
bei diesem Vorgange. Außerdem kommt die Veränderung,
welche der Sauerstoff mit der Sukrase vornimmt, erst nach
ziemlich langer Berührung mit der Luft zum Ausdruck, während
das Gesetz der Proportionalität sehr rasch aufhört, wenn der
diastatische Vorgang sich in einer sehr verdünnten Zuckerlösung abspielt oder wenn man sehr große Sukrasemengen in
Thätigkeit setzt.

Bringt man unter den gleichen Verhältnissen ein Volumen
Sukrase in Berührung mit irgend einer Menge von Zucker,
so kann man, wie schon angeführt, beobachten, dass sich
während der zweiten Stunde der Einwirkung genau ebenso
viel Zucker invertiert, als während der ersten. Wendet man
dagegen unter denselben Bedingungen eine 10mal größere
Sukrasemenge an, so findet man diese Gleichmäßigkeit in der
Arbeit während der zwei ersten Einwirkungsstunden nicht
mehr vor; die Proportionalität kann man aber aufs neue
beobachten, wenn man diejenigen Mengen Invertzucker vergleicht, welche nach 10 und 20 Minuten gebildet wurden.

Verstärkt man die Sukrasemenge noch weiter, so tritt bei
Beginn der Einwirkung eine Proportionalität allerdings ein,
hört aber nach 10 Minuten auf.

Wie man sieht, kann der verzögernde Einfluss in verschiedenen Augenblicken, und zwar je nach der angewandten
Sukrasemenge auftreten. Wenn wir also diejenige Hypothese

acceptieren, welche die Verzögerung einer Änderung der activen Substanz zuschreibt, so müssten wir zur selben Zeit auch annehmen, dass eine und dieselbe Sukrase sich entweder sehr rasch oder sehr langsam verändern kann, je nachdem sie in großer oder geringer Dosis angewandt ist.

Da endlich proportionales Verhalten einer und derselben Sukrasemenge in Lösungen von verschiedener Dichte in verschiedenen Augenblicken nicht mehr wahrgenommen wird, so ist die Annahme nothwendig, dass die Schnelligkeit der Veränderung nicht nur von der angewandten Menge Enzym abhängt, sondern auch von der Concentration der Zuckerlösung; man sieht, wie unwahrscheinlich diese Theorie ist.

Aus den angeführten Thatsachen folgt, dass weder ein Verbrauch durch die Arbeit noch eine Veränderung durch chemische oder physikalische Agentien der wirkliche Grund für die Verlangsamung der diastatischen Einwirkung sein kann.

Beobachtungen über den Einfluss des Invertzuckers. — Die Mehrzahl der Forscher hat das Aufhören der Proportionalität beim Verlauf der Umwandlung dem gebildeten Invertzucker zugeschrieben, welcher nach ihrer Anschauung den diastatischen Vorgang lähmen sollte.

Wir ließen es uns angelegen sein, durch einen directen Versuch diese verzögernde Einwirkung des Invertzuckers zu prüfen.

Zu diesem Ende wurden zwei Lösungen *A* und *B* gemacht, die eine wie die andere enthielt 100 cm^3 Wasser, 5 g Rohrzucker, 1 cm^3 Essigsäure und 10 cm^3 Hefensukrase. Der Lösung *B* wurden 2 g Invertzucker zugesetzt. Diese Lösungen verblieben im Wasserbade, und von Zeit zu Zeit wurden Proben entnommen, in welchen die Menge des gebildeten reducierenden Zuckers bestimmt wurde.

Minuten:	Lösung *A* gebildeter reducierender Zucker.	Lösung *B* gebildeter reducierender Zucker.
15	0·26	0·25
30	0·51	0·52
45	0·79	0·74
60	0·9	1·11
90	1·2	1·2
120	1·4	1·32
180	1·75	1·89

Wie man aus dieser Tabelle sieht, hört die Proportionalität in der Lösung A, welche nur Rohrzucker enthält, nach 45 Minuten Einwirkung auf, und das Nachlassen der diastatischen Kraft beginnt in dem Augenblick, wo etwa $^{1}/_{20}$ der gesammten in der Flüssigkeit enthaltenen Zuckermenge umgewandelt war. In Lösung B, welche schon 40% Invertzucker bei Beginn der Einwirkung enthielt, hat die Inversion während der ersten 45 Minuten keine Verzögerung erfahren. Im Gegentheil, die Umwandlung scheint sich dem Gesetz der Proportionalität noch mehr anzuschmiegen, und die Verzögerung in der Umwandlung tritt erst nach einstündiger Einwirkung zutage.

Vergleicht man die Mengen Invertzucker, welche während der ersten Stunde bei den Versuchen A und B zur Bildung kommen, so findet man, dass lediglich 18% des Rohrzuckers in dem Versuch mit Zucker allein umgewandelt wurden, dagegen 22% bei demjenigen Versuch, welcher mit einer Mischung von Rohrzucker und Invertzucker angestellt war.

Die Verzögerung in der Wirkungsweise der Diastasen darf man also nicht der Anwesenheit von Umwandlungsproducten in der Flüssigkeit zuschreiben, in welcher sich die diastatische Arbeit abspielt.

Hypothese von O. SULLIVAN *und* THOMPSON. — Von O. SULLIVAN und THOMPSON rührt die Hypothese her, dass der Wirkungseffect der Sukrase stets proportional ist dem Gewicht Rohrzuckers in der Flüssigkeit im Augenblick der Einwirkung. Hievon ausgehend schreiben die genannten Forscher die Verzögerung bei der Umwandlung einer Abnahme der Zuckermenge zu in dem Maße, als die Inversion sich vollzieht.

Von diesem Gesichtspunkte aus würde die Sukrase vom Beginn bis zur Beendigung ihrer Einwirkung die gleiche und die gleich starke Energie zeigen und die Verzögerung lediglich eine Folge der Verdünnung der Lösung sein.

Invertieren wir eine Lösung, welche 10 g Zucker enthält, mit Hilfe einer Sukrasemenge, welche in den ersten 10 Minuten 1 g Invertzucker bilden kann, so dürfen wir erwarten, dass sich während jeder der folgenden 10 Minuten eine Hydratisierung vollzieht, welche einem Zehntel der gesammten

in diesem Augenblick in der Lösung enthaltenen Rohrzuckermenge entspricht.

Nach dieser Theorie würde die Einwirkungsweise der
Sukrase während der Arbeit nicht wechseln; der Gang der
Inversion wäre also ein regelmäßiger und die beobachtete Verzögerung eine directe und unvermeidliche Folge des regelmäßig sich abspielenden Vorganges. Denn wenn wir nach
den ersten zehn Minuten der Einwirkung die Bildung von 1 g
Invertzucker beobachtet haben, werden wir nach weiteren
zehn Minuten nur 0·9 g erhalten, denn in diesem Falle
erstreckt sich die Einwirkung nicht mehr auf 10 g, sondern
nur auf 9 g Rohrzucker. Nach 20 Minuten werden in der
Lösung 8·1 g Rohrzucker verbleiben, und wenn die Einwirkung
stets unter denselben Bedingungen fortdauert, wird die Sukrase
während weiterer zehn Minuten 10% des restierenden Zuckers
oder 0·81 g invertieren.

Diese Hypothese ist nach der Aussage ihrer Urheber
vollständig bestätigt durch die quantitativen Bestimmungen
der Menge Invertzuckers, welche nach Verlauf einer in
arithmetischer Progression geänderten Zeit gebildet waren.

Beweise für und gegen diese Hypothese. — Die Theorie von
O. SULLIVAN und THOMPSON hat etwas sehr Verführerisches,
trotzdem hat sie nicht viele Anhänger gewonnen, und man
erhebt gegen dieselbe verschiedene Einwürfe; vor allem hält
man entgegen, dass die experimentellen Beweise, welche die
genannten Gelehrten zu Gunsten ihrer Theorie anführen,
keineswegs darthun, dass die Verzögerung eine Folge der
verringerten Rohrzuckermenge sei. In der That, die Ergebnisse ihrer Versuche können ebenso gut von der schrittweisen
Vermehrung der Menge Invertzuckers herrühren, welcher sich
im Verlauf der Sukrasenwirkung bildet.

Unsere oben angeführten Versuche über den Einfluss des
Invertzuckers weisen die Hinfälligkeit ihrer Beweisführung
nach.

Aber man kann noch einen anderen Einwand gegen die
Theorie von O. SULLIVAN und THOMPSON erheben. Wenn das
schrittweise Verschwinden des Rohrzuckers in der That die
Verzögerungsursache ist, so muss die Menge des durch irgend
eine Sukrasedosis gebildeten Invertzuckers in directem Ver-

hältnis stehen zu dem Gewichte des Rohrzuckers, welches
in der Flüssigkeit sich vorfindet. Eine Vermehrung der
Rohrzuckermenge würde also auch eine entsprechende Vermehrung der Invertzuckermenge mit sich bringen.

Dass dem in der That nicht so ist, wissen wir bereits,
ebenso, dass dieselbe Menge von Sukrase eine gleiche Menge
Invertzucker bildet, unabhängig von der Concentration der
Zuckerlösung.

Hiemit ist ein schwerwiegender Beweis gegen diese
Hypothese gegeben ; ebenso wahr ist es aber auch, dass die
in der Lösung vorhandene Zuckermenge einen Einfluss auf die
Verlangsamung ausübt.

Betrachten wir diesen Vorgang noch näher, so sehen wir,
dass der Verlauf der Hydratisierung von zwei Factoren abhängt.

Bei Beginn der Einwirkung spielt lediglich die Menge
angewandter Sukrase eine hervorragende Rolle und die Menge
gebildeten Invertzuckers verhält sich proportional der angewandten Menge Enzym.

Ist die Inversion schon weiter vorgeschritten, so wird
der Einfluss der Sukrasemenge weniger beträchtlich. Die Umwandlung steht alsdann in directer Beziehung zu dem Zuckergehalt der Lösung.

Durch folgenden Versuch kann man den Einfluss dieser
beiden Factoren, wie sie sich nacheinander geltend machen,
nachweisen : Zu 100 cm^3 dreier Flüssigkeiten A, B und C,
welche 5, 10, 20 g Zucker enthalten, setzt man dieselbe
Sukrasemenge zu. Man hält alsdann die Versuchsflüssigkeiten
im Wasserbad bei 50°. Von Zeit zu Zeit entnimmt man
Proben, in welchen man den verbleibenden Zucker bestimmt,
und in dem Augenblick, wo in Versuch A 15% des Zuckers
umgewandelt sind, beginnt man an den beiden anderen Proben
den Invertzucker zu bestimmen. Hiebei erhält man folgende
Zahlen :

Invertzucker nach Verlauf von :

	A	B	C
2 Stunden:	0·75	0·74	0·78
4 Stunden:	1·1	1·4	1·6

Man findet also bei Beginn der Einwirkung ungefähr dieselben Mengen umgewandelten Zuckers in den drei Flüssig- keiten *A*, *B* und *C*; aber nach Verlauf von vier Stunden ändern sich die Verhältnisse und man findet in demjenigen Versuch, welcher 20% Zucker enthält, 1·6 *g* Zucker umge- wandelt, während die Flüssigkeit mit 5% nur 1·1 *g* Invert- zucker liefert.

Die Concentration der Zuckerlösung übt also bis zu einem gewissen Punkt einen Einfluss auf die Einwirkung der Sukrase aus. Der Gang der Hydratisierung des Rohrzuckers in Flüssigkeiten von verschiedenen Concentrationen verläuft also eher im Sinne der Theorie von SULLIVAN und THOMPSON, besonders wenn man vom Beginn der Umwandlung absieht.

Trotzdem scheint uns diese Theorie einer sicheren Grund- lage zu entbehren.

Wir haben die Umwandlung des Zuckers in verschiedenen Augenblicken festgestellt und dabei gefunden, dass die Ver- zögerung in der Inversion in dem Maße zunimmt, als die Einwirkung fortschreitet, aber niemals vermochten wir die Regelmäßigkeit zu beobachten, welche die Urheber dieser Hypothese aussprechen, und welche geradezu die Grundlage ihrer Theorie ausmacht.

Angenommen auch, es ließe sich der experimentelle Beweis dafür erbringen, dass das Schwächerwerden bei der Inversion in geometrischer Progression sich ändert, so würde dieser Nachweis zwar den Mechanismus der verzögernden Kraft zeigen, aber keineswegs die thatsächliche Ursache davon enthüllen.

Lässt man dieselbe Sukrasemenge auf Zuckerlösungen verschiedenen specifischen Gewichtes einwirken, so beobachtet man, dass die verzögernde Kraft sich hiebei ganz verschieden äußert.

In einer verdünnten Lösung hört die Proportionalität zwischen der Einwirkungsdauer und der Menge des gebildeten Zuckers nach verhältnismäßig kurzer Zeit auf. In einer con- centrierten Lösung dagegen dauert das proportionale Verhalten länger an.

Die Menge gebildeten Invertzuckers, welche sich in einer verdünnten Lösung in dem Augenblick vorfindet, wo diese

Verzögerung beginnt, ist sehr schwach; in einer concentrierten
Lösung dagegen findet sich eine weit größere Menge Invertzuckers vor.

Diese tief greifenden Unterschiede in der Wirkung der
Sukrase erfahren eine ungezwungene Erklärung, wenn man in
Flüssigkeiten verschiedener Dichte das Verhältnis zwischen
Invertzucker und dem noch nicht invertierten Zucker bestimmt.

Studiert man diese Verschiedenheit bei einer verdünnten
und concentrierten Lösung, so erscheint das Langsamerwerden
der Hydratisierung erst in dem Augenblick ein beträchtlicheres,
wo die Zuckerlösungen ungefähr 15 Theile Invertzucker auf
85 Theile nicht invertierten Zuckers enthalten.

Angenommen, die Sukrase zeigt bei Beginn der Umwandlung eine hydratisierende Thätigkeit, welche proportional
ihrer Menge ist, so leuchtet ein, dass in der verdünnten
Flüssigkeit das Verhältnis $\frac{15}{85}$ weit früher erreicht sein wird,
als in der concentrierten Lösung.

Mit anderen Worten in dem Augenblick, als man die
Verlangsamung in der Hydratisierung bemerkt, enthält die
concentrierte Lösung mehr invertierten Zucker als die verdünnte, obgleich die angewandte Sukrasenmenge in den beiden
Lösungen dieselbe war.

Die Verzögerung bei der Inversion steht also in directer
Beziehung zu der Zusammensetzung der Flüssigkeit, in welcher
die Diastase arbeitet. Die Verzögerung ist nicht hervorgerufen
durch eine verminderte Rohrzuckermenge in der Lösung, rührt
auch nicht von der angewachsenen Menge Invertzuckers her:
sie ist vielmehr die Folge der vereinten Einwirkung dieser
beiden Momente.

Hypothese über den Verlauf der Spaltung des Rohrzuckers. —
Unseres Erachtens hat man die wirkliche Ursache der verzögernden Kraft in der inneren Structur der Saccharosemole-
cüle zu suchen.

Man nimmt allgemein an, dass die Sukrasewirkung durch
die allmähliche Hydratisierung der Zuckermolecüle, in deren
Gegenwart sie sich befinden, zutage tritt. Es ist aber doch
wahrscheinlich, dass der Mechanismus dieser Inversion keinen
so einfachen Charakter trägt.

Wahrscheinlicher ist die Annahme, die Sukrase wirke schon zu Anfang auf die ganze Menge des Zuckers, mit welchem sie in Berührung kommt, und dass sich im Verlauf der Umwandlung von Rohrzucker zu Invertzucker eine Reihe von Modificationen in derjenigen Zuckermenge bildet, welche noch nicht hydratisiert ist. Wie man leicht einsieht, kann sich bei der allmählichen Hydratisierung neben dem Invertzucker eine Reihe von Substanzen bilden, welche dem Rohrzucker sehr verwandt sind, die aber doch gegenüber der Sukrase eine verschiedene Empfindlichkeit zeigen.

Diese bei der Hydratisierung gebildeten Zwischenproducte verhalten sich hernach der Umwandlung gegenüber mehr oder weniger zugänglich und diese größere oder geringere Leichtigkeit der Hydratisierung bringt die Verzögerung in der Inversion mit sich.

Es ist auch möglich, dass die Veränderungen des Rohrzuckers in einer Umwandlung der geometrischen Structur der Molecüle bestehen und dass sich in der Lösung stereochemische Isomere bilden.

Indessen vermögen wir nicht beweisende Thatsachen zu Gunsten dieser Hypothese beizubringen. Nachdem wir die Bildung von Zwischenproducten zwischen Rohrzucker und Invertzucker im Verlaufe der Inversion angenommen haben, so trachteten wir auch darnach, diese Producte zu isolieren oder wenigstens sie zu charakterisieren. Allein unsere verschiedenen Versuche in dieser Richtung blieben resultatlos. Indessen findet diese Hypothese, wie man alsbald hören wird, einen Stützpunkt in dem Verlauf der Hydratisierung durch Säuren.

Versuche über die Umwandlung durch Säuren. — Beim Studium der Inversion von Zucker in Gegenwart wachsender Säurenmengen vermochten wir in gewissen Augenblicken einen merkbaren Nachlass im Verlaufe der Hydratisierung festzustellen. Die Verlangsamung trat in den Augenblicken ein, welche stets mit einem bestimmten Grad der Rohrzuckerumwandlung zusammenfielen.

Es liegt also hier eine auffallende Analogie zwischen der Wirkung der Säuren und derjenigen der Sukrase vor. In beiden Fällen beobachtet man einen verzögernden Einfluss bei der Einwirkung der Säure, ebenso wie bei derjenigen der

Diastase, und der Augenblick, wo die Verlangsamung beginnt, fällt mit demjenigen zusammen, wo das Verhältnis zwischen den Mengen invertierten und nicht invertierten Zuckers eine bestimmte Größe erreicht.

Diese Ähnlichkeit in der Wirkungsweise der chemischen und physiologischen Agentien ist ein Beweis dafür, dass die verzögernde Kraft nicht von der Sukrase ausgeht, dass vielmehr die Quellen dieser Verzögerung nothwendigerweise in der Spaltungsweise des Zuckers und der Bildung von Übergangsproducten zu suchen ist, welch letztere den Agentien der Umwandlung gegenüber eine verschiedene Widerstandskraft zeigen.

Wir lassen einige Angaben über unsere Versuche hierüber folgen: Man löst 1 g Rohrzucker in destilliertem Wasser auf, gibt 2 cm^3 $^1/_{10}$ Normalschwefelsäure zu und füllt auf 100 cm^3 auf. Nach einstündigem Verweilen im Wasserbad bei 60° wird mit Normalnatronlauge ganz genau neutralisiert und hierauf die Menge des durch Einwirkung von Säure gebildeten Invertzuckers bestimmt. Denselben Versuch wiederholt man mit 4, 6, 8, 10 u. s. f. cm^3 $^1/_{10}$ Normalschwefelsäure und kommt zu folgenden Resultaten:

cm^3 Säure	Invertzucker %/₀	Zuwachs
2	5·71	5·71
4	11·36	5·65
6	15·29	3·93
8	22·29	6·83
10	26·34	4.22
12	32·00	5·16
14	37·14	5·14
16	46·76	9·62
18	51·36	4·60
20	53·33	1·97
22	52·00	1·33
44	65·20	1·20

Die Rubrik „Invertzucker" gibt die Menge des während des Versuches umgewandelten Zuckers an.

In der Rubrik „Zuwachs" ist enthalten die Zunahme in der Menge umgewandelteen Zuckers bei jedesmaligem Mehrzusatz von 2 cm^3 Säure.

Verfolgt man in der Tabelle den Verlauf der Hydratisierung in Gegenwart wachsender Säuremenge, so zeigt sich das Verhältnis zwischen den Säuremengen und dem gebildeten Invertzucker als ein keineswegs constantes. Eine Proportionalität besteht in den beiden ersten Versuchen, um aber vollständig zu verschwinden da, wo 50% des Rohrzuckers bereits umgewandelt sind. 2 cm^3 Säure haben 5·71 cg Invertzucker gebildet: bei doppelter Säuremenge beträgt die Invertzuckermenge 11·36 cg, also so ziemlich die doppelte Menge wie zuvor. Vermehrt man die Säuredosis und wendet 20 cm^3 an, so beobachtet man eine Hydratisierung von 53% des Zuckers; aber von dieser Säuremenge ab verlangsamt sich die Hydratisierung und 44 cm^3 Säure hydratisieren erst 65% des in der Flüssigkeit enthaltenen Rohrzuckers. Bestünde in der That ein proportionales Verhalten, so müsste man mit dieser letzteren Säuremenge eine vollständige Inversion des gesammten in der Flüssigkeit enthaltenen Rohrzuckers bekommen.

Der Einfluss wachsender Säuremengen wird aber noch einleuchtender bei Betrachtung der Rubrik „Zuwachs". In den ersten Versuchen nimmt der Zuwachs stetig ab von 5·71 auf 3·93; in den folgenden Versuchen aber, wenn einmal etwa $1/4$ der gesammten Rohrzuckermenge gebildet ist, beobachtet man eine vollständige Änderung im Verlauf der Inversion. Der Zuwachs steigert sich bis auf 6·83, um alsdann auf 5·14 zurückzugehen.

Der Zuwachs ist aufs neue ein vermehrter, als die Hälfte des Rohrzuckers umgewandelt war, vermindert sich alsdann abermals und kommt durch die Zahl 1·2 bei 65% invertierten Zuckers zum Ausdruck.

Der Gang der Hydratisierung durch die Säure ist also keineswegs ein regelmäßiger; eine große Anzahl analoger Versuche, unter denselben Bedingungen ausgeführt, haben mich stets vom Nichtvorhandensein einer Proportionalität zwischen

den angewandten Säuremengen und dem gebildeten Invertzucker überzeugt.

Ich habe stets eine Verlangsamung in der Hydratisierung
wahrgenommen, welche mit dem Auftreten eines bestimmten
Verhältnisses zwischen der Menge invertierten und derjenigen
noch nicht umgewandelten Zuckers zusammenfiel.

Die Einwirkung der Säuren ist also in großen Zügen
gleich derjenigen der Diastase und die Verlangsamung, welche
man bei der Hydratisierung durch die Sukrase beobachtet,
wird man weit richtiger in der inneren Umwandlung der
Rohrzuckermolecüle zu suchen haben.

LITERATUR.

MITSCHERLICH. — Rapport annuel de Berzelius. Paris, 1843.

BERTHELOT. — Sur la fermentation glucosique du sucre de canne.
Chim. org. fondée sur la synthese. Paris.

— — Comptes Rendus L., 1860, p. 980.

DUMAS. — Sur les ferments appartenants au groupe de la diastase.
Comptes Rendus, 1872.

NASSE. — Bemerkungen zur Physiologie der Kohlehydrate. PFLÜGERS
Archiv, 1877.

J. O. SULLIVAN. — L'invertase de la levure de bière, 1893, Monit.
scient.

J. KJELDHAL. — Carlsberger Laboratorium, 1879 et 1881.

E. DONATH. — Über den invertierenden Bestandtheil der Hefe. Berichte
der deutschen chemischen Gesellschaft, 1875, VIII, p. 975.

KOSSMANN. — Études sur les ferments solubles contenus dans les plantes.
Comptes Rendus, 2e sér., 1875, p. 406.

EM. BOURQUELOT. — Sur la physiologie du gentianose et son dédouble-
ment par les ferments solubles. Comptes Rendus, 1898, p. 1045.

O. SULLIVAN et THOMPSON. — Sur un ferment non organisé, l'invertase.
Comptes Rendus, 1872, 2e sér., p. 295.

FERNBACH. — Recherches sur la sucrase, diastase inversive du sucre
de canne. Thèse Paris, 1890.

DUCLAUX. — Sur l'action de la diastase. Annales de l'Institut
PASTEUR, 1897.

J. O. SULLIVAN. — L'invertase. Journal of the Chem. Soc., 1890, I.,
p. 834—931.

— — Beiträge zur Geschichte eines Enzymes. Berichte der deutschen
chemischen Gesellschaft, 1890, p. 743.

AD. MAYER. — Die Lehre von den chemischen Fermenten oder Enzymologie. Heidelberg, 1882.

WASSERZUG. — Ann. de l'Institut PASTEUR, 1887.

E. FISCHER und LINDNER. — Verhalten der Enzyme gegen Melibiose, Rohrzucker und Maltose. Berichte der deutschen chemischen Gesellschaft, 1895, 3, 3055.

MIURA. — Inversion des Rohrzuckers. Berichte der deutschen chemischen Gesellschaft, 1895, p. 623.

V. TIEGHEM. — Inversion du sucre de canne par le pollen. Société botanique de France, 1886.

SIEBENTES CAPITEL.

DIE GÄHRUNG DER MELASSEN.

Gewerbliche Anwendung der Sukrase. — Gährung der Melassen.

Die Rohrzucker umwandelnde Diastase bildet keinen Handelsartikel. Sie wird nur in ganz beschränkter Menge dargestellt und dient ausschließlich zu wissenschaftlichen Zwecken oder zu Laboratoriumsversuchen.

Wenn sich auch die Industrie keiner eigens zu diesem Zwecke hergestellten Sukrase bedient, so spielt diese Diastase dennoch eine wichtige Rolle im Gährungsgewerbe und hauptsächlich bei der Alkoholbereitung aus Melasse.

Der Gährungsverlauf von Melasse, welche ungefähr 50% Rohrzucker enthält, ist ein verhältnismäßig einfacher Vorgang. Er spielt sich etwa folgendermaßen ab: Die Melassen werden zuerst mit schwefelsäurehaltigem Wasser so verdünnt, dass sie zwischen 9 und 12° BAUMÉ zeigen.

Man gewinnt auf diese Weise eine Maische, welcher man Bierhefe zusetzt; diese letztere invertiert den Rohrzucker und vergährt den gebildeten Invertzucker.

Die Alkoholbildung aus Melasse erscheint demnach als ein wenig complicierter industrieller Vorgang. Die hiezu nothwendigen Einrichtungen sind in der That weniger umfassend, als in den Kornbrennereien. Außerdem erfordert die Melasseverarbeitung nur eine verhältnismäßig geringe Überwachung und weit weniger praktische Kenntnisse seitens des Personals, als die Alkoholbereitung aus Cerealien.

Trotzdem findet man wenig Fabriken, welche das Roh-material rationell ausnützen und eine der theoretischen nahe-kommende Ausbeute erzielen.

Die Melassebrenner führen die Schwierigkeiten, auf welche sie stoßen, theils auf die Beschaffenheit der verwendeten Melassen, theils auf die Unzulänglichkeit der Hefe oder auch auf ein Eindringen fremder Fermente zurück und sie suchen diese Übel durch ein starkes Ansäuern der Maischen zu be-seitigen. Hin und wieder sucht der Melassebrenner auch durch ein vorgängiges Aufkochen der Melassen die Arbeit zu einer regelmäßigeren zu gestalten; es sollen hiebei die flüch-tigen organischen Säuren verjagt werden. Diese Säuren werden durch die beim Ansäuern zugesetzte Schwefelsäure frei gemacht.

Die Störungsursachen bei der Verarbeitung von Melasse sind jedenfalls sehr mannigfach. Es ist hier nicht der Ort, diese Frage nach allen Seiten hin zu behandeln, doch glauben wir, die Melassebrenner auf einige sehr häufig auftretende Fehler hinweisen zu sollen, hauptsächlich auf den ungenügenden Verlauf der Inversion.

In der Praxis der Melasseverarbeitung wird dieser Punkt vollständig außeracht gelassen. Obgleich man weiß, dass der nicht invertierte Zucker gährungsunfähig ist, so widmet man doch der Umwandlung des Rohrzuckers in den Melassen wenig Aufmerksamkeit und huldigt der landläufigen Vorstellung, wonach sich die Inversion, dank den verschiedenen Bedin-gungen, wie sie in der Maische gegeben sind, sehr leicht ab-spielen soll.

Dringt man in diese Frage etwas tiefer ein, so wird man sich vom Gegentheil überzeugen und den Verlauf der Inversion als einen sehr langsamen erkennen, welcher auch bei Beendi-gung der Gährung sich noch nicht vollständig abgespielt hat.

Der Grund, warum man sich in der Praxis mit dem Verlauf der Hydratisierung nicht beschäftigt, liegt darin, dass man im allgemeinen mit zwei Factoren rechnet:

Erstens mit der in die Melasse eingeführten Schwefel-säure, welche man als zur Inversion hinlänglich hält, zweitens mit der Hefe, in welcher man eine unerschöpfliche Sukrase-quelle erblickt. Sehen wir nun, bis zu welchem Punkt diese

beiden Factoren zur Inversion mithelfen, und befassen wir uns
vorerst mit der Rolle der Säure.

Durch Ansäuern der Melassen erzielt man in der Praxis
einen Säuregrad, welcher 1—2$\frac{1}{2}$ g Schwefelsäure pro l entspricht.

Der Säurezusatz zur Maische erfolgt je nach den einzelnen
Brennereien bei niedriger oder bei höherer Temperatur.

Um eine Vorstellung von der Inversionskraft zu bekommen,
welche diese Säuremengen besitzen, versetzen wir eine Anzahl
von Proben von je 100 g einer 10%igen Rohrzuckerlösung
mit verschiedenen Mengen Schwefelsäure und halten diese
Proben während 24 Stunden auf einer Temperatur von 30⁰.

Nr. des Versuchs	g Schwefelsäure pro l	g Invertzucker
1	2·5	1
2	5	1·8
3	10	3·3
4	25	6.7

Beim Zusatz von 2$\frac{1}{2}$ g Schwefelsäure, der höchsten in
der Praxis angewandten Menge, erhalten wir nach Verlauf
von 24 Stunden 10% Invertzucker; um 67% Invertzucker
zu erzielen, ist ein Zusatz von 25 g Säure nothwendig, also
eine 10mal größere Menge.

Die Einwirkung der Säure in der Kälte ist also kein für
die Inversion bedeutender Factor. Die Resultate allerdings,
welche man durch Kochen der Zuckerlösungen erzielt, sind
wesentlich andere.

Wenn wir nun, um den Einfluss höherer Temperaturen
festzustellen, die vorhergehenden Versuche bei 90⁰ wiederholen, so erzielen wir mit der geringsten Menge von 0·5 g
Säure pro l bereits eine vollständige Inversion des Rohrzuckers.

Man könnte hieraus den Schluss ziehen, dass ein Erhitzen der Melasse in Gegenwart geringer Säuremenge vom
Gesichtspunkte der Inversion aus höchst wichtig sei. Allein
die Melassen verhalten sich gegenüber verschiedenen Factoren
nicht ebenso, wie reine Zuckerlösungen. In der That rührt
auch die in der Melassemaische constatierte Säuremenge nicht

von der zugesetzten Mineralsäure her, sondern vielmehr von organischen Säuren, welche durch die Schwefelsäure in Freiheit gesetzt wurden und welche auf den Rohrzucker weit schwächer einwirken, als die Mineralsäuren. Außerdem verlangsamt der Salzgehalt in den Melassen die Wirkung der Säuren.

Der in der Praxis erzielte Erfolg des Erhitzens angesäuerter Melassen wird durch folgende Versuche erläutert:

100 g Melasse werden mit 400 g Wasser verdünnt. Man nimmt verschiedene Proben, säuert dieselben mit verschiedenen Mengen Schwefelsäure an, kocht sie einige Zeit auf, kühlt sie ab und bringt sie alsdann auf ihr früheres Volumen.

Wenn man die Rotationskraft dieser Proben feststellt, kann man den Verlauf der Umwandlung bei Gegenwart verschiedener Säuremengen erkennen. Die Lösung zeigte vor der Inversion eine Rechtsdrehung von 38°, nach vollendeter Inversion eine Linksdrehung von $8\frac{1}{2}°$.

Die dazwischen liegenden Werte sind folgende:

Nr. der Probe	g Schwefelsäure pro l	Rechtsdrehung
1	1·25	37
2	2·5	36
3	5	35˙
4	10	24
5	12·5	3·6

Mit der in der Praxis angewandten Säuremenge, also $2\frac{1}{2}$ g, verläuft die Inversion außerordentlich unvollständig; die Rotation nimmt nur ab von 38° auf 36°. Man sieht ferner, dass auch bei Anwendung einer fünfmal größeren Säuremenge die Inversion noch lange keine vollständige ist: die Säuremenge von $12\frac{1}{2}$ g gibt uns nur eine Rechtsdrehung von 3·6° während die vollständige Inversion eine Linksdrehung von $8\frac{1}{2}°$ ergeben müsste.

In vielen Brennereien kocht man die angesäuerte Melasse nach Verdünnung mit Wasser auf. Die Inversion ist hiebei, wie man sieht, fast gleich 0. Indessen haben wir beobachtet, dass die Inversion vollständiger verläuft, wenn man die angesäuerten Melassen vor der Verdünnung erhitzt.

Bei der Praxis der Melasseverarbeitung vollzieht die Hefensukrase und nicht die angewandte Säure die Hydratisierung des Rohrzuckers, und der Gährungsverlauf ist zum guten Theil davon abhängig, wie die Secretion der Diastase seitens der Zellen erfolgt.

Die Wirkung der Sukrase wird nun wesentlich beeinflusst von dem Salzgehalt der Melassen. Folgender Versuch lässt dies deutlich erkennen: Man säuert eine Zuckerlösung von 12° BALLING mit Schwefelsäure an im Verhältnis von 0·5 g pro l und entnimmt zwei Proben A und B. Der Probe A setzt man 10 cm^3 Hefensukrase zu. Die zweite Probe erhält dieselbe Sukrasemenge, dazu aber noch die genau neutralisierte Asche von 100 cm^3 einer Melassenmaische von 12° BALLING. Die beiden Proben hält man alsdann im Wasserbade bei einer Temperatur von 30°.

Die Vergleichszahlen für die fortschreitende Inversion in beiden Proben sind folgende:

		A	B
Minuten		Invertzucker	Invertzucker
40		4·7 . . .	2·4
2 Stunden . . .		5·79 . . .	2·9
3 „		7·0 . . .	3·2
4 „		9·2 . . .	4·6

Diese Zahlen liefern den klaren Beweis, dass der Salzgehalt der Melassen die Inversion beträchtlich verzögert. Nach vierstündiger Einwirkung findet man in Probe A 9·2 Invertzucker, während Probe B mit Zusatz von Melasseasche nur 4·6 g aufzuweisen hat. Hieraus ersieht man deutlich die Art der Schwierigkeiten, auf welche man bei der Vergährung stoßen kann.

Man könnte nun allerdings einwenden, dass man in der Praxis der Gährungsindustrie nicht mit Diastaselösung arbeitet: dass sich vielmehr die Inversion durch Vermittelung lebender Zellen abspielt. Man könnte also annehmen, dass die Bedingungen der Zuckerumwandlung durchaus verschiedene sind: Dass die Inversion durch Hefe sich im Innern der Zellen abspielt und die Zusammensetzung der umgebenden Flüssigkeit in diesem Fall natürlich einen weit geringeren Einfluss ausübt.

Um diesen Einwänden zu begegnen, haben wir folgende Versuche angestellt.

Eine 10%ige Rohrzuckerlösung wird mit Hefenasche versetzt. Von dieser Lösung entnimmt man zwei Proben A und B, je von 500 cm^3. Probe A versetzt man mit der neutralisierten Asche von 50 g Melasse und mit 5 g Hefe. Die Probe B setzt man der Wirkung derselben Hefenmenge aus, aber ohne Zusetzung von Salzbestandtheilen. Die Vergleichszahlen für den Verlauf der Gährung in beiden Proben sind folgende:

		A	B
Nach 6 Stunden	Invertzucker	0·5	1·8
	Alkohol	0·4	0·65
Nach 12 Stunden	Invertzucker	0·2	3
	Alkohol	1·5	2·6
Nach 24 Stunden	Invertzucker	0·5	0·2
	Alkohol	3	5·9

Vergleicht man die in den beiden Flüssigkeiten nach sechs Stunden gebildete Menge Invertzucker, so sieht man, dass die Inversion in Probe A mit Melassesalzen weit langsamer verläuft. Allerdings findet man nach 24 Stunden eine größere Menge Invertzucker in A als in B, zieht man aber den in diesem Augenblick in beiden Lösungen vorhandenen Alkohol, in Betracht, so ergibt sich augenscheinlich, dass sich die Hydratisierung in B weit regelmäßiger vollzogen hat, als in A.

Erscheinungen dieser Art — Langsamkeit in der Vergährung, Unregelmäßigkeit im Verlauf der Umwandlung — beobachtet man häufig in Melassebrennereien und schreibt sie hier meist der Degenerierung der Hefezellen zu.

Diese Anschauung ist eine vollkommen irrige, die Hefe degeneriert in den Melassemaischen im allgemeinen nicht, im Gegentheil sie vermehrt sich in denselben reichlich, und die hiebei gebildeten Zellen verfügen im allgemeinen über eine ziemlich große Activität. Diese Hefe gibt in Kornmaischen einen sehr raschen Gährungsverlauf, nur die Menge abgesonderten Invertins nimmt ab.

Dieser Abschwächung der Diastase muss man die Schwierigkeiten zuschreiben, welche man bei der Vergährung des nicht invertierten Zuckers in Melassemaischen durch cultivierte Hefe beobachtet.

Alle Bierhefen enthalten nicht die gleichen Sukrase-mengen, vielmehr schwankt die Invertinabsonderung mit der Hefenrasse. Bei Auswahl einer Hefe für Melasseverarbeitung muss man vor allem auf die Inversionskraft und auf die Widerstandskraft der activen Substanz Gewicht legen.

Im allgemeinen sucht der Brenner die Qualität der Hefen durch deren Quantität zu ersetzen. Dies ist indessen unrichtig. Man macht hiebei die Ausgaben für Hefen zu recht beträchtlichen und vermindert den Alkoholertrag, denn die Hefe verbraucht einen Theil der Kohlehydrate zum Bau ihres Gewebes und zu ihrem Unterhalt.

Um eine Hefe auf ihre Brauchbarkeit für Melasseverarbeitung zu untersuchen, genügt die Bestimmung ihrer Inversionskraft in reiner Zuckerlösung nicht. Es ist viel richtiger, diesen Versuch in Gegenwart von Aschenbestandtheilen auszuführen. Diese Methode hat den Vorzug, genauere Resultate zu geben, weil man sich den Bedingungen der Praxis mehr nähert.

Wir hatten Gelegenheit, Versuche mit Hefen verschiedenster Herkunft anzustellen und haben hiebei beobachtet, dass die Widerstandsfähigkeit der in den Zellen enthaltenen Sukrase mit der Rasse wechselt. Diese Versuche haben überdies bewiesen, dass vom Gesichtspunkte des Alkoholertrages die Widerstandsfähigkeit des Invertins eine einschneidende Rolle spielt.

Die Presshefen, wie die Bierhefen wurden bei der Vergährung der Melasse durch Kunsthefe ersetzt. Der Brenner cultiviert sich seine Hefe selbst und verwendet zu diesem Zwecke Getreidemaischen, welche entweder mittelst Schwefelsäure oder mittelst Malz hergestellt sind.

Man gibt im allgemeinen zur Bereitung der Kunsthefe 3—5 *kg* Getreide auf 100 *kg* Melasse. In vielen Brennereien nimmt man sogar noch mehr Getreide. Manchmal räth man auch, der Melasse oder der Hefenmaische eine gewisse Menge stickstoffhaltiger Nährstoffe zuzusetzen, z. B. Malzkeime, Amide und Peptone. Ohne Frage liefert die Verwendung von Getreide und stickstoffhaltigen Substanzen schätzenswerte Resultate bei Heferassen, welche einer besonderen Behandlung bedürfen, um ihre Inversion zu erreichen. Indessen muss man zugeben, dass diese Arbeitsweise principiell falsch ist und dass man vom rechnerischen Standpunkte aus keineswegs zufriedenstellende Resultate erzielt.

Die Melassen enthalten alle Stoffe, welche zu einer vollständigen Ernährung der Hefezellen erforderlich sind. Vermag sich eine Hefenrasse bei der Melassevergährung nicht zu bewähren oder muss man zu einer besonderen Ernährungsart schreiten, damit die Hefe sich in der Maische lebensfähig beweist, so wird man diese Hefe verlassen müssen und zu einer anderen weniger empfindlichen Rasse übergehen.

Als ich im Jahre 1895 Melassebrennereien in Breslau, Leipzig, Darmstadt u. s. w. besuchte, drängte sich mir die Beobachtung auf, dass die zur Vergährung der Melasse verwendete Kunsthefe auf 8—10 Francs pro *hl* producierten Alkohols zu stehen kam. Diese rein unnützen Ausgaben rührten daher, dass die Brennereien zur Bereitung des Hefengutes Malz und Cerealien anwandten, ohne welche sie schlecht gearbeitet hätten. Ich habe in diesen Brennereien der Verwendung einer der Melassearbeit angepassten Hefe das Wort geredet und seitdem mit Genugthuung constatiert, dass die Verwendung von Körnerfrüchten zur Bereitung der Kunsthefe dort beinahe vollständig unterbleibt.

Die Kunsthefe wird nunmehr lediglich aus Melasse hergestellt und der Alkoholertrag stellt sich ohne alle Frage höher.

Die Mehrzahl der Bierhefearten liefert eine wenig widerstandsfähige Sukrase, indessen hängt ihre größere oder geringere Veränderlichkeit hauptsächlich von der Nährlösung ab, in welcher sich die Hefen entwickelt haben.

Die Sukrase, welche von in Melassemaischen cultivierten Hefen abgeschieden wird, besitzt eine geringere Widerstandsfähigkeit im Vergleich zu derjenigen derselben Hefen, welche in einer Malz- oder Getreidemaische hergeführt wurden.

Dieses Schwächerwerden der Widerstandskraft rührt nicht von der Natur des abgeschiedenen Invertins her, noch auch von der längeren Berührung mit Mineralsubstanzen; seine wirkliche Ursache ist vielmehr der rasche Übergang der Zellen von einem Medium in ein anderes.

Ich habe festgestellt, dass Hefen, welche die Vergährung schwach concentrierter Melassemaischen bethätigen, zu einer

vollkommenenen Vergährung dieser concentrierten Maischen
gebracht werden können, wenn man diese Hefen an das neue
Medium nur dadurch gewöhnt, dass man ihnen allmählich
aufsteigend concentriertere Flüssigkeiten darreicht.

Der Wechsel, welcher in der Widerstandsfähigkeit einer
Sukrase durch deren Acclimatisierung an die Nährlösung vor
sich geht, kann durch folgende Versuche nachgewiesen werden:

Man zieht der Hefe in verschiedenen Stadien der Acclimatisierung die Sukrase aus und prüft ihre Wirkung sowohl auf
eine reine Zuckerlösung, als auch auf eine Zuckerlösung mit
Zusatz von Melasseasche. Man erfährt hiebei, dass die Hefe
neue Eigenschaften erhalten hat und eine Diastase abgibt,
welche sich in Gegenwart der Mineralsubstanzen wenig verändert.

Diese neuen Eigenschaften, welche die Hefe auf diese
Weise erreicht, sind übrigens nur vorübergehende. [1])

---

[1]) Diese Versuche werfen ein ganz specielles Licht sowohl auf
den Mechanismus der Acclimatisierung, wie auf die Individualität der
Diastasen.

Bei Versuchen über die Empfindlichkeit von Bierhefen gegenüber
der Einwirkung verschiedener antiseptischer Mittel hat sich ergeben,
dass man die Hefen schließlich an verhältnismäßig hohe Dosen dieser
Agentien gewöhnen kann. Eine Bierhefe z. B., welche schon gegenüber
einer Dosis von 10 *mg* Flussäure sehr empfindlich ist und sich in der
Nährlösung nicht mehr vermehrt, kann man dazu bringen, dass sie sich
in Gegenwart einer 30mal stärkeren Flussäuremenge vermehrt und eine
sehr kräftige Gährung gibt. Diese Acclimatisierung erfordert, dass man
die Hefe an wachsende Mengen dieses Antisepticums gewöhnt.

Die hiebei erhaltenen Zellen gewinnen charakteristische Eigenschaften: Die Gährkraft ist bedeutend vermehrt, während die Ver-
mehrungsfähigkeit bis zur äußersten Grenze zurückgedrängt ist.

Die an antiseptische Mittel gewöhnte Hefe behält die charakteristische Fähigkeit der Widerstandskraft diesen Mitteln gegenüber während
ganzer Monate, selbst wenn man die Hefe tagtäglich in Maischen
cultiviert, welche frei von denjenigen Agentien sind, an welche man die
Hefe gewöhnt hat. Die Acclimatisierung hat also eine tiefgreifende
Änderung in den Zellen mit sich gebracht, und diese Änderung pflanzt
sich von einer Generation auf die andere fort.

Eine ganz andere Beobachtung macht man bei der Einwirkung
von Salzen auf die Hefe.

Die Schwierigkeit in der Inversion bei der Vergährung von Melassemaischen kann auch noch eine andere Ursache haben, als die Unzulänglichkeit der Hefensukrase. So vermögen ein großer Säuregehalt der Maischen oder ein starker Gehalt an Zucker eine Verlangsamung im Verlauf der Gährung herbeizuführen.

Ein Übermaß von Zucker wirkt ungünstig infolge des in den Maischen angehäuften Alkohols. In Gegenwart von 5% Alkohol ist die diastatische Kraft bereits beeinträchtigt und bei 10% Alkohol verläuft die Inversion nurmehr äußerst langsam.

Der Säuregehalt der Maischen, so wie man ihn in der Praxis antrifft, wirkt nicht direct auf die Sukrase ein und die beobachtete Verzögerung muss vielmehr fremden Fermenten zugeschrieben werden, welche sich, begünstigt durch diesen Säuregehalt, in der Maische entwickeln.

Die Widerstandsfähigkeit, welche die Hefe im Verlaufe der Acclimatisierung sich aneignet, wird sofort schwächer, sowie die Hefe in eine Lösung ohne diesen Salzgehalt kommt.

Die Eigenschaften der Sukrase sind also hier ganz enge verknüpft mit der Zusammensetzung der Nährlösung. Diese Thatsache widerstreitet der Annahme vom Vorhandensein zweier verschiedener Enzyme, welche auf denselben Stoff unter Auslösung derselben chemischen Reaction einwirken sollen.

Nach dieser Hypothese müsste es in der That verschiedene Sukrasen geben. Die Sukrase des Aspergillus niger z. B. wäre eine ganz andere Substanz, als die Hefensukrase u. s. w. Auch müsste man noch unterscheiden zwischen den Sukrasen der verschiedenen Hefen, weil diese nicht gleichmäßig empfindlich sind gegenüber der Temperatur und dem Säuregehalt des Mediums. Die wechselnde Widerstandsfähigkeit der Sukrase gegenüber der Einwirkung chemischer Agentien würde also zu neuen Unterscheidungen führen; diese letzteren wären indessen vollkommen illusorisch.

Die verschiedene Wirkungsweise bei Gegenwart chemischer Agentien rührt nicht von einem Wechsel in der Natur der Sukrase her, sondern vielmehr von einer Verschiedenheit der äußeren Umgebung.

Dieser Fall muss eintreten bei Sukrasen verschiedener Herkunft, welche verschiedene Eigenschaften zeigen.

In der That ist die Diastase in den sie abscheidenden Zellen von verschiedenen Stoffen begleitet, welche ihre Eigenschaften bestimmen.

In schwer gährigen Melassen habe ich Stäbchenbakterien isolirt, welche in süßen Maischen eine schwache Säurung hervorriefen. Solche Fermente verzögern offenbar die Alkoholgährung. Diese Mikroorganismen wirken auch in den Getreidemaischen auf die Hefe ein, sie zeigen sich aber bei der Vergährung von Rohrzucker besonders schädlich.

In Gegenwart dieser Organismen steht die Vergährung von Zuckerlösungen in dem Augenblick still, wo die Maische noch einen schwachen Säuregehalt zeigt und wo eine große Menge Zuckers noch nicht invertiert ist.

Die Störungen in der Vergährung von Melassemaischen, welche eine Folge mangelnder Sukrase sind, gehen mit nachbenannten Symptomen Hand in Hand:

Der Gährungsverlauf spielt sich anfangs regelmäßig ab, in dem Augenblick aber, wo etwa $50^0/_0$ des Zuckers umgewandelt sind, also vor Beendigung der Hauptgährung, beobachtet man plötzlich ein auffallendes Schwächerwerden der Gährung, hierauf einen Stillstand, welcher sich auf eine ganze Stunde erstreckt. Die Hefe setzt sich langsam ab, allmählich findet neue Bildung von Sukrasenmengen statt und die Gährung tritt wieder ein, oft sogar mit großer Lebhaftigkeit. Späterhin kommt es zu einem zweiten Stillstand, bei welchem es gewöhnlich sein Bewenden hat. In diesem Augenblick enthält die Maische noch beträchtliche Mengen nicht invertierten Zuckers.

Dies ist der Verlauf der Arbeit mit einem antiseptischen Mittel.

Ohne ein solches spielt sich die Gährung ganz anders ab.

In dem Augenblick, als die Gährung sich verlangsamt, zeigt die von Fermenten inficierte Maische freie Säure. Die Hefe degeneriert, und die einmal zum Stillstand gekommene Gährung tritt nicht wieder ein oder sie belebt sich nur wieder ganz schwach.

Vom praktischen Gesichtspunkte aus empfiehlt es sich für den Melassebrenner, der Umwandlung des Zuckers während des Gährungsverlaufes mehr Aufmerksamkeit zuzuwenden, als dies bisher gewöhnlich geschah.

Vor allem muss man eine große Sorgfalt auf die Auswahl der Hefe verwenden. Unumgänglich nothwendig ist ein Schutz der Maische durch antiseptische Mittel gegen fremde Fermente. Gut ist es ebenfalls, die Melassemaischen, nachdem sie angesäuert, zu filtrieren oder doch zu decantieren. Ein einfaches Aufkochen der Melassemaischen führt keineswegs zu einer Zerstörung aller Fermente. Die Stäbchenbakterien, welche wir in schwer gährenden Melassemaischen gefunden haben, werden erst bei einer Temperatur von 110° zerstört. Indessen kann man sich ihrer leicht entledigen, sei es durch eine Filltration, sei es durch Decantieren.

LITERATUR.

EFFRONT. — Etude sur la fermentation des mélasses. Moniteur scientifique, 1894, p. 461.

— — Bulletin de la Société d'encouragment pour l'industrie nationale, 1894.

ACHTES CAPITEL.

AMYLASE.

Vorkommen der Amylase in pflanzlichen und thierischen Zellen. — Darstellungsweise. — Methode von COHNHEIM. — Methode von LINTNER. — Methode von EFFRONT. — Methode von WROBLEWSKY. — Eigenschaften der Amylase. — Einfluss der Menge, der Zeit und der Temperatur. — Einfluss chemischer Agentien: Säuren, Alkalien, Salze. — Stoffe, welche die diastatische Wirkung verstärken.

Das Amylase oder einfach Diastase genannte Enzym ist ein lösliches Ferment, welches das Stärkemehl hydratisiert und in Maltose und Dextrine umwandelt.

Die Existenz dieses Enzymes wurde im Jahre 1814 zum erstenmale nachgewiesen, und zwar durch KIRCHHOF im Gluten. DUBRUNFAUT, PAYEN und PERSOZ haben sich späterhin mit einem genauen Studium dieses Stoffes beschäftigt.

Die Amylase findet sich sehr verbreitet in der Natur. Sie kommt vor in der Gerste, im Hafer, im Reis, im Mais und überhaupt in allen Cerealien.

Die rohen Körner enthalten wenig Diastase; diese bildet sich hauptsächlich während des Keimprocesses.

Man hat die Amylase auch in den Kartoffelknollen nachgewiesen, sowie in den Blättern und Trieben verschiedener Pflanzen.

Die Umwandlung des Stärkemehls seitens lebender Zellen zu assimilierbaren Kohlehydraten findet im allgemeinen unter der Einwirkung der Amylase statt; hieraus erhellt, dass dieser Stoff eine außerordentlich wichtige Rolle bei der Bildung pflanz-

licher Gewebe spielt; indessen verläuft die Umwandlung des
Stärkemehls nicht immer mit Hilfe der Amylase, und die
Thatsache, dass in einer Zelle stärkehaltige Materialien umge-
wandelt werden, beweist keineswegs, dass die Pflanze diese
Diastase ausscheidet.

Wir werden späterhin sehen, dass in der That noch
andere Enzyme existieren, welche auf Stärkemehl einwirken
und dasselbe assimilierbar und zum Bau von Zellen verwend-
bar machen.

WORTMANN hat behauptet, dass die Stärkeassimilierung
nicht immer unter dem Einfluss von Enzymen verlaufe, und
er glaubte den Beweis zu liefern, dass das Protoplasma für
sich allein eine lösende und hydratisierende Wirkung auf das
Stärkemehl ausüben könne.

Unbestreitbar ist, dass man in Blättern von Pflanzen, in
welchen eine recht lebhafte Umwandlung von Stärkemehl vor
sich geht, im allgemeinen Diastasemengen vorfindet, welche
in keiner Beziehung stehen mit der beobachteten Arbeit. Es
ist ebenfalls wahr, dass die Stengel und Blattstiele oftmals
keine activen Substanzen ausscheiden, während man doch in
diesen Organen eine energische Stärkeassimilierung beobachtet;
indessen genügen diese Thatsachen nicht, um eine directe
Einwirkung des Protoplasma bei der Hydratisierung des Stärkemehls zu beweisen.

Wenn es nicht gelungen ist, in diesen Zellen Amylase
nachzuweisen, so mag dies einfach auf dieselben Schwierigkeiten zurückzuführen sein, welche sich auch beim Studium
der Sukrase ergaben, mit anderen Worten, die Amylase kann
mehr oder weniger im Innern der Zellen zurückgehalten werden
oder mit anderen Stoffen Verbindungen eingehen und dabei
mehr oder weniger löslich werden.

Wie wir dies für das Tannin festgelegt haben, so zeigt
sich die Amylase manchmal in einer inactiven Form, weil die
Bedingungen, unter denen sie sich befindet, ihre Wirkungs-
fähigkeit ungünstig beeinflussen. In diesem Falle erhält sie
ihre Eigenschaften wieder zurück, sowie sie sich unter günstigen Verhältnissen befindet. Außerdem wissen wir, dass die
Wirkung eines Enzyms in erster Linie von den Daseins-
bedingungen abhängt, und wir dürfen wohl annehmen, dass

in den lebenden Zellen die Wirkung der Diastasen weit ener-
gischer verläuft, als bei unseren Versuchen. Außerdem ist
wahrscheinlich, dass man mit einer unwägbaren Menge activer
Substanz energische Wirkungen zu erzielen vermag, wenn
sich nur die Bedingungen hiezu geeignet erweisen. Wenn man
also die Amylase in verschiedenen untersuchten pflanzlichen
Organismen nicht finden konnte, so darf man dieses negative
Resultat einem der eben angeführten Umstände zuschreiben.
Es ist keineswegs festgestellt, dass das Protoplasma ohne
Betheiligung von Enzymen Stärkemehl hydratisieren kann,
und alle Angaben, welche wir über Enzyme besitzen, beweisen
vielmehr, dass man sich auch hier in Gegenwart diastatischer
Vorgänge befindet.

Die Amylase findet sich nach Angaben verschiedener
Forscher auch in den Schimmelpilzen. So sondern Aspergillus
niger, Penicillium glaucum, unter bestimmten Bedingungen
cultiviert, gewisse Amylasemengen ab, allein das Auftreten
dieser Diastase in den Schimmelpilzen ist immerhin ein recht
spärliches.

Die Stärkemehl hydratisierende Diastase findet sich nicht
nur im Pflanzenreich vor, sondern auch in thierischen Secreten.
Man findet die Diastase im Speichel, im Pankreassafte und
in der Leber. Das stetige Vorkommen einer activen Substanz
im Speichel kann zwei verschiedene Ursachen haben:

Man kann einmal annehmen, dass die Amylase von den
Speicheldrüsen abgesondert wird, man kann andererseits aber
auch der Anschauung sein, dass die Amylase von geformten
Fermenten herrührt, welche sich im Munde vorfinden und
sich von stärkehaltigen Materialien nähren.

CLAUDE BERNARD, welcher über diese Frage gearbeitet
hat, tritt der letzteren Anschauung bei. Er erhitzte Speichel
auf 100° und beobachtete dabei eine vollständige Zerstörung
der activen Substanz. Dieser Speichel, welcher sein Ein-
wirkungsvermögen auf Stärkemehl verloren hatte, wird wiederum activ, wenn man ihn einige Zeit bei gewöhnlicher Temperatur verweilen lässt.

Er schreibt diese Erscheinung der Einwirkung neuer
Fermente zu, welche der umgebenden Flüssigkeit neue
Diastasenmenge liefern sollen.

Das Auftreten der Diastase könnte indessen auch durch die Einwirkung der Temperatur auf die Fermente des Speichels seine Erklärung finden. Gewisse Zellen, welche durch die Wärme nicht zerstört wurden, würden noch Amylase zurückhalten und diese Diastase würde bei Verminderung der Temperatur sich der umgebenden Flüssigkeit mittheilen.

Wie dem auch sei, das Auftreten der Amylase im Speichel kann man auch anders als durch eine Absonderung der Drüsen erklären.

Um diese Frage endgiltig zu lösen, müsste man die Versuche von CLAUDE BERNARD wieder aufnehmen, und zwar unter Bedingungen, welche ein Dazwischentreten eines geformten Fermentes vollständig ausschließen.

Darstellung der Amylase. — Die Amylase kann aus ihren Lösungen gefällt werden, sei es, dass man sie bei Erzeugung eines Niederschlages mit ausfällt, oder durch die Wirkung des Alkohols.

Nach COHNHEIM kann man die Diastase aus dem Speichel auf folgende Weise gewinnen: Man befördert die Speichelabsonderung durch ein Ausspülen des Mundes mit Äther. Der Speichel wird hierauf gesammelt und mit einer geringen Menge Phosphorsäure versetzt. Die saure Flüssigkeit wird hierauf unter Beobachtung großer Vorsicht mit Hilfe von ganz verdünntem Kalkwasser neutralisiert, es bildet sich auf diese Weise Calciumphosphat, welches die Diastase, sowie die anderen stickstoffhaltigen Substanzen mit sich zu Boden reißt. Mittelst Filtration trennt man den Niederschlag, wäscht ihn auf dem Filter mit einem der Speichelmenge gleichen Wasserquantum aus, wobei die Diastase in Lösung geht. Aus dieser Lösung scheidet man sie durch einen geeigneten Alkoholzusatz aus.

Weit einfacher verläuft die Darstellung der Amylase, wenn man von Malzinfus ausgeht. PAYEN hat zuerst nachgewiesen, dass die activen Substanzen eines Malzaufgusses aus ihrer Lösung gefällt werden können durch Zusatz einer geeigneten Alkoholmenge. Das hiebei erzielte Product ist leider nichts weniger als rein; außerdem verändert es sich an der Luft sehr rasch, es oxydiert sich und verliert seine Wirksamkeit unter Annahme einer dunklen Farbe.

Die Veränderung der Amylase wird begünstigt durch die vom Alkohol gleichzeitig mitgefällten Fremdkörper. Man hat verschiedene Mittel vorgeschlagen, um diesen Unzuträglichkeiten aus dem Wege zu gehen. So rathen PAYEN und PERSOZ bei Malzinfus eine zur Fällung der Diastase ungenügende Menge Alkokol zuzusetzen, hierauf die alkoholische Lösung auf 70° zu bringen, wobei nach Ansicht der genannten Forscher die Fremdkörper, vor allem das Eiweiß, aus der Infusion sich ausscheiden sollen. Ist dies geschehen, so trennt man die ausgeschiedenen Producte von der Flüssigkeit und setzt Alkohol im Überschuss zu, um eine Fällung der Amylase zu erzielen.

Nach diesem Vorgang erzielt man ein weißes und wenig veränderliches Product, dasselbe besitzt jedoch nur eine geringe Activität.

Weit günstigere Resultate erzielt man nach der Methode von LINTNER:

Ein Quantum Malz wird fein zerrieben und mit der vierfachen Menge Alkohol von 20% versetzt; man lässt 24 Stunden ausziehen, trennt alsdann die Flüssigkeit vom Malz durch Filtration und setzt der filtrierten Flüssigkeit die doppelte Menge absoluten Alkohols zu. Es bildet sich hiebei ein flockiger Niederschlag; man decantiert die klare Flüssigkeit und bringt den Niederschlag auf das Filter; nach einem ersten Auswaschen mit Alkohol und Äther wird der Niederschlag in einem kleinen Mörser mit wenig Alkohol zerrieben; man bringt ihn aufs neue auf das Filter, wäscht ihn ein zweitesmal mit Alkohol und Äther aus und trocknet ihn hierauf im Vacuum.

Nach dieser Methode erzielt man ein Product, welches LINTNER rohe Diastase nennt, und welches man durch Wiederauflösen in Wasser und Fällen mittelst Alkohol noch weiter reinigen kann. Diese Reinigung ergibt ein Product von constanter Zusammensetzung, jedoch geringer Activität.

Diese Methode gibt gute Resultate, solange man mit einer gewissen Schnelligkeit arbeitet, um zu vermeiden, dass die gefällte Diastase dem Einfluss der Luft ausgesetzt sei, ehe sie vollständig von Wasser befreit ist. Immerhin enthält das erzielte Product noch sehr viel Aschenbestandtheile, sowie

Fremdkörper, welche aus dem Malzinfus durch Alkohol nieder-
geschlagen wurden.

Um reinere und wirksamere Producte zu erzielen, rathen
wir, folgenden Weg einzuschlagen.

Um in dem Malzinfus die Menge von Extractstoffen,
welche kein diastatisches Vermögen besitzen, zu vermindern,
ruft man in diesem Infus eine Alkoholgährung durch Hefen
hervor, welche zuvor sehr stickstoffarm gemacht wurden.

Die Alkoholgährung zerstört eine große Menge der
Kohlehydrate, entfernt beträchtliche Mengen von Eiweißkörpern
und Salzen und lässt hiebei die Diastase vollkommen unberührt.

Man geht hiebei folgendermaßen vor: 100 g fein ge-
mahlenes Malz wird mit 300 g Wasser bei einer Temperatur
von 30° 18 Stunden lang ausgezogen; man rührt die Flüssigkeit alle halbe Stunde um; die durch Auspressen abgeschiedenen Treber werden in einem Sieb mit Wasser gewaschen,
man vereinigt das Waschwasser mit der Flüssigkeit und filtriert; man bringt hierauf das Filtrat auf 300 cm^3, setzt 100 g
Bierhefe zu und lässt 48 Stunden lang bei einer Temperatur
von 28° stehen. Hierauf wird filtriert und der klaren Flüssigkeit 700 cm^3 Alkohol zugesetzt. Die Hefe, welche man hiebei
anwendet, muss zuvor 24 Stunden in einer 10%igen Zuckerlösung verweilt haben, im Verlaufe dieser Gährung verliert
die Hefe einen Theil ihres Stickstoffs und nimmt alsdann
Eiweißkörper sehr begierig auf.

Aus 100 g Malz habe ich 3—3$\frac{1}{2}$ g einer weißen Sub-
stanz erzielt, welche dasselbe active Vermögen zeigte, als 80 g
des angewandten Malzes. Eine neue Darstellungsweise für
Diastase wurde jüngst von WROBLEWSKY vorgeschlagen. Dieser
behauptet, die nach den gewöhnlichen Verfahren dargestellte
Diastase enthalte stets noch eine Pentose, nämlich Araban.
Sein Verfahren besteht in einer fractionierten Fällung durch
Salze.

Er fügt einer Lösung von Amylase Tropfen für Tropfen
schwefelsaures Ammoniak bei, bis die Lösung sich zu trüben
beginnt. In diesem Augenblick enthält die Lösung 50%
schwefelsaures Ammoniak. Nach einiger Zeit der Ruhe setzt
sich ein Niederschlag, bestehend aus kleinen gelblichen Flocken,

ab; man trennt diesen Niederschlag und wäscht ihn mit einer Lösung von 54% schwefelsaurem Ammoniak aus. Dieser Niederschlag ist außerordentlich activ; einer Lösung von Stärke zugesetzt, wandelt er diese vollständig und beinahe augenblicklich in Zucker um. Nach Aussage dieses Forschers soll dieser Niederschlag lediglich aus Diastase bestehen.

Die Flüssigkeit, welche man von dem Niederschlag getrennt hat, wird aufs neue mit schwefelsaurem Ammoniak versetzt, und zwar bis zu 60%; es bildet sich hierauf aufs neue ein Niederschlag, welcher getrennt, gewaschen und untersucht als ein Gemisch von einer Pentose, von Araban, und von Diastase erkannt wurde.

Ein dritter Vorgang besteht endlich darin, dass man die zweite Flüssigkeit, welche vom Niederschlag getrennt wurde, mit schwefelsaurem Ammoniak sättigt und aufs neue ein Product gewinnt, welches lediglich aus Pentose besteht. Will man also ein besonders wirkungsfähiges Product erzielen, so muss man den zuerst gebildeten Niederschlag nehmen, welcher in der 50%iges schwefelsaures Ammoniak enthaltenden Lösung erzielt wurde.

Die auf diese Weise hergestellte Diastase ist in Wasser sehr leicht löslich. Beim Erhitzen coaguliert sie nicht, weder in neutraler Lösung, noch nach Ansäuern mit Essigsäure oder Salzsäure in geringen Dosen. Ein erheblicher Zusatz von Salzsäure führt indessen, und zwar durch die starke Erhitzung, zu einer Ausscheidung in Form leichter Flocken. Versetzt man die Amylaselösung mit einer gewissen Menge Salpetersäure, so erzielt man einen leichten Niederschlag, welcher im Überschuss der Fällungsmittels sich wieder löst. Die Amylaselösung gibt die MILLON'sche Reaction, die Biuret- und Xanto-Proteinreaction. Versetzt man die Amylaselösung mit Quecksilberchlorid, so setzt sich ein leichter Niederschlag ab. Zusatz von Gerbsäure zur Amylaselösung erzeugt einen voluminösen Niederschlag, welcher in verdünntem Alkali löslich ist. Diese alkalische Lösung nimmt eine leichte Färbung an, wenn man sie bei 50° der Luft aussetzt; sie verliert indessen hiebei ihre hydratisierende Kraft nicht vollsändig.

Die von WROBLEWSKY erhaltene Amylase ergab bei der Analyse einen Stickstoffgehalt von 16·53%.

Eigenschaften der Amylase. — Die Amylase besitzt zwei gesonderte Fähigkeiten: Sie vermag Stärkekleister zu verflüssigen und sie wandelt Stärkemehl sowie Dextrin in Maltose um.

Diese beiden Eigenschaften der Diastase kann man durch folgenden Versuch sehr leicht vor Augen führen.

In 100 cm^3 Wasser, welches man im Kochen erhält, gibt man 10 g Kartoffelstärke, welche in 20 cm^3 lauem Wasser vertheilt ist. Das Gemisch bildet einen dicken Kleister, welcher noch fester wird, wenn man ihn einige Zeit lang nahe bei 100° hält. Man fügt diesem Kleister einige cm^3 eines Malzaufgusses zu und lässt das ganze in einem Wasserbad bei einer Temperatur von 70—75°; die teigige Masse wird alsbald flüssig und innerhalb kürzerer oder längerer Zeit, je nach der diastatischen Kraft des Malzaufgusses, ist der Kleister in eine durchsichtige Flüssigkeit umgewandelt, welche sich durch Papier filtrieren lässt.

Diese schalschmeckende Flüssigkeit enthält Dextrin und nur Spuren von Zucker. Sie gibt mit der Jodlösung eine intensivblaue Färbung. Man kühlt diese Lösung von Dextrin ab und gibt aufs neue ein wenig Malzaufguss zu, welchen man bei einer Temperatur von 50—60° einige Zeit wirken lässt. Nimmt man von Zeit zu Zeit Proben und untersucht dieselben, so sieht man das Dextrin schrittweise verschwinden und in der Flüssigkeit einen reducierenden Zucker auftreten: die Maltose.

Die aufeinanderfolgenden Änderungen, welche in einer Maische von Dextrinen unter dem Einfluss des Malzinfuses vor sich gehen, vermag man mit Hilfe der Jodfärbung sehr leicht zu verfolgen. Die dunkelblaue Färbung, welche man in der Stärkelösung mit Jod erhält, nimmt an Intensität in dem Maße ab, als die Zuckerbildung fortschreitet. Man erhält im Laufe des Verzuckerungsvorganges eine ganze Reihe von Färbungen. Vom Dunkelblau, welches das Stärkemehl gibt, geht man zum Violett über, alsdann zum Roth, hierauf zum Gelb. Zuletzt, wenn die Zuckerbildung sehr weit vorgeschritten ist, gibt Jod überhaupt keine Färbung mehr.

Die zugleich verzuckernde und verflüssigende Wirkung
der Amylase hat zu Zweifeln betreffs der Individualität dieses
Enzymes geführt.

Man hat die Theorie aufgestellt, dass es sich hier um
zwei verschiedene Enzyme handle, weil die beiden diastatischen
Wirkungen der Amylase sich bei ganz verschiedenen Temperaturen abspielen und weil Verzuckerung sowohl, wie Verflüssigung von den chemischen und physikalischen Bedingungen
der Lösung ganz verschieden beeinflusst werden.

Wir wollen uns dieser Erklärungsweise, welche das
Studium der Amylase aufs neue verwickelt macht, so lang
nicht zuwenden, bis bestimmte Beweise hiefür vorliegen.

Diese Hypothese wäre erst dann annehmbar, wenn man
jede der beiden Fähigkeiten der Amylase vollständig trennen,
d. i. zwei Producte erzielen könnte, von denen das eine
lediglich eine verflüssigende, das andere nur eine verzuckernde
Kraft besitzt.

Diese Trennung war indessen noch niemals möglich, im
Gegentheil. Hält man einen Malzaufguss bei 70⁰, so begünstigt
man hiebei allerdings die Verflüssigung ganz besonders, aber
das erzielte Product enthält auch eine geringe Zuckermenge.
Hält man dagegen die Temperatur so, dass die Verzuckerung
begünstigt wird, also bei 50—60⁰, so erzielt man gleichzeitig
hiebei eine schwache Verflüssigung.

Einfluss der Mengenverhältnisse. — Das Studium der
Amylasewirkung führt zu analogen Schlussfolgerungen, wie sie
uns das Studium der Wirkungsweise der Sukrase lieferte.
Verfolgt man den Gang der Zuckerbildung, so findet man in
der That, dass die mit Beginn der Hydratisierung gebildete
Zuckermenge proportional ist der angewandten Diastasemenge.
Später aber, wenn der Stärkeabbau schon weiter vorgeschritten
ist, hört diese Proportionalität auf.

Wendet man auf eine und dieselbe Menge Stärkemehl
wachsende Amylasemengen an, so verläuft der Gang der
Zuckerbildung im Sinne der in folgender Tabelle angegebenen
Zahlen:

Menge des angewandten Malzauszugs	Menge der gebildeten Maltose
1 cm^3	0·1 g
3 „	0·31 „
5 „	0·49 „
10 „	0·82 „
15 „	1·1 „
20 „	1·1 „
30 „	1·2 „

Unterbricht man die Einwirkung der Diastase nach einer Stunde bei einem Verzuckerungsversuch bei 50° in Gegenwart verschiedener Amylasemengen, so ergibt sich, dass man mit 3 cm^3 Malzauszug ungefähr dreimal mehr Maltose erhält, als mit 1 cm^3.

Steigert man die Diastasemenge noch mehr, so findet man einen Zuwachs in der gebildeten Maltosemenge, derselbe wird jedoch mehr und mehr unregelmäßig. Über eine gewisse Grenze hinaus hat die Menge des Malzinfuses überhaupt keine Einwirkung mehr auf den Gang der Zuckerbildung, obgleich in diesem Augenblick noch nicht alle in der Flüssigkeit befindlichen Dextrine umgewandelt sind.

Bei der Inversion durch Sukrase haben wir einen ähnlichen Vorgang constatiert. Die Analogie ist indessen keine vollständige. Bei der Amylase hält die Proportionalität noch an in dem Augenblick, wo 40% des angewendeten Stärkemehls umgewandelt sind: Bei der Sukrase zeigt sich keine Proportionalität mehr in dem Augenblick, als 15% des Zuckers invertiert sind.

Außerdem ist die Verlangsamung gegen Ende der Einwirkung bei der Amylase weit deutlicher als bei der Sukrase.

Einwirkung der Zeit. — Untersucht man die Einwirkung der Zeit auf den Gang der Zuckerbildung, so beobachtet man bei Beginn der Einwirkung das Auftreten einer Proportionalität aufs neue und hierauf eine Verlangsamung, welche mehr und mehr zunimmt in dem Maße, als die Umwandlung des Stärkemehls fortschreitet.

Um die Einwirkung der Zeit zum Ausdruck zu bringen, lassen wir eine geringe Diastasemenge auf einen 1%igen Stärkekleister einwirken, von Zeit zu Zeit entnehmen wir eine

Probe und bestimmen in ihr die gebildete Zuckermenge. Im folgenden sind die Resultate, welche bei einer Temperatur von 50° erzielt wurden, angegeben:

Nr. der Probe	Dauer der Ein-wirkung in Minuten	Gebildete Maltose
1	15	0·05
2	30	0·097
3	60	0·21
4	120	0·39
5	240	0·63
6	480	0·82

In den ersten vier Proben ist die Menge der gebildeten Maltose beinahe proportional mit der Dauer der Einwirkung. In den anderen Proben hört die Proportionalität auf und es ist interessant zu beobachten, dass in dem Augenblick der Verlangsamung in der Flüssigkeit annähernd 40% Maltose gebildet sind. Das Verhältnis zwischen der Menge umge-wandelter und dem nicht umgewandelter Producte übt also eine Wirkung auf den Gang der Hydratisierung aus. Dieses Verhältnis bezeichnet das Aufhören der Proportionalität.

Wendet man nicht, wie wir dies gethan, eine ganz schwache Diastasemenge an, wiederholt man vielmehr den Versuch mit den doppelten Mengen Malzaufguss, wobei man jedoch dieselbe Stärkemenge beibehält, so beobachtet man ein Aufhören der Proportionalität schon nach einstündiger Ein-wirkung. Wendet man eine noch stärkere Diastasemenge an, so wird der Gang der Umwandlung schon nach einigen Minuten ein unregelmäßiger.

Einfluss der Temperatur. KJELDAHL ließ einen Stärke-kleister mit Malzaufguss bei verschiedenen Temperaturen während 15 Minuten verzuckern und erhielt hiebei folgende Werte:

Temperatur	Reductionskraft
18·5	17·5
35	30·5
54	41·5
63	42
66·5	34
68	29
70	18

Die Wirkung der Amylase ist bei 0^0 eine sehr langsame. Gegen 30^0 wird die Verzuckerung eine äußerst lebhafte und steigert sich hierin noch bedeutend bis zu 60^0. Über 60^0 hinaus nimmt die Maltosebildung ab und bei 70^0, der günstigsten Verflüssigungstemperatur, wird die Menge des gebildeten Zuckers eine unbedeutende.

KJELDAHL und BOURQUELOT haben nachgewiesen, dass die Amylase, wenn man sie längere Zeit bei einer Temperatur über 60 gehalten hat, ein ganz anderes Verhalten zeigt als nicht erwärmte Amylase.

Ein Malzaufguss, welcher zehn Minuten lang bei verschiedenen Temperaturen gehalten und hierauf in einen Stärkekleister bei 50^0 verbracht wurde, gibt ganz verschiedene Reactionen:

Malzinfus 10 Min.
lang erhitzt
$$\begin{cases} \text{auf } 63^0 \text{ liefert } 63^0/_0 \text{ Maltose } 37 \text{ Dextrine} \\ \quad\text{ } 68^0 \quad\text{ } 35^0/_0 \quad\text{ } 65 \quad\text{ } \\ \quad\text{ } 70^0 \quad\text{ } 17{\cdot}4^0/_0 \quad\text{ } 82{\cdot}6 \quad\text{ } \end{cases}$$

Die Temperatur, auf welche man das Malzinfus vorher gebracht hat, zieht also eine Änderung in der Wirkungsweise der Amylase nach sich. Ein Erhitzen der Diastase zieht einen Abbau des Stärkemehls nach Gleichungen nach sich, welche je nach den Temperaturen wechseln, auf welche man den Malzaufguss erwärmt hat.

Auch folgender Versuch lässt den Einfluss der Temperatur auf den Gang der Verzuckerung deutlich erkennen: Man erwärmt einen Malzauszug zwölf Stunden lang auf 68^0 und prüft alsdann sein Fermentativvermögen im Vergleich zu demjenigen des nicht erwärmten Malzauszugs. Man lässt alsdann auf einen $1^0/_0$igen Stärkekleister bei 50^0 10 cm^3 des nicht erwärmten und 10 cm^3 des zuvor auf 68^0 erwärmten Malzauszuges einwirken.

Man erhält im ersten Falle $0{\cdot}6$ Maltose, im letzteren $0{\cdot}3$. Die diastatische Kraft hat also um die Hälfte abgenommen. Man kann nunmehr die Wirkungskraft des auf 68^0 erwärmten Malzauszuges in Stärkekleistern verschiedener Concentration untersuchen:

10 cm^3 Auszug ergaben in einem Kleister von $1^0/_0$ $0{\cdot}3$ Maltose
10 cm^3 „ „ „ „ „ „ „ $2^0/_0$ $0{\cdot}6$ „
10 cm^3 „ „ „ „ „ „ „ $3^0/_0$ $0{\cdot}9$ „

In dem 2%igen Kleister gibt der erwärmte Malzauszug eine normale Arbeit, das heißt er liefert dieselbe Zuckermenge wie der nicht erwärmte Auszug. Im 3%igen Kleister liefert der auf 68° erwärmte Auszug eine noch größere Zuckermenge. Die Änderung in der Wirkungskraft eines Malzauszuges mit der Concentration des Kleisters wird noch auffallender, wenn man bemerkt, dass sich bei den oben angeführten drei Versuchen Maltosemengen gebildet haben, welche den im Kleister enthaltenen Stärkemengen proportional sind. Man hat stets 30% Maltose erzielt.

Der erwärmte Malzauszug bewahrt also alle seine Eigenschaften, wenn es sich darum handelt, eine begrenzte Arbeit zu liefern, solange die Hydratation 30% nicht überschreitet; eine tiefer greifende Hydratisierung vermag dieser Auszug indes nicht mehr zu bewirken.

Man sucht eine Erklärungsweise für den Unterschied der Wirkung erhitzter und nicht erhitzter Diastasen in der Annahme, es gebe verschiedene Arten von Amylasen. Diesen verschiedenen Diastasen kämen verschiedene Zerstörungs- und Coagulierungstemperaturen zu und sie müssten das Stärkemehl verschieden abbauen.

Nach dieser Annahme würde ein Erwärmen des Infuses auf 68° auf diejenigen Diastasen ungünstig einwirken, welche eine tiefgreifende Hydratisierung bewirken, also wenig Dextrin und viel Zucker bilden, wobei diejenigen Diastasen unbeschädigt blieben, welche die gegentheilige Arbeit, also die Bildung von viel Dextrin und wenig Zucker leisten.

Die Enzyme mit einer geringen Verzuckerungskraft würden nach dieser Annahme sehr günstig beeinflusst, wenn man große Stärkemengen mit erhitztem Malzinfus zusammenbringt. In diesem speciellen Falle würde man die Wahrnehmung machen, dass die Steigerung der Temperatur eine Störung der Diastase mit sich bringt. Wir werden später noch auf diese Hypothese zurückkommen, bemerken aber jetzt schon, dass dieselbe sich keineswegs mit den Thatsachen deckt, welche wir vorhin vorgetragen haben.

Einfluss chemischer Agentien. — Die in einer Lösung obwaltenden Bedingungen üben einen bedeutenden Einfluss auf die Wirkung der Amylase aus, dieselbe zeigt sich sehr empfindlich gegenüber einer großen Reihe chemischer Stoffe.

Man hat schon längst die Wahrnehmung gemacht, dass die geringste Änderung im Säuregehalt der Flüssigkeit einen bedeutenden Einfluss auf den Gang der Verzuckerung durch Diastase ausübt. Man nimmt im allgemeinen an, dass die diastatische Wirkung durch ganz schwache Säuredosen begünstigt werden kann und dass durch eine größere Säuremenge eine Verlangsamung und schließlich eine vollständige Unterbindung des Hydratisierungsverlaufes eintritt.

KJELDAHL hat zuerst den Einfluss, welchen der Säuregehalt der Lösung ausübt, untersucht.

Er bediente sich zu diesen Versuchen dextrinehaltiger Flüssigkeiten. In eine Reihe von Proben von 100 cm^3 setzt er auf dieselben Mengen Malzinfus und Stärkekleister verschiedene Schwefelsäuremengen zu, lässt 20 Minuten lang bei einer Temperatur von 59° verzuckern und bestimmt hierauf den gebildeten Zucker quantitativ.

Der Einfluss verschiedener Säuremengen auf die Diastase kommt in folgender Tabelle zum Ausdruck:

Schwefelsäure auf 100 Kleister in *mg*	Zuckerzuwachs
0	0·44
1	0·47
2	0·49
2·5	0·48
3	0·43
3·5	0·27
4	0·13
6	0·02
10	0·01

Man sieht hieraus, dass eine Menge von $1-2^1/_2$ *mg* Schwefelsäure eine günstige Wirkung ausübt, während $3^1/_2$ *mg* Säure zu einer Verlangsamung führen. Diese letzte nimmt mit steigenden Dosen mehr und mehr zu. Bei 10 *mg* beobachtet man einen beinahe vollständigen Stillstand.

Vergleicht man die Sukrase und die Amylase hinsichtlich ihrer Empfindlichkeit gegenüber der Reaction der Flüssigkeit,

in der sie sich befinden, so beobachtet man eine ganz erhebliche Verschiedenheit zwischen beiden Enzymen.

Wie wir gesehen haben, hat die Sukrase ihre Maximal-
leistung in einem saurem Medium zu verzeichnen. Im Gegensatz hiezu ist der günstige Einfluss der Säuren auf Amylase
ein sehr geringer.

Für diejenige Diastase, welche den Rohrzucker invertiert,
ist das natürliche Milieu ein saures. Dasjenige Enzym dagegen,
welches Maltose bildet, gewinnt bei einer schwachen Säure-
reaction sehr wenig und zeigt sich vielmehr außerordentlich
empfindlich bei Anwesenheit größerer Säuremengen.

Die von KJELDAHL angegebenen Zahlen dürfen indessen
nicht als constant betrachtet werden, denn unter anderen Bedingungen haben wir ganz verschiedene Resultate erzielt.

Wir giengen von einem filtrierten Malzauszug aus, versetzten denselben mit verschiedenen Mengen Schwefel- und
Salzsäure und bestimmten sein diastatisches Vermögen vor
und nach dem Säurezusatz. Auf diese Weise kamen wir zu
folgenden Resultaten.

	Säure mg im 100	Diastatische Kraft
	0	100
	2	108
Schwefelsäure	3	104
	5	100
	10	98
	3	107
Salzsäure	5	104
	10	97

Mit 10 mg Schwefelsäure hat KJELDAHL einen beinahe
vollkommenen Stillstand in der Zuckerbildung festgestellt,
während sich in unseren Versuchen diese Säuremenge beinahe
ohne Wirkung erweist.

Man kann daraus schließen, dass das Milieu an und für
sich in unserem Falle noch einen Einfluss auf die Empfindlichkeit des Enzyms besitzt.

Setzt man einem Malzauszug eine Mineralsäure zu, so
bindet sich ein Theil dieser Säure mit den Basen des Auszugs

und ersetzt hiebei organische Säuren, welche je nach der Beschaffenheit des einzelnen Infuses mehr oder weniger stark auf die Amylase einwirken.

Die Einwirkung der Milchsäure auf Amylase verdient ganz besondere Beachtung, denn sowohl Malzauszug, als auch Cerealienmaische pflegen diese Säure zu enthalten. Man hat also Veranlassung, bei der Verzuckerung in der Praxis sich über diese Factoren Rechenschaft zu geben.

Ich habe die Einwirkung der Milchsäure unter den verschiedensten Bedingungen studiert und meine Versuche führten mich zu folgendem Schluss: Die Einwirkung einer bestimmten Säuremenge auf die Diastase ändert sich mit der Dauer der Einwirkung und auch mit der Temperatur. Außerdem wirken die Säuren verschieden ein auf die verzuckernde und die verflüssigende Kraft.

Der Gesammteinfluss von Zeit und Säure kann durch folgenden Versuch nachgewiesen werden: Man setzt zu einem Malzauszug, welcher durch ein Chamberlandfilter filtriert war, verschiedene Mengen Milchsäure und bestimmt hierauf die diastatische Kraft nach einer Stunde und nach zwölf Stunden.

Milchsäure in *cg*	Verzuckernde Kraft des Malzauszugs	
	nach einer Stunde	nach zwölf Stunden
10	48	42
100	53	24
400	57	21

Lässt man den Malzauszug eine Stunde lang in Gegenwart von 400 *cg* Säure bei einer Temperatur von 30° stehen, so beobachtet man eine merkliche Zunahme der Verzuckerungskraft, während dieselbe Säuremenge einen höchst ungünstigen Einfluss ausübt, wenn man ihre Einwirkung auf zwölf Stunden ausdehnt. Die Verzuckerungskraft fällt hiebei von 48 auf 21.

Man wiederholt alsdann denselben Versuch, indem man nur die Temperatur ändert. Man lässt den Malzauszug bei 55° eine Stunde lang stehen und bestimmt alsdann die diastatische Kraft:

Säure in *cg*	Diastatische Kraft
10	44
100	41
400	20

Diejenigen Säuremengen, welche bei 30° eine Zunahme der diastatischen Kraft ergaben, wirken bei 55° schon ganz anders ein.

Bei dieser Temperatur verringern die 400 *cg* Säure die diastatische Kraft von 40 auf 20.

Die Empfindlichkeit der Amylase tritt noch deutlicher zutage, wenn man die Änderungen in der Verflüssigungskraft bestimmt und zwar nach ein- und zwölfstündiger Einwirkung in Gegenwart verschiedener Säuremengen:

Milchsäure in *cg*	Verflüssigende Kraft	
	nach einer Stunde	nach zwölf Stunden
10	100	100
100	100	50
400	51	20

Die bei der Verflüssigungskraft constatierten Änderungen beweisen, dass unter dem Einfluss von Säuren ein Zuwachs der Verzuckerungskraft der Amylase auf Kosten ihrer Verflüssigungskraft eintritt.

Nach einstündigem Verweilen bei 30° steigern 400 *cg* die Verzuckerungskraft von 48 auf 57, während zu gleicher Zeit die Verflüssigungskraft beinahe bis auf die Hälfte zurückgeht.

Wir werden späterhin in einem der gewerblichen Anwendung der Amylase gewidmeten Capitel sehen, dass der wahre Wert der Diastase in ihrer verflüssigenden Kraft beruht und dass folgegemäß die durch die Säure hervorgebrachte Steigerung mehr eine eingebildete als eine wirkliche ist.

Die alkalische Reaction des Milieu erweist sich sehr wenig günstig für die Wirkung der Amylase. Immerhin vermag die Diastase eine gewisse Alkalinität ohne Einbuße zu ertragen; neutralisiert man alsdann das Alkali, so erlangt die Diastase wiederum ihre active Kraft.

Soda wirkt schon in äußerst geringen Dosen auf Amylase ein. Fügt man zu 100 *cm*^{3} eines neutralen Kleisters 5 *mg*

Soda, so sieht man die diastatische Kraft um 20% zurückgehen. In Gegenwart von 0·25 Soda konnten wir nur den
vierten Theil der Zuckermenge erzielen, welche die Diastase
ohne Alkalizusatz ergeben hätte. Nach einem Versuch von
DUGGAN bewirkt kaustische Soda schon in einer Dosis von
2 mg einen ungünstigen Einfluss. Die Amylase verliert hiebei
ungefähr 75% ihrer Activität.

Salze üben auch einen Einfluss auf die diastatische
Wirkung aus, sei es dass sie fördernd oder lähmend der
Amylase gegenüber sich verhalten.

Sublimat in der Dosis von $\frac{1}{1000}$ wirkt schon lähmend

ein. Chlorkalium vermindert in der Dosis von $\frac{1}{100}$ die Acti-

vität der Amylase um die Hälfte.

Nach KJELDAHL unterbinden die Blei-, Zink- und Eisensalze ebenso Alaun die Wirkung der Diastase und ihr mehr
oder minder schädlicher Einfluss kommt zum Ausdruck in folgenden Zahlen, welche das Verhältnis zwischen normaler Einwirkung, ausgedrückt mit 100, und der Einwirkung in Gegenwart
von Salzen darstellen:

salpetersaures Kali 10 *cg* 20
schwefelsaures Zink . . 20
schwefelsaures Eisenoxyd . 20
Alaun 3

Nach verschiedenen Forschern sollte das Chlornatrium in
der Dosis von $\frac{1}{2}$% schon eine merkliche Verlangsamung
herbeiführen.

Unsere Versuche vermochten diese Angabe nicht zu
bestätigen. Mit dem Handelssalz haben wir oftmals eine
lähmende Wirkung wahrgenommen, aber nicht bei Anwendung
des chemisch reinen Salzes. Man muss also vielmehr den
Unreinigkeiten die lähmende Wirkung des käuflichen Chlornatriums zuschreiben.

Zu der Classe der lähmenden Agentien zählen auch die
Alkohole und die Mehrzahl der antiseptischen Mittel.

Salzsäure, Phenol, Formaldehyd wirken schon in minimalen
Dosen auf Diastase ein.

Trotzdem darf man nicht alle Antiseptica in die Reihe
der schädlichen Substanzen verweisen. Die Pikrinsäure z. B.
wirkt, wie unsere Versuche ergaben, keineswegs lähmend ein;
ihre Wirkung kommt vielmehr im gegentheiligen Sinne zum
Ausdruck.

Das Studium der Bedingungen, welche den Gang der
Zuckerbildung zu beeinflussen vermögen, bietet vom praktischen
Gesichtspunkte aus ein wirkliches Interesse dar. Dieses
Studium liefert wertvolle Fingerzeige, sowohl den Brennern,
wie den Bierbrauern, als auch anderen Industriellen, welche
die Eigenschaften der Amylase benützen.

Gelegentlich einer Versuchsreihe, welche der Auffindung
der den diastatischen Process begünstigenden Bedingungen
gewidmet war, ließen wir während der Verzuckerung eine
große Reihe chemischer Körper einwirken. Die Versuche
haben indessen nicht allen unseren Erwartungen entsprochen.

So vermochten wir nicht, den thatsächlichen Wert eines
Malzes durch chemische Stoffe zu erhöhen; allein die Resultate
unserer Versuche werfen doch ein ganz besonderes Licht auf
die Wirkungsweise der Amylase und liefern eine sichere
Grundlage für die Analyse der Diastase.

Wir haben nachgewiesen, dass eine Reihe chemischer
Substanzen in sehr hohem Grade den Gang der diastatischen
Zuckerbildung zu begünstigen vermag. Die begünstigende
Wirkung ist indessen von ganz besonderer Art und tritt nur
unter bestimmten Bedingungen in die Erscheinung.

In die Reihe der begünstigenden Stoffe gehören die Salze
des Vanadiums und des Aluminiums, die Phosphate, das
Asparagin, die Eiweißkörper und die Pikrinsäure.

Zum Studium der Einwirkung dieser verschiedenen Stoffe
auf den diastatischen Process haben wir zwei verschiedene
Methoden beschritten.

Die Diastase wurde zuerst direct zusammengebracht mit
dem betreffenden Agens und hierauf dem Kleister zugesetzt.
Nach vollendeter Verzuckerung wurde die Menge des gebildeten
Zuckers bestimmt. In einem Parallelversuch mit derselben
Diastasemenge, aber ohne den Einfluss des betreffenden Reagens,
wurde die Menge der gebildeten Maltose bestimmt und schließlich
wurden die Resultate der beiden Versuche in Vergleich gezogen.

Bei der zweiten Versuchsreihe wurden die Reagentien direct dem Stärkekleister zugesetzt und diesem hierauf der Malzauszug zugegeben.

Bei unseren Versuchen haben wir einen kalt bereiteten Malzauszug — einen Theil Malz und 40 Theile Wasser — angewendet. Der Stärkekleister hatte ein specifisches Gewicht von 1·015. Zu jedem Versuch wurde 1 cm^3 filtrierten Malzauszuges und 100 cm^3 Stärkekleister angewendet. Die Verzuckerung dauerte eine Stunde und verlief bei 50⁰.

Es folgen einige Zahlen, welche den Einfluss der verschiedenen chemischen Körper repräsentieren:

			Maltose auf 100 Stärke
	ohne einen Zusatz		8·63
mit 0·7	phosphorsaurem Ammoniak .		51·62
„ 0·5	„ Kalk . . .		46·12
„ 0·25	Aluminiumacetat		62·40
„ 0·5	Ammoniumalaun		56·30
„ 0·25	Kaliumalaun		54·32
„ 0·05	Asparagin		61·20

Durch Zusatz von 50 mg Asparagin wurde die Verzuckerung ungefähr siebenmal mehr gefördert als beim Controlversuch.

Essigsaure Thonerde vermag dieselbe Wirkung hervorzubringen, nur muss man sie in stärkerer Dosis anwenden.

Die beiden Methoden, welche wir anwandten, ergaben verschiedene Resultate bei phosphorsaurem Kalk wie bei Alaun.

Bei den anderen Stoffen konnten wir keinen Unterschied wahrnehmen.

Die Resultate bleiben dieselben, wenn man anstatt eines Malzauszugs eine durch Alkohol gefällte Diastase anwendet. Sie schwanken auch nicht, wenn man die Verzuckerung bei verschiedenen Temperaturen bewerkstelligt. Natürlich schwanken die gefundenen Zuckermengen je nach der Verzuckerungstemperatur, indessen bleibt der Unterschied zwischen den Controlversuchen und denjenigen mit den verschiedenen Substanzen angestellten stets so ziemlich derselbe.

Eine unter ganz verschiedenen Bedingungen ausgeführte Versuchsreihe hat uns zu nachstehenden Schlussfolgerungen geführt:

1. Die günstig wirkenden Stoffe wirken bis zu einer gewissen Maximaldosis im Verhältnis ihrer Menge, so wurde erzielt:

mit 0·005 Asparagin 25·5 Maltose
„ 0·02 „ 37 „
„ 0·05 „ 61·2 „
„ 1 *g* „ 61·2 „

2. Die Maximaldosis ist nicht dieselbe für alle Stoffe, welche die diastatische Wirkung begünstigen. So vermögen Asparagin und essigsaure Thonerde in ihren Maximaldosen die diastatische Umwandlung weit stärker zu beeinflussen als die Phosphate.

3. Der steigernde Einfluss chemischer Substanzen tritt lediglich in der ersten Phase der Stärkehydratisierung zutage, in dem Augenblick, als die Zuckerbildung weit vorgeschritten ist, hört dieser Einfluss auf.

Aus diesen Thatsachen ergibt sich, dass eine und dieselbe Substanz eine ganz verschiedene Wirksamkeit auszuüben vermag, je nach den Bedingungen der Versuchsanstellung.

Ist die Amylase in einem schwachen Verhältnis zu dem umzuwandelnden Stärkemehl vorhanden, so lässt sich die Wirkung chemischer Agentien leicht nachweisen. Im anderen Falle aber, d. h. bei Gegenwart einer größeren Amylasemenge, ist die Einwirkung der chemischen Stoffe eine verringerte und bei Gegenwart einer Diastase endlich, welche für sich allein ungefähr 60% des Stärkemehls umzuwandeln vermag, äußern die begünstigenden Substanzen überhaupt keine Wirkung mehr auf das Enzym.

Durch folgenden Versuch wird der Einfluss des Asparagins in Gegenwart verschiedener Mengen Malzauszug klargelegt.

Zu zwei Proben von je 100 *cm*³ Stärkeleiter setzt man 1 *cm*³ Malzauszug zu und lässt die Verzuckerung bei 50° während einer Stunde vor sich gehen. In der einen Probe spielt sich die Verzuckerung ohne Zusatz von Asparagin ab;

der anderen Probe setzt man 5 *cg* Asparagin in dem Augenblick zu, wo man das Malz einwirken lässt.

Nach vollendeter Zuckerbildung bestimmt man das Verhältnis der gebildeten Maltose in der der Diastaseeinwirkung unterworfenen Stärkelösung. Derselbe Versuch wird alsdann unter denselben Bedingungen wiederholt, jedoch mit Zusatz von 100 *cm³* Malzauszug anstatt von 1 *cm³*. Man gelangt hiebei zu folgenden Resultaten:

Maltose in %

$$A \begin{cases} 1 \ cm^3 \ \text{ohne Asparagin} & 18 \\ 1 \ cm^3 \ \text{mit} \quad \text{\textquotedblright} & 62 \end{cases}$$
$$B \begin{cases} 10 \ cm^3 \ \text{ohne} \quad \text{\textquotedblright} & 79 \cdot 25 \\ 10 \ cm^3 \ \text{mit} \quad \text{\textquotedblright} & 79 \cdot 25 \end{cases}$$

Wie man aus dieser Tabelle ersieht, wirkt in dem Versuch mit 10 *cm³* Malzauszug das Asparagin nicht mehr, obgleich die Zuckerbildung noch lange nicht beendigt ist.

Dasselbe Resultat kann man auch mit einer ganz geringen Diastasenmenge erzielen. Anstatt die Zuckerbildung, wie wir dies eben gethan haben, nach einer Stunde zu unterbrechen, lässt man die Diastase zwölf Stunden lang auf Stärkemehl einwirken.

Maltose in %

$$A \begin{cases} \text{Zuckerbildung eine Stunde bei } 30^0 \\ 1. \ 1 \ cm^3 \ \text{Malzauszug ohne Asparagin} & 6 \cdot 4 \\ 2. \ 1 \ cm^3 \quad \text{\textquotedblright} \quad \text{mit} \quad \text{\textquotedblright} & 45 \cdot 0 \end{cases}$$
$$B \begin{cases} \text{Zuckerbildung zwölf Stunden bei } 30^0 \\ 1. \ 1 \ cm^3 \ \text{Malzauszug ohne Asparagin} & 74 \cdot 8 \\ 2. \ 1 \ cm^3 \quad \text{\textquotedblright} \quad \text{mit} \quad \text{\textquotedblright} & 74 \cdot 9 \end{cases}$$

Eine andere charakteristische Eigenschaft der den diastatischen Vorgang begünstigenden Substanzen ist darin gegeben, dass sie lediglich auf die Verzuckerungskraft wirken, während sie niemals die Verflüssigungskraft der Amylase beeinflussen.

Da die verflüssigende Kraft ihre Wirkung lediglich auf das Stärkemehl und nicht auf Dextrin ausübt, so kann man annehmen, dass die Wirkung der begünstigenden Substanzen sich lediglich auf letztgenannte Körper erstreckt.

NEUNTES CAPITEL.

CHEMISCHE ARBEIT DER AMYLASE.

Chemische Arbeit der Amylase. — Theorien von PAYEN und MUSCULUS. — Existenz verschiedener Dextrine. — Theorie von DUCLAUX über die Natur der verschiedenen Dextrine. — Conservierung der Diastasen während der Verzuckerung. — Versuche von EFFRONT.

Setzt man die Stärkekörner kurze Zeit hindurch bei niederer Temperatur der Einwirkung der Amylase aus, so werden sie von derselben nur ganz leicht angegriffen. Lässt man dagegen die Wirkung länger andauern, so sieht man einen tief greifenden Vorgang sich abspielen: die Stärkekörner werden corrodiert, gehen in Lösung und verwandeln sich schließlich in Zucker.

Indessen ist die Wirkung der Amylase eine noch weit stärkere und weit raschere, wenn sie sich auf Stärkekleister äußert.

Lässt man die Amylase bei geeigneter Temperatur auf Stärkekleister einwirken, so verflüssigt sich derselbe rasch und wandelt sich in zuckerhaltige Lösung um. Die chemischen Reactionen, welche die Diastase sowohl in einem Kleister als auch Stärkekörnern gegenüber ausübt, kann man durch folgende Gleichung zum Ausdruck bringen.

$$C_{12}H_{20}O_{10} + H_2O = C_{12}H_{22}O_{11}$$
$$\text{Stärke} \qquad\qquad\qquad \text{Maltose}$$

Diese Formel zeigt, dass sich das Stärkemehl unter dem Einfluss der Amylase hydratisiert und in Maltose umwandelt; über den Mechanismus dieser Umwandlung gibt uns die Formel indessen keinen Fingerzeig. In Wirklichkeit ist dieser Vorgang weit complicierter.

In den Reactionsproducten findet man stets Dextrine, ihre Anwesenheit beweist, dass die Reaction unter Bildung von zwei Producten verläuft.

Die Verzuckerung des Stärkemehls durch Malz war Gegenstand sehr zahlreicher Untersuchungen. Allein trotzdem ist man zur Stunde noch weit entfernt von einer vollständigen Lösung dieses Problems.

Die einfachste und auch die älteste Auslegung des Verlaufes der Zuckerbildung stammt von PAYEN. Nach Anschauung dieses Gelehrten würde die Diastase nacheinander zwei Wirkungen auf das Stärkemehl ausüben: sie sollte dasselbe zuerst in Dextrin, dann in Maltose umwandeln. Es sollte sich also dabei zuerst eine isomere Modification des Stärkemehls, hierauf eine Hydratisierung dieses Isomeren bilden.

Nach der Erklärung von PAYEN sollte die Umwandlung von Stärkemehl in Dextrin und Maltose nicht nur schrittweise, sondern regelmäßig vom Beginn bis zu Ende der Einwirkung verlaufen.

Der Gang der Zuckerbildung stellt sich uns also unter einem ganz anderen Gesichtspunkte dar. Wir wissen in der That, dass in dem Maße, als die Hydratisierung fortschreitet, die Einwirkung der Amylase mehr und mehr erlahmt.

Die Theorie von PAYEN ist also nicht im Einklang mit den Thatsachen. Außerdem vermag sie uns die Bildung von Dextrinen mit verschiedenen Eigenschaften während der Zuckerbildung nicht zu erklären.

Nach MUSCULUS verläuft die Zuckerbildung nicht durch successive Umwandlung von Stärkemehl in Dextrin und Maltose, sondern als eine von einer Spaltung gefolgte Hydratisierung. MUSCULUS behauptet, dass das Stärkemolecül zuerst Wasser aufnimmt und sich hierauf in ein Molecül Maltose und ein Molecül Dextrin spaltet.

$$2\ \underset{\text{Stärkemehl}}{C_{12}H_{20}O_{10}} + H_2O = \underset{\text{Maltose}}{C_{12}H_{22}O_{11}} + \underset{\text{Dextrin}}{C_{12}H_{20}O_{10}}$$

Um seine Theorie zu stützen, bemüht sich MUSCULUS nachzuweisen, dass Dextrin und Zucker, welche während der

Verzuckerung gebildet würden, in einem constanten Verhältnis zueinander stehen. Er behauptet außerdem, dass das Dextrin von der Diastase nicht weiter angegriffen werden könne.

Diese Angaben halten eine kritische Betrachtung nicht aus, denn die Dextrine vermögen in der That durch Amylase in Zucker umgewandelt zu werden, und das Mengenverhältnis zwischen Maltose und Dextrinen bleibt während der Zuckerbildung keineswegs ein constantes. Dieses Verhältnis schwankt für eine und dieselbe Temperatur je nach der Einwirkungsdauer und der Menge der angewandten Diastase und hängt auch noch von der Verzuckerungstemperatur ab. Das Verhältnis zwischen den gebildeten Producten, Maltose und Dextrinen, ist also weder ein einfaches noch ein constantes.

Die Theorie von Musculus, welche sich auf wenig zutreffende Beobachtungen und falsche Schlüsse aufbaut, hatte trotzdem unerwartetes Glück und heutzutage stellt sie noch die Grundlage für fast alle Theorien der Zuckerbildung dar.

Um diese Theorie mit den heute festgelegten Thatsachen betreffs der Zuckerbildung in Einklang zu bringen, schreibt man den beiden Operationen der Wasseraufnahme und der Spaltung den Charakter ununterbrochener Fortdauer zu. Man fasst das Stärkemehl auf als mit einem sehr großem Moleculargewicht begabt. Indem dieses complexe Molecül Wasser aufnimmt, spaltet es sich in Maltose und ein erstes Dextrin. Dieses, von complicierter Zusammensetzung, liefert alsdann ein zweites Maltosemolecül und ein neues Dextrin von geringerem Moleculargewicht.

Die Vorstellungen von Musculus wurden adoptiert von Brown und Morris sowie auch von Lintner, soweit sie den Verlauf der Zuckerbildung betrifft und in dieser Theorie durch einen stufenmäßigen Abbau der Dextrine zum Ausdruck kommt. Die genannten Forscher theilen aber die Anschauung von Musculus keineswegs, soweit sich dieselbe auf Bildung von Zwischenproducten bei dieser Reaction bezieht und soweit sie die Größe des Moleculargewichtes von Stärkemehl und Dextrin betrifft.

Nach der Angabe verschiedener Chemiker finden sich im Producte der Verzuckerung nicht allein Dextrine und Maltose, sondern auch Stoffe, welche durch die Vereinigung dieser beiden Körper entstanden sind.

Existenz verschiedener Dextrine. — Eine Besprechung aller über die Zuckerbildung aus Stärkemehl aufgestellter Theorien würde den Rahmen dieser Arbeit überschreiten. Wir begnügen uns damit, die wichtigsten Punkte dieser Theorien festzuhalten und hauptsächlich die Bildung solcher Dextrine bei der Verzuckerung, welche sich Reagentien gegenüber verschieden verhalten.

Die Verschiedenheit zwischen diesen Dextrinen kann man auf folgende Weise nachweisen:

Man behandelt einen Stärkekleister, welcher durch Verzuckerung 10—20 % Zucker enthält, mittelst Alkohol. Man löst den erzielten Niederschlag wieder auf, fällt ihn aufs neue durch Alkohol und wiederholt diesen Vorgang einigemale. Schließlich gelangt man zu einem Product, welches nur noch Spuren von Zucker enthält.

Außerdem fällt man auf dieselbe Art und Weise die Dextrine, welche in einem vollständig verzuckerten Stärkekleister enthalten sind und welcher etwa 80 Theile Maltose auf 100 Theile Stärkemehl enthält.

Mit diesen beiden Arten von Dextrin, die man hiebei erhält und welche wir mit *A* und *B* bezeichnen wollen, stellt man zwei Lösungen von derselben Concentration her. Man setzt die gleiche Menge Malzauszug zu und lässt die Zuckerbildung zwei Stunden lang bei 50⁰ vor sich gehen.

Die quantitative Bestimmung der Maltose, welche in diesen beiden Lösungen erhalten wurde, zeigt den Unterschied, welcher zwischen beiden Dextrinen besteht.

Das Dextrin *A*, herrührend aus einer schwach verzuckerten Maische, hydratisiert sich sehr leicht, während das Dextrin *B* sehr wenig Maltose liefert. Diese beiden Dextrine unterscheiden sich also wesentlich durch ihre Empfindlichkeit gegenüber der Amylase.

Der Unterschied im Verhalten dieser beiden Dextrine kann auch durch die Einwirkung von Säure nachgewiesen werden.

Starke Dosen einer Mineralsäure, welche in der Hitze auf die beiden Dextrine einwirken, gaben mit dem einen, wie

mit dem andern Dextrin gleiche Mengen Traubenzucker; zu
ganz anderen Resultaten gelangt man indessen, wenn man
mit nur ganz schwachen Säuredosen arbeitet. In diesem Falle
beobachtet man ganz deutliche Unterschiede im Verlauf der
Hydratisierung: Die Dextrine, welche aus einer schwach verzuckerten Maische stammen, wandeln sich unter dem Einfluss
von Säuren weit leichter um, als die andern.

Ein weiteres unterschiedliches Verhalten der beiden Dextrine kann durch die verschiedene Einwirkung nachgewiesen
werden, welche Diastasen in Gegenwart von begünstigenden
Substanzen auf sie ausüben. Man nimmt zwei Proben einer
Lösung der Dextrine A und lässt auf sie dieselbe Menge Malzinfus einwirken, wobei man der ersten Probe eine geringe
Menge Asparagin zusetzt.

Man lässt die Diastase einige Zeit einwirken und bestimmt
alsdann den gebildeten Zucker; hiebei beobachtet man, dass
die Zuckerbildung in jedem der beiden Versuche ganz verschieden verlaufen ist.

Der Versuch mit Asparagin erweist sich weit reicher an
Zucker, als derjenige ohne diese begünstigende Substanz.

Wiederholt man nun dieselben Versuche mit dem Dextrin B, so findet man den Verlauf der Zuckerbildung wiederum
wesentlich verschieden. Die beiden Proben, sowohl diejenigen
mit als auch die ohne Asparagin, weisen nach der Zuckerbildung die gleiche Zuckermenge auf. Beweis, dass das
Dextrin B der vereinigten Einwirkung von Amylase und von
Asparagin gegenüber unempfindlich ist, wogegen die Umwandlung des Dextrins A durch diese beiden Stoffe beeinflusst
wurde.

Der Unterschied in der Empfindlichkeit der Dextrine A
und B erklärt uns die Unregelmäßigkeit im Verlauf der Zuckerbildung. Sie liefert zu gleicher Zeit einen Grund für das
nicht proportionale Verhalten zwischen den angewandten
Diastasemengen und der gebildeten Maltose.

Die zu Ende der Reaction auftretende Bildung von Dextrinen einer besonderen Art ist es, welche die Verlangsamung
im Verlauf der Wasseraufnahme hervorruft und das proportionale Verhalten zwischen der Menge activer Substanz und
dem gebildeten Producte bricht, eine Proportionalität, welche

bei Beginn der Wasseraufnahme existiert, ehe die letzten Dextrine zur Bildung gelangt sind.

Die Existenz verschiedener Dextrine ist ein Beweis zu Gunsten der Theorie, welche die Zuckerbildung auffasst als eine von einer Spaltung gefolgte Wasseraufnahme. Indessen haben die Urheber dieser Hypothese Unrecht, wenn sie zum Beweise der Existenz verschiedener Dextrine geringwertige Argumente ins Feuer führen und wenn sie diesen verschiedenen Dextrinen Eigenschaften zuerkennen, welche sie nicht besitzen.

So sollen sich nach vielen Forschern die Dextrine durch eine verschiedene Rotations- und Reductionskraft von einander unterscheiden. Derartige Unterschiede gibt es in Wirklichkeit nicht. Die beobachteten Verschiedenheiten in der Reductions- und Rotationskraft der Dextrine rühren lediglich von Verunreinigungen her, mit welchen diese Dextrine behaftet sind. Sie stammen besonders von einem den Dextrinen anhaftenden Zuckergehalt, welchen man durch wiederholtes Fällen mit Alkohol leicht entfernen kann, her.

Um vollständig zuckerfreie Dextrine zu erzielen, unterwirft man die unreinen Dextrine einer alkoholischen Gährung sowie Milchsäuregährungen. Die hiebei erhaltenen verschiedenen Dextrine besitzen weder Rotations- noch Reductionsvermögen.

Im übrigen liefern die charakteristischen Eigenschaften der Dextrine A und B den hinreichenden Beweis für das Vorhandensein verschiedener Körper dieser Classe, und es ist vollständig unnöthig, denselben noch andere Eigenschaften beizumessen, welche sie gar nicht besitzen.

Nach der Theorie von MUSCULUS in ihrer modernen Form sollen sich die Dextrine durch ihr Moleculargewicht von einander unterscheiden.

Unter Anwendung der kryoskopischen Methode von RAOULT vermochte man indessen nicht mit Sicherheit nachzuweisen, dass die bei mehr oder weniger vollständiger Zuckerbildung auftretenden Dextrine in der That ein verschiedenes Moleculargewicht besitzen.

LINTNER und DÜLL haben für das Erythrodextrin ein Moleculargewicht von 6000, für die übrigen Dextrine ein solches von 2000 gefunden. Diese Zahlen müssen indessen mit einer gewissen Reserve aufgenommen werden, da LINTNER und DÜLL zu gleicher Zeit für diese verschiedenen Dextrine Rotations- und Reductionsvermögen festgestellt haben. Wahrscheinlich wurden also diese Bestimmungen mit unreinen Körpern vorgenommen und haben unter diesen Verhältnissen nur einen relativen Wert.

Theorie von DUCLAUX *über die Entstehung verschiedener Dextrine.* — Nachdem das Vorhandensein verschiedener Dextrine nachgewiesen ist, kann man sich die Frage nach ihrem Ursprung vorlegen und sich mit dem Mechanismus ihrer Bildung während des Verlaufes der Verzuckerung beschäftigen.

Nach DUCLAUX muss man in der Structur der Stärkemolecüle den Ursprung für die Verschiedenheit suchen, welche man bei den verschiedenen Umwandlungsproducten wahrnimmt.

Nach DUCLAUX sollen sich die Dextrine nicht durch ihre chemische Structur, sondern durch ihre physikalische Constitution von einander unterscheiden. Diese Verschiedenheit soll sich aus der Structur der Stärkekörner herleiten; diese letzteren bestehen aus übereinander gelagerten, ungleichartigen und ungleich compacten Schichten und bieten der Einwirkung physikalischer und chemischer Agentien eine verschiedene Widerstandsfähigkeit dar. Diese Hypothese, welche dank ihrer Einfachheit so viel Verlockendes hat, erfreut sich einer Unterstützung durch sehr gewichtige Argumente.

Seit längerer Zeit kennt man das verschiedene Verhalten des Stärkemehls gegenüber der Amylase in der Kälte je nach seiner Herkunft. Das Kartoffelstärkemehl wird nur sehr schwierig angegriffen, während sich Gersten- und Weizenstärke mit großer Leichtigkeit verzuckern lassen.

Diese Verschiedenheit, welche augenscheinlich von der mehr oder weniger compacten Beschaffenheit der Schichten herrührt, welche das Stärkekorn bilden, kommt auch bei der Einwirkung der Diastase bei verhältnismäßig hoher Temperatur zum Ausdruck.

LINTNER ließ Stärke der verschiedensten Herkunft verzuckern und fand hiebei, dass die Stärkekörner je nach ihrer Herkunft mit verschieden großer Energie angegriffen werden.

Folgende Tabelle gibt die Mengen von Stärkemehl, welches bei verschiedener Temperatur gelöst wurde, an:

	Einwirkungstemperatur				Ver- kleisterungs- Temperatur
	50	55	60	65	
Kartoffel	0	5	52	90	65
Gerste	12	53	92	96	80
Grünmalz	29	58	92	96	„
Darrmalz	13	56	91	93	„
Weizen	„	62	91	94	75—80
Reis	6	9	19	31	80
Mais	2	„	18	54	75
Roggen	25	„	40	94	„

Bei der Temperatur von 50⁰ lösen sich 12⁰/₀ Gersten-stärke, 2⁰/₀ Maisstärke und 25⁰/₀ Roggenstärke. Bei einer Temperatur von 60⁰ lösen sich 92⁰/₀ Gerstenstärke und nur 18⁰/₀ Maisstärke.

Die Menge von Stärkemehl, welche man bei einer ge-gebenen Temperatur zu lösen vermag, steht in directer Be-ziehung mit der Herkunft dieser Stärke.

Man constatiert bedeutende Verschiedenheiten hinsichtlich der für die Verkleisterung erforderlichen Temperatur bei den verschiedenen Stärkesorten. Kartoffelstärke verkleistert bei 65⁰, während Gerstenstärke hiezu einer Temperatur von 80⁰ bedarf.

Außerdem lässt die Verkleisterungstemperatur den spe-ciellen Widerstand von Stärkemehl gegenüber Diastase nicht verschwinden. Kartoffelstärkemehl verkleistert bei 65⁰ und die Diastase löst hiebei 90⁰/₀ auf, während Gerstenstärke, welche bei weit höherer Temperatur verkleistert, bei 65⁰ 96⁰/₀ gelöster Stoffe gibt.

Diese verschiedenen Ziffern beweisen, dass die Ver-kleisterung die Eigenschaften des Stärkemehls nicht ändert, diese vielmehr vom wechselnden Grad der Dichtigkeit der verschiedenen Schichten in den Körnern abhängen.

In Wirklichkeit wird auch ein Stärkekorn unregelmäßig
von der Diastase angegriffen: es wird an verschiedenen Stellen
und in verschiedener Richtung corrodiert. Diese Art der
Corrosion folgt aus der ungleichen Widerstandskraft der
Körneroberfläche, so dass die verschiedene Dichtigkeit der
einzelnen Körnertheile in der Hauptsache die Grundursache
für das verschiedene Verhalten der Diastase gegenüber bildet.

Die Kartoffelstärke, wie die Gerstenstärke sind beide aus
ungleichen Körnern zusammengesetzt und unterscheiden sich
durch den Grad der Dichtigkeit der sie bildenden Schichten.

In den Körnern der Kartoffelstärke trifft man mehr
widerstandsfähige Schichten an, als in denjenigen der Gerstenstärke. So haben wir auch nachgewiesen, dass man mit
verschiedenen Sorten von Stärkemehl Kleister erhält, welche
sich auch mehr oder weniger schwierig verzuckern. Wir
müssen also annehmen, dass die verschiedene Dichtigkeit bei
den einzelnen Theilen eines und desselben Stärkekorns nicht
verschwindet, wenn das Stärkemehl sich verkleistert, und dass
infolgedessen auch der Stärkekleister keine gleiche Widerstandskraft in allen seinen Theilen darbieten kann.

Die am engsten aneinander hängenden Theile der Stärkekörner werden auch einen schwierig zu verflüssigenden Kleister
geben und nach eingetretener Lösung ein Dextrin, welches
mehr Widerstand entgegenzusetzen vermag.

Von dieser Auffassung ausgehend, gibt es vom chemischen
Standpunkt aus eigentlich keine verschiedenen Dextrine, da-
gegen werden die verschiedenen das Stärkekorn bildenden
Theile, welche sich durch den Grad ihres Zusammenhangs
unterscheiden, Dextrine liefern von größerem oder geringerem
Widerstandsgrad.

Nach Anschauung von DUCLEAUX hat man sich dies
folgendermaßen vorzustellen:

Durch die Einwirkung der Amylase auf Stärkekleister
bildet sich zuerst eine fast augenblickliche Verflüssigung. Es
tritt eine Zerstörung des Coagulums auf, ganz ähnlich derjenigen, welche man beobachtet, wenn man zu einer gelatinösen
Lösung von Calciumphosphat einige Tropfen Säure oder citronen-
saures Ammoniak zusetzt. Die Verzuckerung beginnt alsdann
in demjenigen Theile des Stärkekleisters, welcher am wenigsten

Widerstand leistet. Dieser Theil wandelt sich zuerst in Dextrin um, alsdann in Maltose; zu gleicher Zeit werden andere Kleistertheile angegriffen und vermehren die in der Lösung vorhandenen Mengen von Dextrin und Maltose.

In dem Augenblick, als Jod den Kleister nicht mehr färbt, ist das Stärkemehl vollständig umgewandelt, in diesem Augenblick aber sind noch Dextrine vorhanden, welche von den am schwierigsten angreifbaren Kleistertheilen herrühren. Einige dieser Dextrine verschwinden derart langsam, dass man sie beim Ende der Operation noch vorfindet.

Indessen verschwinden auch diese Dextrine und bilden sich in Maltose um, wenn man nur die Einwirkung der Diastase lang genug andauern lässt.

Hält man die Bedingungen derart ein, dass man eine Veränderung der Diastase vermeiden kann, so verläuft der Gang der Verzuckerung ganz im Sinne der Theorie von PAYEN. Das Stärkemehl wird zuerst in Dextrine und hierauf in Maltose umgewandelt.

Die Annahme einer verschiedenen Dichtigkeit der die Stärkekörner zusammensetzenden Theile hat also der Theorie von PAYEN einen neuen Stützpunkt geliefert, einer Theorie, welche auf den ersten Blick in vollkommenem Widerspruch zu stehen schien mit allen über die Verzuckerung gemachten Angaben.

Verbrauch von Diastase während der Arbeit. — Bei dem kurzen Abriss, welchen wir soeben über die Wirkungsweise der Amylase gegeben haben, beschäftigten wir uns ausschließlich mit einem einzigen Factor, nämlich der allmählichen Umwandlung des Stärkemehls, ohne nach dem Schicksal der hiebei wirksamen Körper zu fragen.

Zieht man die active Substanz in Betracht, so drängt sich vor allem folgende Frage auf:

Befindet sich die Diastase, wenn sie eine beträchtliche chemische Arbeit geleistet hat, noch im selben Zustand, wie bei Beginn ihrer Thätigkeit und hat sie ihre active Kraft sich bewahrt?

Diese Frage wurde von verschiedenen Forschern bearbeitet.

Nach den einen erfährt die Diastase während der Arbeit eine Abnützung; nach den anderen besitzt sie nach wie vor dieselbe Fermentativkraft.

Leider stützen sich diese beiden Anschauungen lediglich auf allgemeine, nicht ganz einwandfreie Betrachtungen, während doch nur auf experimentellem Wege die wahre Lösung einer Frage zu suchen ist, welche vom theoretischen Standpunkt aus interessant und für die Praxis so folgenschwer ist.

Folgender Versuch bringt die Lösung der Frage: Zu 200 cm^3 eines Stärkekleisters setzt man 3 cm^3 Malzinfus und lässt die Zuckerbildung während vier Stunden bei 30° verlaufen.

Die so vollständig wie möglich verzuckerte Flüssigkeit wird hierauf auf 300 cm^3 aufgefüllt, so dass auf je 100 cm^3 der Flüssigkeit genau 1 cm^3 Malzinfus trifft, welches schon die Verzuckerungsarbeit geleistet hat.

Um nun nachzuweisen, ob die durch den Malzauszug geleistete Arbeit in der That einen Verbrauch an activer Substanz mit sich gebracht hat, vergleicht man die Fermentativkraft von 100 cm^3 dieser Flüssigkeit mit der Fermentativkraft von 1 cm^3 des ursprünglichen Malzinfuses. Zu diesem Ende vermischt man 100 cm^3 der verzuckerten Maische mit 200 cm^3 Stärkekleister und hält das Gemisch in einem Wasserbade eine Stunde lang bei 50°. Dies wollen wir den Versuch *A* nennen.

Man nimmt außerdem eine zweite Probe von 100 cm^3 der verzuckerten Maische, erhitzt sie rasch auf 100°, um die Diastase zu zerstören, und gießt sie hierauf zu 200 cm^3 eines Stärkekleisters, welchem man 1 cm^3 frischen Malzauszuges zugesetzt hatte, und gibt das Ganze ins Wasserbad. Dies wäre Versuch *B*.

Die beiden Verzuckerungen gehen also während derselben Zeit, in Gegenwart derselben Menge Malzauszug, aber mit dem Unterschiede vor sich, dass der Malzauszug im Versuche *A* schon eine Arbeit geleistet hat, derjenige im Versuche *B* noch nicht.

Die bei einer Reihe von Parallelversuchen erhaltene Maltosemenge sind im Folgenden angegeben.

Versuch	1	2	3
A	1·48	1·31	1·92
B	1·46	1·32	1·92

Die erzielte Maltosemenge ist also in den Versuchen A und B die gleiche, ein Verbrauch an Diastase findet nicht statt und alle theoretischen Betrachtungen, welche zu einem anderen Schluss führen, müssen von der Hand gewiesen werden.

Allerdings kann man durch Änderung der Versuchsbedingungen leicht zu ganz entgegengesetzten Resultaten gelangen, aber es findet alsdann eine Veränderung und kein Verbrauch an Diastase statt.

Wiederholt man z. B. dieselben Versuche mit demselben Malzinfus und demselben Stärkekleister, lässt aber die Verzuckerung nicht vier Stunden lang bei 30° verlaufen, sondern nur eine Stunde lang bei 60 oder 68°, so gelangt man zu ganz anderen Zahlenwerten.

	Temperatur von 60°	Temperatur von 68°
A	2·19% Maltose	2·00% Maltose
B	3·25% „	3·15% „

Die hiebei aufgetretenen Verschiedenheiten zwischen den Versuchen A und B sind ein Ausfluss der Wärmewirkung auf die Diastase und bedeuten keinen Verbrauch derselben. Eine wässrige Amylaselösung, welche man auf eine Temperatur von 60° bringt, verliert bekanntlich einen beträchtlichen Theil ihres diastatischen Vermögens.

———

ZEHNTES CAPITEL.

AMYLASEN VERSCHIEDENER HERKUNFT.

Verschiedene Amylasen. — Ptyalin. — Diastase aus ungemälzten und aus gemälzten Körnern. — Einwirkung der Dislocationsdiastase auf Stärkemehl. — Diastase von REICHLER. — Wirkungsweise der auf 70⁰ erhitzten Diastase. — Bedingungen für die Secretion der Amylase. — Quantitative Analyse der Amylase. — Vergleichender Wert. — Absoluter Wert. — Methoden von EFFRONT.

Untersucht man die Amylasen verschiedener Herkunft hinsichtlich ihrer Wirkungsweise auf Stärkemehl und Kleister, so wird man auf gewisse charakteristische Erscheinungen auffallend hingewiesen, welche das Vorhandensein verschiedener Arten von Amylase zu bestätigen geeignet sind.

Diejenigen Forscher, welche sich mit dieser Frage näher beschäftigten, unterscheiden vor allem zwischen der Diastase des Speichels, Ptyalin genannt, und der Diastase der Körnerfrüchte. Sie unterscheiden weiterhin zwischen Amylase von gemälzten und solche von nicht gemälzten Körnern. Das Charakteristicum der Speicheldiastase wollen verschiedene Forscher in ihrer Widerstandskraft gegenüber der Einwirkung von Säure und Alkalien erblicken.

Diese Annahme ist indessen irrig. Das Ptyalin verhält sich in Wirklichkeit gegenüber den Reactionen des Milieu absolut ebenso wie die Malzdiastase.

Allerdings besitzt der Speichel sehr häufig eine stark ausgesprochen alkalische Reaction, welche bis zu 97 *mg* Nariumbicarbonat auf 100 beträgt.

CHITTENDEN und SMITH haben nachgewiesen, dass durch diese Alkalinität die Fermentativkraft der Speicheldiastase geschwächt wird, dass aber diese Diastase an Activität in einem gewissen Verhältnis wieder gewinnt, wenn man den Speichel neutralisiert.

Die angebliche Widerstandsfähigheit des Ptyalins gegenüber von Säure gründet sich hauptsächlich auf die Rolle der Speicheldiastase bei der Verdauung, aber auch hier sind die Beobachtungen keine ganz genauen.

Allerdings wirkt das Ptyalin nur während der ersten Phase der Verdauung, solange der Magensaft noch nicht sauer reagiert. Die Reaction dieses Enzyms hört in dem Augenblick auf, als Säure auftritt.

Die Unterscheidung zwischen Amylase von gemälzten und ungemälzten Körnerfrüchten scheint auf den ersten Blick auf gewichtigere Thatsachen gestützt zu sein.

LINTNER und ECKHARDT haben eine beträchtliche Verschiedenheit zwischen der Einwirkung der Amylase aus gekeimter und aus nicht gekeimter Gerste nachgewiesen.

Bei niederer Temperatur leistet die Diastase von rohen Körnern eine viel tiefgreifendere Arbeit als die Malzdiastase. Bei der Optimaltemperatur dagegen, welche für beide Diastasen so ziemlich zusammenfällt, liefert die Amylase aus Malz die höchste Zuckerbildung.

Ein noch gewichtigerer Unterschied ergibt sich aus dem Studium der verflüssigenden Kraft von Amylasen verschiedener Herkunft.

Die Malzdiastase verflüssigt einen Stärkekleister ungemein rasch, wogegen die Amylase aus rohen Körnern, obwohl sie ein ganz energisches Zuckerbildungsvermögen besitzt, hinsichtlich der Verflüssigungskraft sich doch beinahe inactiv verhält.

LINTNER und ECKHARDT haben eine vergleichende Tabelle über die Wirkung der Temperaturen auf die beiden Diastasen aufgestellt und eine ganze Reihe von Verschiedenheiten namhaft gemacht, welche nach ihrer Anschauung diese beiden Enzyme charakterisieren sollen. Aber auch hier, wie vorhin beim Ptyalin, sind die Schlüsse, welche die Forscher aus ihren Beobachtungen ziehen, keine ganz zutreffenden.

Die nachgewiesene Verschiedenheit zwischen einem Auszug von gemälzten und ungemälzten Körnern rührt in Wirklichkeit nicht vom Vorhandensein zweier verschiedener Diastasen her, vielmehr von der Gegenwart verschiedener in den beiden Flüssigkeiten vorhandener Fremdkörper.

In dem Auszug aus rohen Körnern findet sich sehr wenig Amylase vor, indessen ist die Flüssigkeit sehr reich an Substanzen, welche der diastatischen Wirkung Vorschub leisten.

Gelegentlich meines Studiums dieser die Diastase in ihrer Wirkung begünstigenden Stoffe habe ich nachgewiesen, dass diese Wirkung besonders in der ersten Phase der Hydratisierung zutage tritt und dass sie in Gegenwart von Dextrinen aufhört. Aus diesem Grunde ist die niedrige Temperatur günstig für die Wirkung der Amylase aus ungemälzten Cerealien, ungünstig dagegen für Malzdiastase, welche unter diesen Bedingungen eine vollständige Hydratisierung nicht zuwege bringt.

Bei der Optimaltemperatur sind die Bedingungen vollständig verschieden. Die geringe Diastasenmenge, welche das ungemälzte Korn enthält, vermag für sich allein eine ziemlich vollständige Verzuckerung hervorzurufen, welche bis zu dem Augenblick fortgeht, wo die Fremdkörper keinen Einfluss mehr auf den Gang der Hydratisierung haben.

Mit Diastase von ungemälzten Körnern erreicht man nur schwierig einen solchen Verzuckerungsgrad, dass mit Jodlösung keine Färbung mehr auftritt. Dieselbe Erscheinung beobachtet man, wenn man die Diastase in Gegenwart begünstigender Stoffe anwendet.

Will man einen Abbau des Stärkemehles entsprechend einer Bildung von 40—50% Maltose erzielen, so genügt hiezu eine Spur von diesem Auszug, wenn derselbe in Gegenwart von begünstigenden Substanzen wirken kann. Um 70% Maltose zu erreichen, muss man 10—20mal mehr Malzinfus anwenden, selbst wenn die Arbeit in Gegenwart von Asparagin verläuft.

Wir werden späterhin festzustellen haben, dass sich in der That in den ungemälzten Cerealien Stoffe vorfinden, welche die Diastase unterstützen. Diese Stoffe sind es in Wirklichkeit, auf welche die von LINTNER beobachteten Verschiedenheiten zwischen Diastase von Malz und Diastase von nicht gekeimtenKörnern zurückzuführen sind.

BROWN und MORRIS machen ebenfalls einen Unterschied zwischen der Amylase des Malzes und dem Enzym der ungemälzten Körner. Sie bezeichnen die erstere mit „Secretionsdiastase", die letztere als „Translocationsdiastase".

Nach der Anschauung der genannten Forscher wirken diese beiden Diastasen vollständig verschieden auf rohes Stärkemehl. Die Secretionsdiastase greift die Stärkekörner an, höhlt sie unregelmäßig aus und zerkleinert sie. Die Translocationsdiastase dagegen vermag die Stärkekörner weder anzugreifen, noch zu zerkleinern.

Das Stärkemehl wird schichtenweise allmählich angegriffen, bis die Stärkekörner beinahe vollständig verschwinden, ihr Volumen mehr und mehr abnimmt, während ihre Form sich erhält.

Dieser eigenthümliche Unterschied in der Art und Weise der Auflösung scheint auf den ersten Blick die Hypothese zu bestätigen, welche das Vorhandensein verschiedener Amylasen annimmt. Allein dieser neue Beweis verliert an Beweiskraft, wenn man die verschiedene Art und Weise sorgfältig untersucht, auf welche das Stärkemehl von der Diastase angegriffen wird.

Nach KRABBE verläuft die Einwirkung auf das Stärkemehl in den verschiedenen Pflanzen auf ganz verschiedene Weise.

Bei Kartoffel- und Cerealienstärke schreitet die Lösung schichtenweise fort, das Korn wird von außen und innen gleichmäßig angegriffen. Bei der Leguminosenstärke bringt die Amylase an der Oberfläche der Körner kleine Canäle zuwege, welche sich gegen den Mittelpunkt der Körner richten und sich dort unter Bildung eines sich ununterbrochen vergrößernden leeren Raumes vereinigen. Das Stärkekorn wird also hier in doppeltem Sinne angegriffen, zuerst von außen nach innen, alsdann in umgekehrtem Sinne.

Bei den Gramineen wird das Stärkemehl unregelmäßig angegriffen: Es bilden sich Höhlungen und Canälchen, welche sich gegen den Mittelpunkt richten.

Diese Thatsachen sprechen deutlich dafür, dass die Lösungsweise des Stärkemehls von Pflanze zu Pflanze eine verschiedene ist.

Und in der That ist die Einwirkungsweise der Amylase eine sehr vielfältige, selbst wenn es sich um Lösung von Stärkekörnern derselben Herkunft handelt. Auch hier constatierte man eine sehr verschiedene Arbeitsweise und beobachtete, dass die Stärkekörner nicht alle auf eine und dieselbe Weise angegriffen werden.

Behandelt man Stärkemehl in der Kälte mit einem Malzauszug, so verläuft die Lösung ohne jegliche Regelmäßigkeit. Bei einigen Körnern macht sich der Angriff durch Spalten und Löcher bemerkbar, bei anderen Körnern erfolgt derselbe ganz regelmäßig.

Diese Verschiedenheiten rühren offenbar von der Dichtigkeit und der homogenen Beschaffenheit der Stärkekörner her. Außerdem kann die Art und Weise der Auflösung noch beeinflusst werden durch die obwaltende Reaction der Flüssigkeit wie durch die Gegenwart von Fremdkörpern.

Durch Malzauszug in der Kälte schwer anzugreifen, löst sich das Stärkemehl in schwachsauren Flüssigkeiten leicht auf. Da aber die saure Reaction im allgemeinen die Zuckerbildung nur ganz wenig begünstigt, so kann man die Einwirkung auf ganze Körner nur durch den Wechsel erklären, welchen die Säure im physikalischen Zustand dieser Körner hervorruft; möglich, dass diese saure Reaction die Berührung zwischen Diastase und Stärkemehl begünstigt.

Die von BROWN und MORRIS beobachteten Verschiedenheiten sind im übrigen nicht genügend bewiesen.

Es ist noch keineswegs erhärtet, dass zwei Diastasen von verschiedener Herkunft stets verschieden auf rohes Stärkemehl einwirken, und auch angenommen, der Beweis hiefür wäre erbracht, so könnte man daraus doch nicht auf das Vorhandensein verschiedener Amylasen schließen. Die Verschiedenheit in der Einwirkung der verschiedenen Diastasen könnte in der That auch von begleitenden Fremdkörpern herrühren.

Als Repräsentant einer anderen Art von Amylase ist die künstliche Diastase von REICHLER zu nennen.

Dieser Gelehrte digerierte Gluten mit schwach angesäuertem Wasser und beobachtete, dass die Verzuckerungskraft
der Flüssigkeit hiebei mehr und mehr zunahm.

Das bei diesem Vorgang erzielte Enzym theilt alle Eigenschaften mit der Diastase aus ungemälzten Körnern, und man
nimmt an, dass sich dasselbe durch Einwirkung von Säure
auf das Gluten gebildet habe.

Nach LINTNER wäre die Bildung dieses Enzyms einer
hypothetischen, im Gluten enthaltenen Substanz zuzuschreiben;
er nennt diesen Stoff, welcher sich unter Einwirkung von Säure
in Amylase umbilden soll, Fermotogen.

In Wirklichkeit hat man es hier mit Malzamylase in
geringer Menge zu thun, und die Vermehrung der diastatischen
Kraft rührt einfach von der durch den Säurezusatz hervorgerufenen Reactionsänderung der Flüssigkeit her.

Änderungen in der Activität der Diastasen bei der Tempe-
ratur von 70⁰. — Verzuckert man einen Stärkekleister mit
einem Malzauszug, so erzielt man hiebei ganz verschiedene
Maltosemengen, je nach der Temperatur, bei welcher man
arbeitet.

Dieselben Resultate erzielt man durch bloßes Erhitzen
des Malzauszugs auf verschiedene Temperaturen.

Nach O. SULLIVAN würde jeder Temperatur ein bestimmter
Grad der Hydratisierung des Stärkemehls entsprechen:

Malzauszug erwärmt auf

64⁰, entspräche einem Stärkeabbau in 1 Th. Maltose u. 1 Th. Dextrin,
68⁰, „ „ „ „ 1 „ „ „ 2 „ „
70⁰, „ „ „ „ 1 „ „ „ 5 „ „

Indem man die Diastase nacheinander auf Temperaturen
von 64, 68 und 70⁰ brachte, erzielte man jedesmal eine vollkommene Änderung in der Arbeitsweise. Man kann hieraus
den Schluss ziehen: Entweder unterliegt die active Substanz
hiebei in der That Veränderungen, oder es findet eine künstliche Bildung verschiedener Amylasetypen statt.

Unsere Kenntnisse über die chemischen Bedingungen der
Diastasewirkung geben uns eine ganz andere Erklärungsweise für diese Erscheinung an die Hand.

Die Temperatur bewirkt lediglich eine partielle Reduction der diastatischen Kraft; je näher die Temperatur derjenigen von 70° kommt, desto vollständiger ist diese Reduction. Jedoch in dem Maße, als die Diastase ihre wirkliche Activität verliert, erlangt sie eine künstliche Activität dank den in dem Malzauszug enthaltenen Fremdkörpern, welche umso energischer wirken, je schwächer die Diastase selbst wird.

Alles in allem stehen wir hier einer Erscheinung gegenüber, welche wir schon bei der Diastase aus ungemälzten Körnern beobachteten, nur ist in diesem Falle die Wirkung eine weit compliciertere.

Die Diastase, welche auf Temperaturen von 68—70° gebracht wurde, hat nicht mehr dieselben Eigenschaften wie die Amylase der ungemälzten Körner. Die verzuckernde Kraft ist zum großen Theil verschwunden, die verflüssigende Kraft wurde nicht angegriffen.

Hieraus folgt, dass ein erhitzter Malzauszug, obgleich er wie Diastase aus ungemälzten Körnern wirkt, sich doch von der letzteren durch die Leichtigkeit unterscheidet, mit welcher er das Stärkemehl verflüssigt.

Bedingungen für die Abscheidung der Amylase. — Nachdem wir die Einwirkung physikalischer und chemischer Agentien auf die Amylase studiert, haben wir uns kurz Rechenschaft zu geben über die Art und Weise der Abscheidung dieses Enzyms und über die Bedingungen, welche dessen Bildung begünstigen.

Während des Keimungsprocesses der Körner spielt der Keimling einzig und allein eine active Rolle, die Rolle des Endospermes kommt erst in zweiter Linie.

Löst man den Keimling von Gerstenkörnern mit Vorsicht los, so vermag derselbe an einem feuchten Ort und unter geeigneten Temperaturbedingungen zu einem Pflänzchen zu werden. Das Gewächs, welches man unter diesen Bedingungen hervorruft, ist ein sehr gebrechliches und wenig lebenskräftiges, der Keimling verzehrt indessen doch seine Reservestoffe und sondert Amalyse ab.

Legt man den Keimling auf das zu Brei verwandelte Endosperm, so wird das Wachsthum ein normales, und der Verlauf der Diastasesecretion kann an der Hand der chemischen

Umwandlung nachgewiesen werden, welche in stärkehaltigem Material vor sich geht.

Cultiviert man den Keimling auf verschiedenen Nährböden und unter verschiedenen Bedingungen, so gelangt man zu höchst interessanten Punkten hinsichtlich der Bedingungen, welche die Absonderung der Diastase beeinflussen.

Brown und Morris haben diese Methode verfolgt und einige interessante Thatsachen constatiert hinsichtlich des Einflusses verschiedener Kohlehydrate, sowie des Säuregehaltes auf die Diastaseproduction.

Die genannten Forscher cultivierten dieselbe Anzahl von Keimlingen einmal auf gewöhnlicher Gelatine, sodann auf Gelatine mit einem Zusatz von $\dfrac{6}{1000}$ Ameisensäure und stellten hiebei einen wesentlichen Unterschied hinsichtlich der abgeschiedenen Diastasemenge fest.

50 Keime, auf reiner neutraler Gelatine cultiviert, lieferten eine Diastasemenge, welche 0·118 g Kupferoxyd entsprach. Die Vertheilung der Diastase war folgende: In den Keimlingen 0·0708, in der Gelatine 0·0478. Die 50 in angesäuerter Gelatine cultivierten Keime producierten eine Diastasemenge entsprechend 0·145 Kupferoxyd. Diese war folgendermaßen vertheilt: In den Keimen 0·0904, in der Gelatine 0·0546.

Der Säuregehalt begünstigt also die Abscheidung der Diastase offenbar.

Bei einem Zusatz von verschiedenen assimilierbaren Kohlehydraten zur Gelatine, ausgenommen Stärkemehl, wurde ein sehr ungünstiger Einfluss dieser Substanzen auf die Secretion der Diastase festgestellt.

Die Fähigkeit, Diastase zu secernieren, ist also keine den Zellen ureigenthümliche.

Das Auftreten der Diastase hängt von der Ernährungsweise ab, hiebei ist jedoch zu bemerken, dass dasselbe keineswegs immer mit den Bedürfnissen der Zelle Hand in Hand geht, und man darf es auch nicht als ein Anzeichen von Erkenntnis seitens der Zellen betrachten, als ob sie sich vermittelst der diastatischen Ausscheidung den verschiedenen Nährböden anbequemen würden. Cultiviert man den Keimling eines Gerstenkorns auf Gelatine, aus welcher er Nährstoffe nicht schöpfen kann, so scheidet er doch dieselbe Amylasemenge aus, wie wenn er auf Stärkemehl cultiviert wäre.

Diese Abscheidung ist stets eine reichliche, wenn der Keimling sich unter günstigen Ernährungsbedingungen befindet, und sie kommt alsbald zum Stillstand, sowie eine assimilierbare Substanz vorhanden ist.

Hier, wie bei der Sukrase, welche wir früher studiert haben, ist die Abscheidung von Diastase demnach eine Folge mangelhafter Ernährung und die vornehmste Ursache all der Schwankungen, welche man bei der Diastaseabscheidung beobachtet, ist nichts anderes, als der Ausfluss des Nährbodens.

Die Amylaseabscheidung wird, wie wir oben gesehen haben, durch den Säuregehalt des Nährbodens begünstigt. Der Säuregehalt der Zellsubstanz hat also eine ganz beträchtliche Wirkung auf die Intensität der Ausscheidung.

An der Hand dieser Bemerkung ist es daher auch erklärlich, warum im Augenblick einer auftretenden Ernährungsstörung die Diastaseabscheidung begünstigt wird. In Gegenwart nicht assimilierbarer Stoffe zehren die Zellen ihre Reserven auf und diese Aufzehrung bringt in ihrem Innern eine theilweise Leere hervor, welche die Osmose begünstigt. Der Salzgehalt der umgebenden Flüssigkeit dringt alsdann weit leichter in die Zellen ein und infolge einer Dissociation findet eine Anhäufung von Säure statt, welche die Abscheidung begünstigen.

Bestimmung der Amylase. — Die Methode zur Bestimmung der diastatischen Kraft einer Lösung geht von folgenden Beobachtungen KJELDAHLS aus.

Solange sich die Diastase in Gegenwart eines großen Überschusses von nicht umgewandeltem Stärkemehl befindet, ist die Menge producierter Maltose proportional der in der Lösung vorhandenen Diastasemenge: Mit anderen Worten, es findet eine constante Beziehung zwischen der gebildeten Maltosemenge und der angewandten Diastase statt, solange diese letztere in Gegenwart einer großen Menge nicht umgewandelten Stärkemehls wirksam ist.

Diese Beobachtung wurde seitens verschiedener Forscher geprüft und bestätigt. Unterwirft man verschiedene Proben desselben Stärkekleisters bei derselben Temperatur der Einwirkung wachsender Diastasemengen, so erzielt man mit Sicherheit Maltosemengen, welche der angewandten Diastase proportional sind. Die Grundbedingung für ein vollständiges Gelingen dieser Bestimmung ist diejenige, dass man bei allen Versuchen mit der geringstmöglichen Diastasemenge arbeitet, einer Menge, welche höchstens 40—50% Zucker auf 100% Stärkemehl ergibt.

Von dieser Grundlage ausgehend, gelangt man mit Leichtigkeit zur Bestimmung der Fermentativkraft einer Flüssigkeit. Man benöthigt dazu nur eine typische Diastaselösung von einem bestimmten Wert, mit welcher man vergleichende Versuche mit Stärkemehl macht. Man bedient sich gewöhnlich einer 2%igen Lösung von löslichem Stärkemehl.

Zu 100 cm^3 dieser Flüssigkeit, welche 2 g Stärkemehl enthält, setzt man 2 cm^3 der typischen Amylaselösung zu. In ein anderes Kölbchen, welches ebenfalls 100 cm^3 einer Lösung von löslichem Stärkemehl enthält, gibt man 2 cm^3 der zu untersuchenden Flüssigkeit. Man gibt beide Proben ins Wasserbad bei 50° und nach einstündiger Verzuckerung bestimmt man in beiden Lösungen die Maltose.

Man bringt den Diastasegehalt der Flüssigkeit zum Ausdruck durch das Verhältnis zwischen den Mengen gebildeten Zuckers durch die gleiche Menge der zu untersuchenden Diastaselösung und der typischen Lösung.

Findet man z. B. 0·4% Maltose in dem mit der typischen Amylase verzuckerten Product, 0·2% Maltose in der zweiten Probe, so wird man die Activkraft der Flüssigkeit mit 50% bezeichnen, was bedeutet, dass die untersuchte Flüssigkeit activ nur halb so wirksam ist als die typische Flüssigkeit.

Diese Untersuchungsmethode gestattet einen Vergleich der diastatischen Kraft beider Producte, sie erlaubt aber nicht, die Fermentativkraft einer diastatischen Lösung genau zum Ausdruck zu bringen, denn es ist außerordentlich schwierig, in einer Amylaselösung die diastatische Kraft constant zu erhalten. Die Resultate leiden also vielfach an Unsicherheit.

Zur Bestimmung des absoluten Diastasewertes dient mir eine Methode, in welcher man diejenige Diastasemenge als

Einheit annimmt, welche bei einstündiger Einwirkung bei 60⁰ auf 1 g lösliches Stärkemehl 50 cg Maltose gibt.

Man schlägt hiebei folgenden Weg ein: 10 g wasserfreies und vollkommen neutrales lösliches Stärkemehl löst man in 70 cm^3 kochenden Wassers. Man kühlt ab und bringt das Volumen der Lösung auf 750. Von dieser Lösung nimmt man eine Reihe von Proben von 75 cm^3. Diesen Proben setzt man verschiedene Mengen der zu untersuchenden activen Flüssigkeit zu und hält sie während einer Stunde im Wasserbad bei 60⁰. Nach beendigter Verzuckerung kocht man alle Proben recht rasch auf, kühlt sie ab, bringt sie auf 100 cm^3 und bestimmt in jeder derselben die Menge des gebildeten Zuckers. Diejenige Probe, in welcher sich 50 cg Maltose gebildet haben, enthält nach unserer Annahme die Einheit an activer Substanz. Haben sich diese 50 cg in derjenigen Probe gebildet, welcher 1 cm^3 der zu untersuchenden Flüssigkeit zugesetzt waren, so bezeichnen wir das diastatische Vermögen der Lösung mit 100. Finden sich diese 50 cg in der mit 2 cm^3 der betreffenden Lösung versetzten Probe, so bezeichnet man das diastatische Vermögen mit 50 u. s. f.

Es ist oft schwierig, mit einer einzigen Versuchsreihe genau die Bildung von ¹/₂ g Maltose zu erreichen. Es ist daher räthlich, einen Vorversuch mit 1, 2, 4, 6, 8 cm^3 der activen Substanz anzustellen. Findet sich die Einheit der Diastase z. B. in dem Versuche mit 4 cm^3, so wiederholt man den Versuch mit 2·5, 2·75, 3, 3·25, 3·5, 3·75 cm^3 Flüssigkeit.

Bei diesem Versuch muss man auch die Menge reducierender Stoffe in Betracht ziehen, welche in der activen Flüssigkeit enthalten sein können. Man muss selbstverständlich von der nach der Verzuckerung gefundenen Gesammtmaltose diejenige Zuckermenge in Abzug bringen, welche man mit dem Auszug eingeführt hat.

Diese Methode kann auch zur Malzanalyse herangezogen werden.

Um die diastatische Kraft des Malzes zu taxieren, muss man vor allem die activ wirksamen Stoffe daraus ausziehen. Zu diesem Ende mahlt man das Malz zu einem feinen Pulver, versetzt es mit der 20fachen Wassermenge und lässt es sechs Stunden bei einer Temperatur von 30⁰ stehen, wobei man die

Lösung von $^1/_4$ Stunde zu $^1/_4$ Stunde umschüttelt. Mit dem filtrierten Auszug bewirkt man eine Verzuckerung in der eben genannten Weise.

Ein Malz von hervorragender Qualität liefert unter diesen Verhältnissen einen Auszug, welcher 50 cg Maltose pro 1 cm^3 Infus erzeugt.

Allein diese Methode gibt keine ganz genauen Anhaltspunkte für die Bereitung eines Malzes vom praktischen Standpunkt aus.

In dem der industriellen Anwendung der Amylase gewidmeten Capitel werden wir uns mit dieser Gattung von Amylasen besonders zu beschäftigen haben.

Die Bestimmung der verzuckernden Kraft von Flüssigkeiten, welche nur geringe Amylasemengen enthalten, bietet oft große Schwierigkeiten dar: Um bestimmbare Mengen Maltose zu erhalten, muss man eine große Menge Flüssigkeit anwenden, welche vielfach reducierende Stoffe enthält.

In ähnlichen Fällen thut man besser daran, die Diastase vorerst mittelst Alkohol zu fällen; diese Methode indessen ist nur anwendbar, wenn man eine ziemlich große Flüssigkeitsmenge zur Verfügung hat, denn nimmt man diese Fällung in einer nur geringen Menge des Auszuges vor, so erhält man einen so feinen Niederschlag, dass er durchs Filter geht und zu beträchtlichen Verlusten führt.

Um dieser Unzukömmlichkeit zu begegnen, war es mein Bestreben, in der activen Flüssigkeit Niederschläge hervorzurufen, welche voluminöser und infolgedessen leichter zu trennen sind. Das Tannin hat sich bei meinen Versuchen als hiezu geeignet erwiesen.

Tannin fällt, wie die Versuche ergaben, die Diastase vollkommen aus, und der inactive Niederschlag gewinnt wieder active Kraft, wenn man ihn mit einer verdünnten Sodalösung vorsichtig behandelt.

Man geht hiebei folgendermaßen vor: Zu 10 cm^3 der activen Flüssigkeit setzt man 4 cg Tannin zu, welches in einigen cm^3 Wasser gelöst ist. Man schüttelt um und lässt eine halbe Stunde stehen. Die Flüssigkeit wird alsdann filtriert und der mit Wasser und Alkohol gut gewaschene

Niederschlag wird sammt dem Filter in ein Gläschen mit 5 cm^3 einer $\frac{1}{10000}$ Sodalösung gebracht.

Man bewegt das Filter in der Flüssigkeit ein bis zwei Minuten lang leicht, und sobald der Niederschlag sich wieder gelöst hat, fügt man einige Tropfen einer $\frac{1}{1000}$ Milchsäurelösung zu zwecks Neutralisation und filtriert alsdann.

All diese Manipulationen müssen so rasch als möglich ausgeführt werden, weil sich der Tanninniederschlag bei längerer Berührung mit der Luft verändert und in der alkoholischen Flüssigkeit unlöslich wird. Die Berührung des Niederschlages mit der Sodalösung darf ebenfalls nur so kurz als möglich dauern. Löst sich der Niederschlag nach vier bis fünf Minuten nicht wieder auf, so muss man den Versuch von vorne beginnen, denn die Diastase war bereits zersetzt.

Man vermag der Auflösung wesentlich Vorschub zu leisten durch ein Zerreiben des Filters in einem Mörser mit der alkalischen Lösung. Geht man hiebei so rasch als möglich vor, so gelingt es, die gesammte Menge der activ wirksamen Stoffe in dem Niederschlag wieder aufzulösen und ohne allen Verlust zu arbeiten. Der mittelst Tannin erzielte, mit Wasser, Alkohol und Äther gewaschene und hierauf getrocknete Niederschlag hat nach Abzug von 32·2% Tannin folgende Zahlen ergeben:

Wasser	5·53%
Stickstoff	8·83%
Asche	1·32%

Die Methode leistet hauptsächlich gute Dienste bei der Bestimmung von Amylase in den lebenden Zellen.

Bei diesen Untersuchungen pulverisiert man die Substanz und zieht dieselbe mit ein bis zwei Theilen Wasser fünf Stunden lang aus; hierauf presst man die Flüssigkeit von den ungelösten Stoffen ab. Den Rückstand zieht mana bermals mit ein oder zwei Theilen Wasser aus und presst ein zweitesmal ab. Man filtriert die vereinigten Flüssigkeiten, fällt die Diastase mittelst Tannin ganz ebenso, wie bei der Bestimmung im Malzauszug.

Die active Kraft des im Wasser aufgelösten Niederschlages gibt ein Bild vom diastatischen Wert der untersuchten Stoffe. Als Beispiel lassen wir eine Analyse von Bohnenblättern folgen.

10 g Bohnenblätter werden in einem Mörser zu einem Teig verrieben, man setzt demselben 10 cm^3 Wasser und einige Tröpfchen Chloroform zu und lässt alsdann sechs Stunden macerieren. Alsdann wird abgepresst und durch Leinwand filtriert. Den Rückstand behandelt man abermals mit 10 cm^3 Wasser und einem Tröpfchen Chloroform und lässt ihn drei Stunden lang stehen.

Man gießt alsdann die Flüssigkeit ab und wäscht den Rückstand aufs neue mit Wasser aus. Man gießt die bei der Maceration und beim Auswaschen gewonnenen Flüssigkeiten zusammen und bringt das gesammte Volumen auf 50 cm^3. Hierauf filtriert man aufs neue und fällt mit 16 cm^3 Tannin. Der Niederschlag wird in alkalischem Wasser wieder aufgelöst und die Lösung auf 10 cm^3 gebracht. Bei der Untersuchung ergibt sich, dass man 2 cm^3 braucht zur Bildung von 50 g Maltose. Die Lösung hat also einen diastatischen Wert von 50.

Vergleicht man die diastatische Kraft der Bohnenblätter mit derjenigen eines Malzes von guter Beschaffenheit, so gelangt man dabei zu folgenden Resultaten: 10 g Malz liefert 200 cm^3 Auszug, von welchem 1 cm^3 50 mg Maltose bildet.

10 g Bohnenblätter liefern 10 cm^3 einer Flüssigkeit, von welcher 2 cm^3 zur Bildung von 50 mg Maltose erforderlich sind. Das Malz hat eine diastatische Kraft von 100, die Bohnenblätter haben eine solche von 2·5; das Malz enthält also 40mal mehr wirksame Substanz als die Bohnenblätter.

LITERATUR.

SIG. KIRCHHOFF. — Über die Zuckerbildung beim Mälzen des Getreides. Schweiggers Journal, 1815, p. 389.

DUBRUNFAUT. — Mémoire sur la saccharification des fécules, 2e édition, Gauthier-Villars, Paris, 1882.

GUÉRIN VARRY. — Mémoire concernant l'action de la diastase sur l'amidon de pomme de terre. Ann. de chimie et de phys., 1835, p. 32.

LEUCHS. — Über die Verzuckerung des Stärkemehles durch Speichel. Kastners Archiv für die ges. Naturlehre, 1831.

BIOT. — Mémoire sur l'amidon. Ann. des Sciences nat. 1838. p. 5.

CLÉMENT DÉSORMES. — Ann. de chimie et phys., IV p., 473.

PAYEN et PERSOZ. — Mémoire sur la diastase et les principaux produits de sa réaction. Ann. de chimie et phys., 1833.

MIAHLE. — De l'action de la salive sur l'amidon. Comptes Rendus XX, 1845, p. 1485.

— — De la digestion et de l'assimilation des matières sucrées. Comptes Rendus, 1845, t. XX, p. 954.

MUSCULUS. — Sur la transformation de la matière amylacée en glucose et en dextrine. Ann. de chimie et de phys., 1860, LX, p. 203.

BOUCHARDAT et SANDRAS. — Des fonctions du pancréas et de son influence sur la digestion des fécules. Comptes Rendus, 1845, XX, p. 1085.

O. SULLIVAN. — Sur le produit de transformation des amidons. Journal of the Chemical Society, 1872—1874.

KOSSMANN. — Recherches chimiques sur les ferments contenus dans les végétaux. Bull. de la Soc. chim. de Paris, 1877.

BARANETZKY. — Die Stärke umwandelnder Fermente, 1878.

Ch. RICHET. — Du suc gastrique chez l'homme et les animaux. These, Paris, 1878.

KJELDAHL. — Recherches sur le ferment producteur du sucre. Comptes rendus destrav. du laboratoire de Carlsberg, 1879.

BROWN et HÉRON. — Beiträge zur Geschichte der Stärke und der Verwendung derselben. Liebigs Annalen, 1879.

BROWN et MORRIS. — Journal of the Chem. Soc., 1890.

J. LINTNER. — Studien über Diastase. Journ. für prakt. Chemie., 1886., p. 378.

— — Über das diastatische Ferment des ungekeimten Weizens. Zeitschr. für das ges. Brauwesen, 1888.

EM. BOURQUELOT. — Sur la séparation et le dosage du glycogène dans les tissus. Journal des connaissances méd., 1884.

SMITH. — The diastatic action of saliva as modified by various conditions, studied quantitatively. Chemical News., 1886.

BROWN und MORRIS. — Untersuchung über die Keimung einiger Gräser. Zeitschr. für das gesammte Brauwesen 1890.

MORITZ et GLANDENING. — Sur l'action de la diastase, The Chemical Society, 1892.

LINTNER und DÜLL. — Über den Abbau der Stärke unter dem Einfluss der Diastasewirkung. Berichte der deutschen chem. Gesellschaft, 1893, p. 2533.

SCHIFFER. — Sur les produits incristallisables de l'action de la diastase sur l'amidon. Moniteur scientifique, 1893, p. 712.

J. V. EGEROFF. — Sur la diastase des grains crus. Journal de la Soc. de chimie et phys. Saint-Petersbourg, 1893, t. XXV.

EFFRONT. — Contribution à l'étude de la saccharification. Moniteur scientifique.

— — Actions des acides minéraux dans la saccharification par le malt. Moniteur scientifique, 1890.

— — Sur les conditions chimiques de l'action des diastases. Comptes Rendus, 1892, p. 1324.

— — Sur l'amylase. Comptes Rendus, 1895.

— — Influence des antiseptiques sur les ferments. Moniteur scientifique, 1894.

— — Contribution à l'étude de l'amylase. Moniteur scientifique, 1895. VIII, p. 541; X, 711.

HENRI POTTEVIN. — Sur la saccharification de l'amidon par l'amylase du malt. Comptes Rendus, 1898, p. 17.

DUCLEAUX. — Sur la saccharification. Ann. de l'Inst. Pasteur, 1895, 56.

— — Les théories de la saccharification. Ann. de l'Inst. Pasteur. 1895, 170.

— — Amidon, dextrine et maltose. Ann. de l'Inst. Pasteur, 1895, p. 215.

BROWN und MORRIS. — Einwirkung der Diastase auf Stärke. Berichte der deutschen chemischen Gesellschaft, 1895, p. 642.

H. SEYFFERT. — Untersuchungen über Gerste und Malzdiastase. Zeitschrift für das gesammte Brauwesen, 1898.

A. WROBLEWSKY. — Über die chemischen Eigenschaften der Diastase und über das Vorkommen eines Arabans in den Diastasepräparaten. Berichte der deutschen chemischen Gesellschaft, 1897, 2, p. 2289; 1897, 3, p. 3048.

OSBORNE und CAMPBELL. — Wirkung der Diastase bei fortschreitender Keimung. Berichte, 1896, p. 1159, Journal amer. chem. Soc., 18, p. 536—542.

O. NASS und FRAMM. — Bemerkungen zur Glykolyse. Pflüg. Archiv., 18, 63, p. 203—208.

A. SING und BACKER. — Journal chem. Soc., 67, p. 702—708.

ELFTES CAPITEL.

INDUSTRIELLE VERWENDUNG DER AMYLASE.

Malzbereitung. — Chemische Umsetzungen beim Keimungsvorgänge.
Technik der Mälzerei: Trieuren, Quellen, Keimen, Darren.

Die Amylase bildet sich während des Keimungsprocesses
in ziemlich bedeutender Menge in den Cerealienkörnern. Des-
wegen bedienen sich auch die Industrien, welche die Diastase
als hydratisierendes Agens anwenden, des gekeimten Getreides,
Malz genannt, eines Productes, welches heutzutage das einzige Enzym ist, welches eine fabriksmäßige Herstellung unter
ökonomischen Verhältnissen ermöglicht.

Alle Cerealien producieren während des Keimungsprocesses
Amylase; die größte Ausbeute jedoch an activer Substanz
liefert das Gerstenmalz.

Setzt man die zuvor gequellte Gerste in einen Haufen
zusammen, so beobachtet man eine Reihe von Vorgängen,
welche man in ihrer Gesammtheit als Keimprocess charakterisiert.

Man beobachtet hiebei vor allem eine Steigerung der
Temperatur, eine Absorption von Sauerstoff sowie ein Frei-
werden von Kohlensäure; diese letztere steigert sich in dem
Maße, als die Temperatur des Haufens in die Höhe geht.
Neben dieser Athmungserscheinung beobachtet man beträchtliche Veränderungen in den verschiedenen Theilen des Kornes.
Die Reservestoffe, Cellulose, Stärkemehl, Eiweißkörper, Fette
sowie die Zuckerarten werden durch Hydratisierung zum Theile
umgewandelt.

Diese Umwandlungen sind die Folge einer Abscheidung activer Substanzen, welche auf das Eiweiß einwirken und dasselbe in assimilierbare Stoffe umbilden; diese letzteren werden von den Keimen im Laufe ihrer Entwickelung zum Theil aufgenommen.

Nach 24- oder 48stündiger Keimungsdauer erscheinen außen an den Körnern Wurzelkeime, welche nunmehr ziemlich rasch wachsen. Die Entwickelung des Blattkeimes ist eine bedeutend langsamere.

Nach 8—10tägiger Keimungsdauer hat die Länge des Blattkeimes etwa $^1/_2$ oder $^3/_4$ Kornlänge erreicht. In diesem Entwickelungsstadium betrachtet man im allgemeinen die Keimung als beendigt.

Die Entwickelung des Keimes geht großentheils auf Kosten des Stärkemehls vor sich. Unter normalen Verhältnissen beträgt der Verlust an Stärkesubstanz 8—10% des in den Körnern enthaltenen Stärkewertes; allein diese Zahl wird noch bedeutend überschritten, wenn sich der Keimprocess bei Temperaturen über 20° abspielt.

Während der Keimung secerniert das Korn außer Amylase noch andere active Substanzen, darunter die Peptase, welche die Eiweißkörper in Amide umwandelt, und die Cytase, welche auf gewisse Cellulosearten einwirkt.

Die Rolle der Cytase ist für die Mälzerei außerordentlich wichtig.

Es findet sich das Stärkemehl in den Cerealien in Form von Körnern vor, welche in Zellen eingeschlossen sind; eine widerstandsfähige Membran bildet die letzteren. Diese Membranen schützen das Stärkemehl gegen die Einwirkung der Amylase und die Stärke würde nur wenig angegriffen, würden nicht durch die Cytase die Hüllen der Stärkekörner zerstört.

Das Stärkemehl wird während des Keimungsprocesses in zwei aufeinander folgenden Phasen angegriffen. In der ersten Phase wird die Cellulosehülle der stärkeführenden Zellen durch die Cytase verflüssigt und jetzt erst beginnt die Einwirkung der Amylase auf das Stärkemehl.

Der Einwirkung der Cytase muss man die Verschiedenheit zuschreiben, welche man zwischen dem Stärkemehl roher Körner und der Malzstärke constatiert.

Infolge der Zerstörung der Zellmembranen verflüssigt sich das Malzstärkemehl bei weit niederer Temperatur, als das Stärkemehl der ungemälzten Körner.

Führt man den Keimprocess bei einer Temperatur von 15—17°, so beginnt die Secretion von Amylase nach 35—40 Stunden und die diastatische Kraft nimmt nun während acht bis zehn Tage allmählich zu.

In der Praxis der Mälzerei unterwirft man die Cerealien einer Reihe von Operationen.

Die erste Arbeit besteht im Trocknen und Reinigen der Cerealien. Es schließt sich der Quellprocess und an diesen die Keimung an.

In Brennereien wie bei der Maltosefabrication arbeitet man mit Grünmalz; für Brauereizwecke dient dagegen das Darrmalz.

Ohne in die Einzelheiten dieser verschiedenen Manipulationen einzugehen, werden wir uns nur bei den hauptsächlichsten Punkten etwas aufhalten.

Zum Trieuren der Körnerfrüchte dienen specielle Apparate, welche die Fremdkörper sowohl, als auch die gebrochenen Körner auslesen. Außerdem werden die Körner nach ihrer Größe geschieden.

Die zur Malzbereitung bestimmten Cerealien dürfen nicht zu frisch sein, direct nach der Ernte verfügen die Cerealien über eine nur schwach ausgebildete Keimfähigkeit. Erst einige Zeit später werden sie für die Malzbereitung geeignet.

Ein Mischen von Getreide verschiedener Ernte und verschiedenen Gewichtes ist unstatthaft. Will man ein gutes Gewächs erzielen, so müssen die Cerealien möglichst gleich schwer sein.

Mittelst Trieurens sortiert man die Körner nach ihrer Größe, Körner verschiedener Größe darf man nicht zusammen auf Malz verarbeiten, da dieselben ungleich quellreif würden.

Auch Cerealien von verschiedenem Gewicht darf man nicht zusammen verarbeiten. Das schwere Getreide wird mit Vortheil in der Brauerei verarbeitet, während sich die Verwendung leichterer Gerste, welche weniger Stärkemehl enthält und eine höhere Diastaseausbeute liefert, besonders für Brennereizwecke empfiehlt.

Die gut trieurte Gerste lässt man quellen; hiezu bedient man sich im allgemeinen besonderer Bottiche, welche einen leichten Wasserwechsel ermöglichen. Zweck des Quellens ist es, die zu einem guten Keimungsverlauf nöthige Wassermenge von den Körnern aufnehmen zu lassen. In Berührung mit Wasser schwellen die Körner auf, absorbieren eine gewisse Menge Sauerstoff und unterliegen verschiedenen Umwandlungen.

Ein Theil der löslichen Stoffe, vor allem Salze und Kohlehydrate, ausgenommen Stärkemehl, geht hiebei zu Verlust. Der Entgang an Extractivstoffen beläuft sich auf $0 \cdot 8 - 1\%$.

Der Entgang von Zucker durch den Quellprocess ist für die Diastaseabscheidung während der Keimung sehr günstig.

In gewöhnlichem Wasser finden die Körner nicht Sauerstoff genug vor, um eine regelmäßige Keimung zu bethätigen; man lässt daher rationellerweise während des Quellens einen Luftstrom durch das Weichgut hindurch gehen. Das Quellungswasser bedarf oftmaliger Erneuerung, damit die gelösten Substanzen nicht in Gährung übergehen.

Im allgemeinen wäscht man die Cerealien vor dem Quellprocess, um sie von den an der Oberfläche haftenden Keimen und Fermenten zu befreien.

Man lässt die Körner drei bis fünf Tage im Wasser, wobei man für eine Erneuerung des letzteren alle 12—24 Stunden Sorge trägt. Die Quelldauer hängt von einer Reihe von Factoren ab, z. B. von der Temperatur und der Beschaffenheit des Wassers, besonders aber von der Qualität der Cerealien selbst. Eine dickschalige Gerste nimmt langsammer Wasser auf als eine dünnschalige.

Der Quellprocess darf als beendet gelten, wenn die Cerealien ungefähr 50% Wasser aufgenommen haben. Dehnt man die Quellung länger aus, so wäre eine noch reichere Wasseraufnahme die Folge hievon; allein der Keimprocess würde in diesem Falle nicht so regelmäßig sich abspielen, und man müsste Schimmelbildung im Malz befürchten. Es ist sehr schwierig, den Quellprocess gerade in dem Augenblick zu unterbrechen, in welchem die Cerealien das nothwendige Wasserquantum aufgenommen haben. In der Verschiedenheit der zu verarbeitenden Cerealien ist diese Schwierigkeit begründet. Man thut daher gut daran, die Quellung zu beendigen, ehe

alle Körner vollkommen quellreif sind. Besonders bei der
Verarbeitung von Roggen bringt eine lange Quellzeit Gefahr
mit sich. Infolge einer zu langen Quelldauer werden die Körner
schmierig, nehmen ein schleimiges Aussehen an und liefern
schließlich ein Malz von zweifelhafter Qualität.

Nach vollendeter Quellung bringt man die Cerealien auf
die Tenne, wo man sie in Haufen von 30—80 cm Höhe zusammensetzt, je nach der Beschaffenheit der Tenne und der Art
und Weise der Luftzuführung. Die Tennen müssen folgenden
zwei Ansprüchen genügen: sie müssen einmal leicht ventilierbar
sein und sodann eine möglichst constante Temperatur zeigen.

Die in Haufen gelegten Cerealien erwärmen sich ziemlich
rasch. Durch die Verbrennung von Stärkemehl und Fett
entwickelt sich eine Wärmemenge, welche zu einer Temperatursteigerung im Haufen bis auf 100^0 hinreicht. Es ist daher
nothwendig, einer Erhöhung der Temperatur entgegen zu arbeiten. Dies erzielt man entweder durch ein Umschaufeln der
Cerealien oder durch eine allmähliche niedrigere Führung der
Beete in dem Maße, als die Verbrennung der Stärke zunimmt.
Bei dem sogenannten pneumatischen System werden die Malz-
haufen durch einen Strom feuchter Luft abgekühlt.

Der Keimprocess dauert acht bis zehn Tage. Man trachtet
darnach, stets eine möglichst niedrige Temperatur einzuhalten.
Für gewöhnlich beginnt die Keimung bei $10—11^0$ und man
geht bis auf $17—18^0$ hinauf vermeidet es aber, diese Grenze
nach oben zu überschreiten.

Führt man das Malz auf einer Tenne mit cementierter
Sohle, so macht man anfangs die Haufen 40—50 cm hoch
und geht damit allmählich zurück. Nach Verlauf von vier
Tagen haben die Haufen nur noch eine Höhe von 10—12 cm.
Beim pneumatischen System bleibt die Höhe der Haufen
unverändert, allein die Körner werden häufig umgewendet,
um ein Verfilzen der Wurzelkeime zu verhüten.

Während des Keimungsprocesses nimmt der Feuchtigkeitsgehalt der Haufen stetig ab und gegen Ende des Keimprocesses
sind 50—60 % des bei der Quellung aufgenommenen Wasser-
gehaltes verschwunden. Häufig war die Wasseraufnahme im
Quellbottich zur Durchführung eines Keimungsprocesses nicht
ausreichend. In einem solchen Falle werden die Haufen vom

dritten oder vierten Tag an gespritzt. Das Besprengen muss nach einem System vorgenommen werden und in kleinen Mengen mit häufiger Wiederholung vor sich gehen.

Man unterbricht den Keimprocess für gewöhnlich, wenn der Blattkeim $1/_2$ oder $2/_3$ Kornlänge erreicht hat. Man nimmt im allgemeinen an, dass in diesem Augenblick das Malz sein Maximum an activen Substanzen erreicht habe.

Dem ist indessen in der That nicht so. Versuche in dieser Richtung haben mir gezeigt, dass die Länge des Blattkeimes keine zuverlässige Anzeige dafür abgibt, dass das Malz sein Maximum an Diastase enthalte; lediglich die Analyse vermag den Augenblick anzuzeigen, wo man den Keimprocess zu unterbrechen hat.

In folgender Tabelle ist der Verlauf des Keimprocesses wiedergegeben: vier verschiedene Malze wurden bei 12—17° unter denselben Verhältnissen gemälzt:

Malz	A	B	C	D
	Diastatische Kraft			
Bei Beginn	41	60	52	35
1. Tag	50	70	70	40
2. „	60	95	80	57
3. „	60	95	81	62
4. „	70	97	85	80
5. „	81	95	87	85
6. „	85	98	88	97
7. „	95	100	86	100
8. „	100	100	89	94
10. „	95	100	85	80

Dieser Versuch wie eine große Anzahl von Beobachtungen in der Praxis der Brennerei haben mich zu folgendem Schluss gebracht: Sobald der Blattkeim des Malzes doppelte Kornlänge erreicht hat, ist das Maximum an diastatischer Kraft erzielt; hin und wieder war in diesem Augenblick das Maximum sogar noch nicht erreicht.

Die Diastasemenge des Malzes nimmt während der Malz-
bereitung stetig zu, allein nicht selten findet sich in dem
Malz das Maximum von Diastase schon aufgehäuft, ehe der
Blattkeim die oben angegebene Länge erreicht hat. Die im
Malz entwickelte Diastasemenge bleibt häufig eine gewisse Zeit
lang auf demselben Punkt stehen.

In anderen Fällen hingegen beobachtet man eine sehr rasche
Abnahme der Diastasenmenge. Dieses Zurükgehen kann man
übrigens in der oben angegebenen Tabelle ebenfalls beobachten.
Ich habe der Ursache dieser Abnahme nachgeforscht und festgestellt, dass sie mit der kräftigen Lüftung zusammenhängt,
welche in dem Augenblick eintritt, wo der Keimprocess weit
vorgeschritten ist. Gerade in den pneumatischen Mälzereien
beobachtet man diese Abnahme der Diastase am häufigsten,
während bei der gewöhnlichen Tennenmälzerei eine Veränderung der Diastase weit seltener eintritt. Möglich, dass
außer dem Luftsauerstoff auch noch andere Factoren bei diesem
Rückgang der diastatischen Kraft des Malzes im Spiele sind.

Will man ein sehr wirksames Malz erzielen, so muss
man dasselbe nothwendigerweise vom achten oder neunten
Tage an untersuchen und dessen Aenderung in der diastatischen Kraft täglich zweimal verfolgen. Hiedurch allein kann man
sich vor Verlusten an Diastase durch deren Rückgang schützen.

In der Brauerei kann man Grünmalz nicht anwenden.
Um dasselbe doch zur Bierbereitung verwenden zu können,
muss es einen Darrprocess durchmachen, wobei unter dem Einflusse hoher Temperaturen gewisse im Malze enthaltene Stoffe Umwandlungen erfahren, welche dem Malze den charakteristischen
Geruch und eine mehr oder weniger dunkle Färbung geben.

Der Darrprocess vollzieht sich mit Hilfe heißer Luft,
und je nach dem Malztypus, welchen man herstellen will,
geht der Trockenprocess bei mehr oder weniger hohen Temperaturen vor sich.

Grundprincip für den Darrprocess ist, die Temperatur
allmählich und nicht stoßweise ansteigen zu lassen, besonders
bei Beginn des Trockenprocesses.

Solange das Malzkorn nach 10—12% Wasser enthält,
ist ein Überschreiten der Temperatur von 50^0 mit der größten
Gefahr verbunden.

In der That leidet auch die Diastase unter der Einwirkung der Wärme, und diese Schädigung macht sich umso mehr geltend, je mehr Wasser das Korn noch enthält.

Die unterhalb einer Temperatur von 50° von Wasser befreiten Körner vermögen späterhin eine Temperatur von 100° auszuhalten, ohne eine vollständige Zerstörung der Diastase zu erfahren.

Die höchste Darrtemperatur ist für Malz von Münchener Typus 103—104°, für Pilsener Malz nur 62—63°.

Beim Darrprocess geht stets, auch bei Beobachtung aller nur möglichen Vorsicht, ein Theil der Diastase zu Verluste. Trocknet man das Malz erst ab bei einer höchsten Temperatur von 50° und vermeidet man anfangs ein Höhersteigen der Temperatur, so werden nach unseren Beobachtungen doch ungefähr 20% der activen Stoffe während der Trocknung zerstört. Wie man sieht, ist der Verlust noch ein beträchtlicher.

Überhaupt besteht zwischen Brennerei- und Brauereimalz ein großer Unterschied.

Wie oben schon angeführt, wählt man zur Verwendung in der Brauerei besonders die schweren und stärkereichen Körner aus, wogegen man für die Zwecke der Brennerei den leichten, mehr Diastase liefernden Körnern den Vorzug gibt.

Der Keimprocess des Brauereimalzes erfährt eine Unterbrechung, sowie der Blattkeim halbe oder drei Viertel Kornlänge erreicht hat; bei Brennereimalz hingegen soll der Blattkeim so lang wie möglich auswachsen. Das Brauereimalz kann bis zum letzten Augenblick durchlüftet werden, wogegen beim Brennereimalz die Lüftung an den zwei oder drei letzten Tagen unterbleiben muss.

Endlich besteht im Darren des Malzes ein wesentlicher Unterschied, je nachdem es für die Brennerei oder für die Brauerei bestimmt ist. Brennereimalz muss bei einer möglichst niedrigen Temperatur abgedarrt werden, Malz für Brauerei bei einer ziemlich hohen.

LITERATUR.

MORITZ und MORRIS. — Handb. d. Brauereiwissenschaft.

PRIOR. — Chemie und Physiologie des Malzes und des Bieres.

ZWÖLFTES CAPITEL.

DIE ROLLE DER AMYLASE IN DER BRAUEREI.

Die Brauereiindustrie hat sich an der Hand empirischer Methoden herangebildet; erst seit etwa 30 Jahren hat die Bierbereitung die Aufmerksamkeit der Gelehrten auf sich gezogen.

Arbeiten von PASTEUR, DUBRUNFAUT und HANSEN lieferten wertvolle Beiträge auf diesem Gebiete und bilden heutzutage die wissenschaftlichen Grundlagen dieser Industrie. Die Studien dieser Gelehrten haben auch merkliche Verbesserungen in der Methode der Bierbereitung mit sich gebracht.

Immerhin muss man zugeben, dass heutzutage die empirischen Methoden noch nicht vollständig aus der Praxis der Brauereien verschwunden sind und dass die Wissenschaft noch nicht alle Erscheinungen erklären kann, welchen man bei der Bierbereitung begegnet. Um in dieser Fabrication etwas Gutes zu leisten, braucht man heutzutage immer noch mehr Praxis als Wissenschaft.

Die Brauerei verwendet als Rohmaterialien: Malz, Hopfen, Wasser und Hefe. Lediglich aus diesen Materialien stellt man eine fast endlose Reihe gegohrener Getränke her.

Die Verschiedenheiten zwischen den Bieren rühren in erster Linie von den Verschiedenheiten in der Qualität der Rohmaterialien her.

Das Brauereimalz ist keineswegs ein Stoff von constanter Zusammensetzung. Es ist verschieden je nach Ursprung und Qualität der Gerste, ebenso je nach der beim Mälzen angewandten Methode.

Dieselbe Bemerkung gilt für andere Materialien, welche bei der Bierbereitung in Frage kommen; in der That verhalten sich auch die verschiedenen Hefen in einer und derselben Zuckerlösung ganz verschieden und führen zu ganz verschiedenen Producten. Der verschiedene Charakter der Biere kann auch in der Beschaffenheit des Hopfens begründet sein.

Der Geschmack und das Aussehen einer gegohrenen Maische kann auch durch Wirkung von Fermenten und fremden Hefen eine Änderung erfahren.

Alle diese Ursachen haben einen unbestreitbaren Einfluss auf die Bierbereitung; indessen erklärt die Verschiedenheit der Rohmaterialien keineswegs alle Verschiedenheiten, welche man bei den gegohrenen Getränken wahrnimmt.

Der Charakter eines Bieres hängt in Wirklichkeit von sehr zahlreichen Factoren ab. Von der Arbeitsweise, davon, wie man den Mälzereiprocess und den Darrprocess führt, von dem Maisch- und Verzuckerungsprocess, wie endlich von der Gährung.

Man sieht hieraus, dass die Bierbereitung höchst compliciert ist.

Um den Mechanismus der Bierbereitung vollständig zu verstehen, braucht man solide wissenschaftliche Kenntnisse und trotzdem begegnet man noch häufig Problemen, welche die Wissenschaft noch nicht zu lösen vermochte. Glücklicherweise vermag sich der Brauer durch seine Beobachtungsgabe sowie die erworbene Routine zu helfen.

Das Malz ist im allgemeinen außerordentlich reich an activ wirksamen Stoffen, und die Amylase, welche es enthält, vermag das 10—20fache des in dem Malz enthaltenen Stärkemehls vollständig zu verzuckern.

Die Verflüssigung und die Verzuckerung gehen bei Gegenwart eines großen Überschusses von Diastase ohne Schwierigkeit vor sich. Handelte es sich also nur um eine vollständige Verzuckerung, so wäre die Aufgabe eine sehr leichte. In Wirklichkeit aber trachtet der Brauer nicht nach einer vollständigen Umwandlung des Stärkemehls in Zucker. Häufig genug vermeidet er eine vollständige Zuckerbildung. Es ist ihm in der That hauptsächlich darum zu thun, vor allem das Stärkemehl zu spalten und gewisse Dextrine zu erzielen, welche der Einwirkung der Hefen Widerstand leisten. Oft auch trachtet er nach der Bildung schwer vergährbarer Zuckerarten, welche während der Hauptgährung unangegriffen bleiben müssen und erst während der Nachgährung in Frage kommen.

Die Art und Weise des Stärkeabbaues hat einen wesentlichen Einfluss auf den Charakter des Bieres, und je nach dem Typus eines Bieres, welchen der Brauer herzustellen beabsichtigt, muss er mehr oder weniger Dextrine und leicht vergährbare Zuckerarten zur Bildung gelangen lassen.

Unter diesen Verhältnissen ist die Gegenwart eines Überschusses von Diastase eher schädlich als von Nutzen. Aus diesem Grunde haben die Brauer, schon ehe sie die wissenschaftliche Begründung kannten, von jeher nach einer Arbeitsweise getrachtet, welche der Zuckerbildung und der Wirkung der überschüssigen activen Substanzen hinderlich war. So begünstigt man durch den Darrprocess die Bildung von Dextrinen und durch eine Zuckerbildung bei hoher Temperatur macht man den Überschuss von activen Substanzen unwirksam.

Der Einfluss der Verzuckerungstemperatur auf die Mengenverhältnisse von Maltose und Dextrin ist nach Untersuchungen von PFITT in folgender Tabelle niedergelegt; dieselbe gibt die Mengen gebildeter Maltose und Dextrine bei verschiedener Temperatur an, sowie das Verhältnis zwischen diesen beiden.

Ver- zuckerungs- temperatur	Maltose	Dextrine	Verhältnis
60—61°	72	30	1 : 0˙4
65—66°	71˙4	31˙8	1 : 0˙44
68—69°	44˙8	57	1 : 1˙27
72—73°	24˙7	76˙3	1 : 3

Wir haben oben schon erwähnt, dass die Art der Zuckerbildung und des Darrprocesses nicht allein auf die Quantität und die Art der Dextrine von Einfluss sind, sondern auch auf die Natur des Zuckers.

Unterwirft man das Stärkemehl einer Verzuckerung unter gewissen Bedingungen, so erzielt man Verbindungen von Maltose und Dextrinen, welche sich anders verhalten als Maltose und Dextrine allein, ferner wenn man eine Bierwürze der Wirkung von Hefe überlässt, so beobachtet man, dass mit beendigter Vergährung die Flüssigkeit noch eine gewisse Menge von Maltose enthält. Wenn dieser Rest von Zucker unvergohren bleibt, so ist daran keineswegs eine Erschöpfung der Hefe schuld, wie man im ersten Augenblick wohl glauben möchte. Durch Zusatz von reiner Maltose zu dieser Würze vermag man nämlich aufs neue eine Gährung zu erregen, welche den zugesetzten Zucker verschwinden lässt, indessen der in der Würze verbliebene Zucker während des neuen Gährungsvorganges von der Hefe kaum angegriffen wird.

Um diese Thatsache zu erklären, nimmt man an, dass die Maltose mit den Dextrinen verschiedene Verbindungen eingehen kann, Verbindungen, welche man Maltodextrine nennt. In reinem Zustand wurden diese Körper noch nicht dargestellt und auch ihre chemische Individualität ist noch keineswegs klargelegt.

Immerhin unterliegt es keinem Zweifel, dass ein wesentlicher Unterschied in der Vergährbarkeit der verschiedenen Zuckerarten existiert, welche man bei der Verzuckerung des Stärkemehls durch Malz unter verschiedenen Bedingungen erhält.

Diese Verschiedenheit kann man entweder dem Vorkommen verschiedener Maltosen mit verschiedener geometrischer Structur zuschreiben oder der Bildung von mehr oder weniger beständigen Verbindungen von Maltose und Dextrinen.

Die Forscher, welche sich ganz speciell mit dem Abbau des Stärkemehls durch Malz befasst haben, nehmen allgemein die Existenz verschiedener Typen von Maltodextrinen an, welche sich durch die verschiedene Menge von Maltose und Dextrinen, die sie enthalten, charakterisieren sollen.

Die Maltodextrine, welche eine große Menge Maltose enthalten, nennt man Maltodextrine von niedrigem Typus im Gegensatz zu denjenigen Maltodextrinen, welche viel Dextrin und wenig Maltose enthalten und dem hohen Typus angehören.

Das in den Maltodextrinen enthaltene Dextrin wird von der Diastase bei Temperaturen über 55^0 umgewandelt, während über 63^0 die Maltodextrine unangegriffen bleiben. Die Bierhefe spaltet diese Verbindungen in gährungsfähige Körper und in Dextrine. Diese Spaltung geht stets mit einer größeren oder geringeren Langsamkeit vonstatten, je nachdem die Hefe auf einen niedrigen oder hohen Typus von Maltodextrinen einwirkt.

Die Bildung von Verbindungen zwischen Maltose und Dextrinen hängt von der Verzuckerungstemperatur ab. Bei der Einwirkung von Diastase unter 50⁰ bildet sich Maltose und freies Dextrin ohne Maltodextrine. Lässt man die Diastase zwischen 55⁰ und 62⁰ wirken, so nimmt man bereits das Auftreten von mit Dextrinen combinierter Maltose wahr, und übersteigt man die vorgenannte Temperatur, so nimmt die Bildung von Maltodextrinen beträchtlich zu. Die Zusammensetzung der Maische kann, was ihren Gehalt an Maltodextrinen anbelangt, also durch die Auswahl der Verzuckerungstemperatur reguliert werden.

Nach Untersuchungen von PETIT erhält man mit einem und demselben Malze durch Verzuckerung bei 60⁰, 65⁰ und 69⁰ folgende Menge von Maltodextrinen:

Temperatur 60⁰   65⁰   69⁰
Maltodextrine . . . . .   2·4   6·6   16·2%

Die Temperatur ist wohl auf die Bildung der Maltodextrine von Einfluss, jedoch sehr wenig auf die Art der Maltodextrine.

So bringen die Temperaturen zwischen 60⁰—65⁰ alle denselben Typus hervor und erst bei einer Temperatur von 69⁰ erreicht man eine wesentliche Erhöhung des Gehaltes an Dextrinen bei der Bildung der Maltodextrine.

Die Darrtemperatur hat ebenfalls offenbar einen Einfluss auf den Verlauf der Stärkehydratisierung.

BROWN und MORRIS analysierten Maischen, welche mit vier bei wachsender Temperatur gedarrten Malzen hergestellt waren; sie fanden hiebei folgende Zahlenwerte:

	Versuch			
	1	2	3	4
Diastatische Kraft . .	47	45	34	17
Maltodextrin in %₀ . .	4·25	7·9	14·9	22·4
Typus der erhaltenen Maltodextrine . . .	1 : 0·5	1 : 1·5	1 : 2	1 : 2

Wie man sieht, wirkt die Darrtemperatur sowohl auf die Quantität als auf die Beschaffenheit der Maltodextrine ein. Dasjenige Malz, welches am wenigsten Diastase enthält, ergab zu gleicher Zeit das Maximum an combinierter Maltose und den höchsten Typus von Maltodextrin.

Die Qualität und Eigenschaften des Bieres werden in hohem Maße beeinflusst von der Quantität und dem Typus der Maltodextrine, welche während der Fabrication zur Bildung gelangen. Diese Stoffe sind von Einfluss auf den Vergährungsgrad, auf den Geschmack, sowie auf die Haltbarkeit des Bieres.

Es ist hier nicht der Ort zu einer Beschreibung der verschiedenen Braumethoden, und wir müssen den Leser auf Specialwerke hierüber verweisen.

Indessen sei bemerkt, dass durch die Modification in der Stärkehydratisierung die Biere von verschiedenen Typen erzielt werden. Die Art und Weise der Brauführung hat einen hervorragenden Einfluss auf die Zusammensetzung der Würze, welche ihrerseits für Qualität und Typus des Bieres maßgebend ist.

Schon ehe er theoretische Kenntnis von der Spaltungsweise des Stärkemehles besaß, erkannte der Bierbrauer bereits die Bedingungen, unter welchen eine Würze der jeweils gewünschten Eigenschaften herzustellen war. Will der Bierbrauer Biere mit starker Vergährung und hohem Alkoholgehalt erzeugen, so muss er bei der Brauweise die Bildung großer Mengen von Maltodextrinen zu vermeiden wissen. Handelt es sich dagegen um Bier von niedrigem Vergährungsgrade, welches dagegen eine lange Nachgährung hat, so trachtet er, eine große Menge combinierter Maltose und Maltodextrine von sehr hohem Typus zu erzielen.

Bei den Bieren mit starker Vergährung hängt Art und Weise der Verzuckerung ebenfalls von dem specifischen Gewicht der Würze ab. Diejenigen Würzen, welche leichte Biere geben sollen, werden im allgemeinen recht vollständig verzuckert, während man für starke Biere ganz im Gegensatz einen möglichst hohen Dextringehalt zu Wege zu bringen sucht.

Durch einen Darrprocess bei einer geeigneten Temperatur und die Dauer der Zuckerbildung erzielt man Würzen der verschiedensten Zusammensetzung, alles unter Anwendung derselben Rohmaterialien.

LITERATUR.

KARL LINTNER. — Lehrbuch der Bierbrauerei. Verlag von FRIEDRICH
    VIEWEG und Sohn, Braunschweig.

P. PETIT. — La bière et l'industrie de la brasserie. Paris, 1896.

WILHELM WINDISCH. — Das chemische Laboratorium des Brauers.
    PAUL PAREY, Berlin.

PAUL LINDNER. — Mikroskopische Betriebscontrole in den Gährungs-
    gewerben. PAUL PAREY, Berlin.

DREIZEHNTES CAPITEL.

DIE FABRICATION DER MALTOSE.

Durch die Einwirkung von Malz auf Stärkemehl kann man je nach der Einwirkungsdauer und der hiebei beobachteten Temperatur eine Reihe von Producten erzielen, welche sich unter einander durch den Grad der Hydratisierung unterscheiden.

Verzuckert man einen Stärkekleister, der 5—7% Stärkemehl enthält, durch einen Malzauszug bei 40—50⁰, so erreicht man nach 12—15stündiger Dauer eine beinahe vollkommene Umwandlung des Stärkemehls in Maltose.

Die zuckerhaltige Flüssigkeit, eingedampft bis auf 40—42⁰ Baumé, stellt eine weiße krystallinische Masse dar, welche auf 100 Theile Zucker höchstens 1—2 Theile Dextrin enthält.

Ein ganz anderes Product erzielt man durch eine Verzuckerung bei 60—62⁰. Beschränkt man die Verzuckerungsdauer auf 30 oder 60 Minuten und arbeitet man mit einem Überschuss von Diastase, so erzielt man einen stark verzuckerten Sirup, welcher auf 100 Theile Zucker 20—25 Theile Dextrin enthält.

Durch eine Verzuckerung bei 68⁰ gelangt man zu Producten, welche nur mehr 60% Maltose enthalten. Diese verschiedenen Producte haben industrielle Verwertung erfahren dank den Bemühungen von Dubrunfaut und Cusenier.

Diese Gelehrten haben nach gründlichem Studium der Zuckerbildung mittels Malz ein industrielles Verfahren geschaffen, welchem eine große Zukunft bestimmt schien.

Indem er die Maltoseindustrie ins Leben rief, hoffte
DUBRUNFAUT den verschiedenen Producten der Zuckerbildung
vielfache Verwendung in den Industrien sichern zu können.
Die Maltose sollte seiner Meinung nach den Rohrzucker bei
der Wein- und Liqueurbereitung vortheilhaft ersetzen können.
Der Zuckersirup sollte sich in all den Industrien ein-
bürgern, welche Traubenzucker verwenden, z. B. in Zucker-
bäckereien und bei der Herstellung von Confitüren u. s. w.
Die Producte mit einem starken Gehalt an Dextrinen waren
ganz besonders zur Verwendung in den Brauereien ausersehen,
wo sie ein gut Theil des Malzes ersetzen sollten.

Die Vermuthungen DUBRUNFAUTS sind nicht ganz in Er-
füllung gegangen.

Es gab eine Zeit, wo die Maltoseindustrie einen großen
Aufschwung nahm. Man baute Fabriken in Frankreich, in
Belgien, Holland und England, und die Production an Maltose erreichte große Dimensionen. Allein in den letzten Jahren
hat diese Industrie infolge verschiedener Umstände einen bedeutenden Rückgang erfahren.

Indessen spricht der Fortschritt in der Maltosefabrication
keineswegs dafür, dass diese Industrie dazu bestimmt sei, vollkommen von der Bildfläche zu verschwinden.

Die Vorzüge, welche die Verzuckerung mit Malz vor
derjenigen durch Säuren voraus hat, sind meines Erachtens
über alle Frage erhaben, und für mich ist es ausgemacht, dass
die Maltoseindustrie eines Tages diejenige des Traubenzuckers
schlagen wird.

Da die Fabrication der Maltose nur wenig bekannt ist,
mögen hier einige Mittheilungen über die Technik derselben
Platz finden.

Als Rohmaterialien verwendet man solche mit höherem
Stärkegehalt, Kartoffeln, Reis oder Mais. Vom rechnerischen
Standpunkt aus bietet Mais als Rohmaterial den größten Vortheil. Leider bringt die Verarbeitung große Schwierigkeiten
mit sich infolge der nothwendigen Filtration und der Entfärbung des Sirups.

Um Producte von gutem Aussehen zu erzielen und auch
ökonomisch zu arbeiten, muss man ein ganz bestimmtes Verfahren einhalten.

Die Operationen, welche hiebei nach einander sich abspielen, sind folgende:

1. Das Mahlen.
2. Das Kochen.
3. Die Verzuckerung.
4. Filtration.
5. Klärung.
6. Zweite Filtration.
7. Verdampfung.
8. Zweite Klärung.
9. Verkochung bis auf 40° Baumé.

Der grob gemahlene Mais wird in horizontale, im Innern mit schaufelförmigem Rührwerk versehene Apparate gebracht. Jeder Dämpfer nimmt 750 *kg* Maismehl und die bestimmte Menge Wasser auf, so dass man nach erfolgtem Dämpfen 45 *hl* Flüssigkeit erhält. Man gibt sehr rasch Druck, wobei man das Rührwerk gehen lässt, und hält 40 Minuten bei 3 Atmosphären. Man erreicht diesen Druck innerhalb etwa 40 Minuten, der Dämpfprocess ist nach Verlauf von ungefähr 80 Minuten beendigt. Der gedämpfte Mais kommt in einen zweiten Horizontalapparat mit doppelter Wandung einer Bohm'schen Mühle und schaufelförmigem Rührwerk. Durch Zusatz einer geringen Menge Malz bei 70—75° verflüssigt man in 5—10 Minuten die Masse, alsdann wird mittelst der Doppelwandung gekühlt, bei 65° der Rest des Malzes zugesetzt und etwa 20 Minuten bei dieser Temperatur gehalten, hierauf auf 70° erwärmt und nun geht die Maische durch die Filterpresse. Zur Herstellung von Dextrinsirup lässt man die Verzuckerung eine Stunde bei 68° vor sich gehen.

Zur Herstellung des Zuckersirups braucht man bis zu 25°/$_0$ Grünmalz, während für Dextrinsirup das Malzquantum auf 15°/$_0$ reduciert wird.

Dem Vorgang der Filtration wird große Wichtigkeit beigemessen, und in der That hat diese Phase der Arbeit viel Einfluss auf die Qualität des Productes wie auf die Ausbeute.

Die Maische muss ungemein rasch durch die Filterpresse gehen und soll hernach vollkommen klar sein. Eine unvollkommene Filtration bringt eine Veränderung der Würze mit sich und spricht zu gleicher Zeit auch für eine schlechte Ex-

traction. Die leichte Trübung, welche man bei einer schlecht
filtrierten Maische wahrnimmt, verräth die Gegenwart einer
gewissen Menge Stärkemehl, welches bei der Concentrierung
der Flüssigkeit eine Störung herbeiführen kann.

Um eine gute Filtration zu erzielen, ist es Hauptsache,
ein Malz mit recht langem Blattkeim anzuwenden und die
verzuckerte Maische auf 70° aufzuwärmen.

In den Maltosefabriken wendet man im allgemeinen Filterpressen von 70 cm im Geviert an mit 12 mit Tuch bespannten
Rahmen. Eine Batterie von 7 Filtern liefert in 15 Minuten
45 hl dieser Flüssigkeit von $2^1/_2$—3° BAUMÉ.

Die filtrierten Flüssigkeiten gelangen in kupferne Reser-
voire, welche zwecks Einleitung von Dampf doppelwandig sind.
Man wärmt rasch auf 75° auf und lässt die Würze ungefähr
eine halbe Stunde bei dieser Temperatur zur Klärung stehen.

Es bildet sich ein reichlicher Niederschlag, welchen man
durch eine zweite Filtration trennt. Diese Filtration bietet
keinerlei Schwierigkeiten dar. Sie wird auf Filterpressen von
kleinen Dimensionen bewerkstelligt.

Die klare Flüssigkeit kommt zum Zwecke der Verdampfung in einen Apparat mit Triple-Effet, wo sie bis auf
22° BAUMÉ eingedickt wird.

Der Sirup wird alsdann einer Reinigung und einer Behandlung mit Thierkohle unterworfen; man bringt den Sirup
in besondere Bassins, wo man auf 25 hl desselben 10 kg
pulverisierte Thierkohle und 500 g Blutasche zusetzt.

Man kocht 10 Minuten lange auf, filtriert und concentriert
im Vacuum bis auf 40—42° BAUMÉ. Will man recht farb-
lose Producte erzielen, so gibt man den Sirup nach der
Reinigung in die Filter mit Knochenkohle zurück, wo er
5—8 Stunden verbleibt.

Die Ausbeuten, welche man gewöhnlich in den Fabriken
erreicht, betragen 92—94 kg Sirup von 40° auf 100 kg Mais;
um indessen diese Resultate zu erzielen, bedarf es einer regel-
mäßigen und sehr aufmerksamen Arbeit.

Um eine Vorstellung von der Bedeutung der Arbeitsweise zu geben, sei daran erinnert, dass in den ersten Jahren
der Maltosefabrication höchstens eine Ausbeute von 60—65 kg
Sirup aus 100 kg Mais erzielt wurde, und dass man erst

späterhin dank der allmählichen Vervollkommnung zu den erwähnten hohen Resultaten gelangte.

Ein richtig fabricierter Sirup hält sich im allgemeinen gut, er conserviert sich an freier Luft sicherer als in geschlossenen Behältern. In großen, der Luft ausgesetzten Reservoiren nimmt man niemals eine Veränderung wahr, während der in Fässer verpackte Sirup ab und zu in Gährung übergeht.

Die Analyse der industriellen Producte folgt im Nachstehenden.

Feste Maltose.

Wasser	$18{\cdot}9\%$
Maltose	$80{\cdot}6\%$
Dextrine	$0{\cdot}2\%$

Weißer Sirup (Stärke).

Trockensubstanz	$77{\cdot}1$
Maltose	$59{\cdot}2$
Dextrine	$17{\cdot}4$

Verzuckerter Mais.

Wasser	$20{\cdot}2$
Maltose	45
Dextrine	33
Stickstoffsubstanzen . . .	$2{\cdot}2$
Mineralsubstanzen	$0{\cdot}91$

Dextrinsirup.

Wasser	20
Maltose	$30{\cdot}2$
Dextrine	48
Stickstoffhaltige Substanzen	$2{\cdot}1$
Mineralsubstanzen	$0{\cdot}91$

Sirup von Reis.

Wasser	$18{\cdot}8$
Maltose	71
Dextrine	$2{\cdot}4$
Sonstige Bestandtheile . .	$8{\cdot}2$

Der Maltosesirup hat sehr große Vorzüge vor dem Traubenzucker schon sowohl hinsichtlich seiner Reinheit, als auch vom ökonomischen Standpunkt aus.

Die Maltose ist ein Stoff von hohem Nährwert. Im lebenden Organismus wandelt sich dieselbe weit rascher in assimilierbaren Zucker um als der Traubenzucker. Sie ist sehr leicht verdaulich, und da sie einen weniger süßen Geschmack hat, als der Rohrzucker, kann sie in weit größeren Mengen aufgenommen werden als dieser letztere.

Durch die Einwirkung von Säure auf Stärkemehl erzielt man den Traubenzucker des Handels neben Dextrinen und Fremdkörpern, welche sich unter dem Einfluss von Säuren bei hohen Temperaturen bilden. Diese Körper verleihen der Glukose einen unangenehmen Geschmack und besitzen vielfach giftige Eigenschaften.

Die Säuredextrine haben nur einen mittleren Nährwert. Der Pankreassaft wirkt sehr langsam auf diese Dextrine ein und seine Wirkung bleibt immer eine unvollkommene.

Wie aus Versuchen von Soxhlet und Stutzer hervorgeht, verhalten sich die diastatischen Dextrine ganz anders: sie werden viel leichter durch Diastasen umgewandelt. Die Verzuckerung mittels Malz bietet noch einen großen Vorzug dar, denjenigen nämlich, dass man die stärkehaltigen Materialien ohne vorgehende Herstellung der Stärke benützen kann.

Behandelt man den Mais mit Säure, so erfahren die stickstoffhaltigen Substanzen, wie die Fette, eine tiefgreifende Änderung. Die hiebei auftretenden Producte sind schwarz, haben einen unangenehmen Geschmack und eignen sich zur Bierbereitung recht wenig.

Will man reinere Producte erzielen, so muss man das Stärkemehl vorher darstellen, was große Verluste im Gefolge hat. Von 60 *kg* Stärkemehl, welche in 100 *kg* Mais enthalten sind, gewinnt man in der Praxis nur 50—52 *kg*. Man hat also einen Verlust von 8—10 *kg* Stärkemehl wie von anderen organischen Stoffen, welche die Zusammensetzung des Korns ausmachen, die aber bei der Maltosefabrication ausgenützt werden.

Die industrielle Herstellung von Maltose liefert auch einen Rückstand, welcher gesünder und von höherem Nährwert ist, als derjenige der Glukosefabrication. Es ist demnach vom hygienischen Standpunkt aus die Maltose dem Traubenzucker vorzuziehen.

Die Krisis, welche die Maltosefabrication gegenwärtig durchzumachen hat, wird keineswegs mit dem vollständigen Verschwinden dieser Industrie endigen. Die hiemit verknüpften Vortheile sind hiezu zu bedeutend, und die Bemühungen von DUBRUNFAUT und CUSENIER werden nicht vergebens sein.

Die Patente, welche dieser Industrie Schutz gewährten, sind heute verjährt, ein Umstand, der gewiss dazu beitragen wird, dieser Industrie zu einem neuen Aufschwung zu verhelfen.

VIERZEHNTES CAPITEL.

DIE BROTGÄHRUNG.

Theorie von Dumas über die Brotgährung. Cerealin von Mège-Mouriès.
Die Rolle der Bakterien bei der Brotgährung. Der Ursprung des Zuckers
im Mehle.

Die Arbeit beim Brotbacken spielt sich in drei aufeinanderfolgenden Phasen ab: Kneten, Gehen lassen und Backen.

Die erste dieser Operationen bezweckt, aus dem Mehle
einen elastischen und homogenen Teig herzustellen.

Zu diesem Ende verdünnt man etwas Sauerteig mit lauem
Wasser, fügt nach und nach etwas Mehl hinzu, mischt hierauf
tüchtig durch und knetet die Masse. Auf diese Weise bildet
sich ein Teig, in welchen man etwas Salzwasser gleichmäßig
eindringen lässt. Ist das Kneten zu Ende, so überlässt man
die Masse einige Zeit sich selbst.

Der in die Masse verarbeitete Sauerteig ruft hierauf eine
Gährung hervor, welche die Structur und die chemische Zusammensetzung des Teiges ändert.

Diese Gährung macht die zweite Phase der Arbeit aus,
welche man als das Gehenlassen bezeichnet. Der Teig geht
in dem Backtroge im allgemeinen 20—30 Minuten lang.

Man theilt ihn hierauf in Stücke von einer gewissen
Größe ab, welchen man die Form eines Brotes verleiht. Diese
Brote bestreut man mit Mehl und überlässt sie abermals einer
Ruhezeit von 30—40 Minuten; hierauf bäckt man in Öfen
bei einer Temperatur von 250—300°.

Der bei der Brotbereitung verwendete Sauerteig stammt von einer vorhergehenden Operation. Ist das Kneten beendet, so entnimmt der Bäcker einen kleinen Theil vom Teig und verwendet diesen als Sauerteig bei der folgenden Arbeit. Ein und dasselbe Ferment wird also auf diese Weise zu einer fast unbegrenzten Reihe von Operationen benützt.

Das hauptsächlichste Agens bei der Brotgährung ist ein Saccharomyces, doch ist dieser nicht allein wirksam; andere Pilze machen sich auch geltend, und endlich spielen sich auch hier diastatische Vorgänge ab.

Weizen, Roggen, sowie alle Cerealien enthalten bemerkenswerte Mengen von Amylase, sowie von Stoffen, welche der diastatischen Arbeit Vorschub leisten. Es wird allerdings durch den Mahlprocess ein großer Theil der Diastase in der Kleie ausgeschieden, indessen werden doch nicht alle activen Substanzen aus dem Mehle entfernt. Die nicht ausgeschiedenen Enzyme spielen nacheinander eine hervorragende Rolle in den verschiedenen Phasen der Brotbereitung.

Die Wirkung der in den Cerealien enthaltenen Diastase macht sich schon während des Mahlens geltend. Während der Brotgährung tritt diese Wirkung alsdann offen zutage und kann sogar auch noch während des Backens wahrgenommen werden.

Die Rolle, welche der Sauerteig spielt, sowie das Auftreten von physikalischen und chemischen Erscheinungen, welche man bei der Brotbereitung beobachtet, haben zu verschiedenen Theorien Veranlassung gegeben.

DUMAS betrachtet die Brotgährung als eine alkoholische Gährung. Er ist der Anschauung, dass sich sowohl das Stärkemehl wie der Kleber des Mehles infolge des Anrührens mit Wasser schon zum Theil in hydratisiertem Zustand befinden. Diese Hydratisierung sollte noch begünstigt werden durch den Knetprocess, wobei der Sauerteig gleichmäßig in der Masse vertheilt und diese mit Luft in Berührung gebracht wird, eine Bedingung, welche den Gährungsvorgang begünstigt.

Während des Knetens ist die in der Masse gebildete Kohlensäure in den Hohlräumen des Teiges eingeschlossen, in dessen Innern der Kleber die verschiedenen Elemente bindet. Beim Backen wird durch die plötzliche Temperaturerhöhung

das im Teig eingeschlossene Gas ausgedehnt, wodurch ein Auftreiben der Masse zu Wege kommt, ebenso wie ein engerer Zu-
sammenhang zwischen den hydratisierten Stoffen, Stärkemehl,
Kleber und Eiweiß.

Die während der Gährung gebildete Kohlensäure verbleibt
nach Dumas fast vollständig im Brote und nimmt beinahe die
Hälfte von dessen Volumen ein bei einer Temperatur von 100°.

Nach Dumas' Anschauung würde also die Hefe nur durch
die producierte Kohlensäure wirken, und der Gährungsvorgang
würde sich auf Kosten des im Mehle bereits vorhandenen
Zuckers abspielen.

Dumas' Theorie, welche die Brotgährung mit einer alkoholischen vergleicht, erfuhr verschiedene Einwürfe. Gewisse
Forscher machten geltend, dass bei der Brotgährung weder
eine Bildung von Alkohol noch eine Vermehrung von Hefezellen auftritt.

Nach Mège-Mouriès soll die Kleie eine active Substanz
enthalten, welche er Cerealin nennt und welcher die Eigenschaft zukommen soll, nacheinander das Stärkemehl in Dextrin,
Traubenzucker und Milchsäure umzuwandeln. Dieser Stoff
findet sich im Mehle nicht vor, aber nach Mège-Mouriès soll
der Kleber selbst das Stärkemehl verzuckern und zur Vergährung bringen können.

Das Vorhandensein von Alkohol in dem Teige nach dem
Gehen hat sich in der That lange Zeit der Analyse entzogen.
Außerdem kamen verschiedene Forscher zu dem Schluss, dass
die mit dem Sauerteig eingeführten Hefezellen sich während
des Gehens nicht vermehren.

Hierauf und auf die fast constante Anwesenheit von
Bakterien im Sauerteig gestützt, haben einige Bakteriologen
die Hypothese ausgesprochen, dass es die Fermente und nicht
die Hefezellen sind, welche die Gährung hervorrufen.

Im Jahre 1883 beschrieb Chicandard den Bacillus glutinis,
welchen er als Veranlasser der Brotgährung betrachtet.

Laurent hat in seinen späteren Arbeiten den Bacillus
panificans beschrieben.

Popoff isolierte aus Bäckerteig einen anaëroben Bacillus,
welcher in Gegenwart von Zucker Kohlensäuse und Milchsäure produciert.

Die bakteriologischen Untersuchungen von Sauerteig, welche PETERS und BOUTROUX anstellten, ergaben die beinahe stetige Anwesenheit von Fermenten im Sauerteig, welche Diastase absondern und auf Stärkemehl und die Eiweißkörper einwirken. Außerdem wurden Fermente derselben Art im Weizenmehl nachgewiesen.

Der Umstand kann also als erwiesen gelten, dass bei der Brotbereitung Fermente stets mit im Spiele sind.

Nach der Anschauung der Einen sind es ausschließlich die Fermente, welche die Gährung hervorrufen, nach anderer Ansicht wirken die Fermente in Gemeinschaft mit der Hefe: Vermittelst ihres Diastasegehaltes würden die Fermente der Hefe den Zucker liefern.

WOLFFIN ist die Herstellung eines normalen Brotes gelungen durch Ersatz des Sauerteiges durch eine Cultur von Bacillus levans. Ähnliche Versuche und mit demselben Erfolg nahm POPOFF vor.

BOUTROUX nahm diesen Versuch wieder auf und untersuchte mit viel Sorgfalt den Sauerteig der Bäcker; er kam hiebei zu nachstehenden Folgerungen:

1. Die alkoholische Hefe findet sich im Sauerteig des Brotes stets vor.

2. Diese Hefe pflanzt sich von Teig zu Teig so fort, dass man durch Aussäen von unwägbaren Spuren von Hefe in den ersten Teig nach Verlauf einiger Operationen dieselbe Hefemenge an allen Stellen des zuletzt hergestellten Teiges wiederfindet.

3. Der andere Organismus, welchen man in dem Teige findet und welchem man etwa die Fähigkeit zuschreiben könnte, den Teig gehen zu machen, verhält sich ganz anders. Cultiviert man ihn von Teig zu Teig, so hört sein Trieb schon nach der zweiten oder dritten Operation auf.

Das Vorkommen von Fermenten im Sauerteig, welche die Brotbereitung begünstigen, ist eine im allgemeinen seltene Erscheinung.

Aus den Untersuchungen von BOUTROUX geht hervor, dass die Gegenwart von Fermenten im allgemeinen eine ungünstige Rolle spielt: Sie greifen den Kleber an und hindern das Brot am Aufgehen. In der Praxis der Brotbereitung macht man den ungünstigen Einfluss dieser Bakterien unschädlich durch die Gegenwart von Hefe, welche in einem normal zusammengesetzten Teig einen ausgezeichneten Nährboden für ihre Entwickelung findet, die fremden Fermente schlägt und während der Brotgährung allein eine Rolle spielt.

Die Ansicht von DUMAS findet sich auch bestätigt durch die Versuche von MOUSETTE und AIMÉ GIRARD, welchen der Nachweis von Alkohol in den Producten der Brotgährung gelang.

MOUSETTE condensierte den Dampf der Bäckeröfen während des Backens und erhielt hiebei eine alkoholische Lösung von $1·6\%$.

Nach GIRARD bildet sich während der Gährung dasselbe Gewicht an Alkohol wie an Kohlensäure. Auf 1 kg Brot constatiert man ungefähr $1\frac{1}{2}$ g von jedem dieser beiden Stoffe.

Nach einigen Forschern soll der bei der Brotgährung aufgezehrte Zucker, welcher ungefähr 1% vom Gewichte des Mehles ausmacht, direct von den Körnern herrühren. Um diese Anschauung zu stützen, kann man die Gerste als Beispiel anführen, welche stets merkliche Mengen an gährungsfähigen Zuckerarten enthält. Allein der Zuckergehalt des Kornes ist in der That ein sehr schwankender, und man macht die Bemerkung, dass Cerealien, welche für die Brotgährung unzureichende Mengen gährungsfähiger Körper enthalten, trotzdem ebenso energisch gähren, wie die Cerealien mit reichem Zuckergehalt. Andererseits ist das Mehl, welchem gewisse, die Zusammensetzung der Körner ausmachenden Theile entzogen sind, hiedurch eben zuckerärmer geworden.

Nach AIMÉ GIRARD, BOUTROUX und MORRIS soll sich bei der Vegetation der Gramineen eine Anhäufung von Zucker im Halme abspielen. Dieser Zucker würde im Augenblick der Stärkebildung in den Embryo der Körner einwandern und hier in dem Maße in Stärkemehl umgewandelt werden, als das Korn reift.

Auf diese Weise würde man in dem reifen Korn nur Spuren von Zucker finden, und da man beim Mahlen den größten Theil des Keimlings entfernt, wäre das Mehl ohne Gehalt an natürlichem Zucker.

Angesichts dieser Thatsache kann man sich fragen, woher der zur Gährung dienende Zucker stammt. Nach POUHL sollte der gährungsfähige Zucker, welchen man im Mehle vorfindet, während des Malzprocesses der Körner entstehen, und zwar infolge einer diastatischen Einwirkung auf das Stärkemehl. Diese diastatische Einwirkung würde sich nur auf Körner mit einem gewissen Wassergehalt ausdehnen, während getrocknete Körner keinen Zucker liefern sollen.

Behandelt man Weizenmehl, welches 11—13% Wasser enthält, mit Alkohol, so kann man in der Flüssigkeit die Gegenwart reducierenden Zuckers nachweisen. Dasselbe Korn liefert aber, wenn man es zuvor trocknet und hierauf mit Alkohol behandelt, keinen Zucker mehr.

Es findet also in der That eine Umbildung von Stärkemehl in Zucker statt, und die Amylase wirkt offenbar schon im Augenblicke des Mahlens ein.

Man hat also Grund zur Annahme, dass die begonnene Hydratisierung während des Knetens und des Gehens anhält, obgleich der Zuckergehalt während dieser Phasen der Arbeit sich nicht merklich vermehrt.

Die Einwirkung der Diastase tritt während des Backens deutlicher zutage. Der in die Öfen geschobene Teig erhitzt sich ganz ungleich. An der Oberfläche steigert sich die Temperatur rasch und führt zur Bildung einer Kruste, welche die Verdampfung der Gase und des Wasserdampfes verhindert. Im Innern des Teiges steigt die Temperatur sehr langsam, ein Umstand, welcher sowohl die alkoholische Gährung als die diastatische Einwirkung begünstigt, da die Diastasen ihre Wirkung bis zu einer Temperatur von 80° behalten. Unter dem Einfluss des Wasserdampfes und der Wärme wandeln sich die Stärkekörner in Kleister und in Amylodextrin um. Die geringe Diastasemenge, welche sich in dem Mehle vorfindet, hat zur Hydratisierung des Kleisters ganz vorzügliche Bedingungen, eines Kleisters, welcher sich nur in ganz geringer Menge bilden kann, durch den Mangel an Wasser begrenzt.

Maltose und Dextrine bilden sich hauptsächlich während des Backens und geben einen charakteristischen Geschmack und Consistenz.

Mehl von hervorragender Qualität enthält im allgemeinen nur ganz geringe Diastasemengen, während diejenigen Mehle,

welche noch etwas Kleie enthalten, reicher sind an activen
Substanzen, welche in hohem Grade den Charakter des
Brotes beeinflussen; so rührt die weiche Krume des
Schwarzbrotes ausschließlich von der Diastase der Kleie her.

Zerreibt man Weißbrot in lauem Wasser, so erhält man
eine halbfeste Masse, und es lösen sich nur etwa 6% auf.
Behandelt man Schwarzbrot auf dieselbe Weise, so erhält das
Wasser ein milchiges Ansehen und $45—50\%$ der Trockensubstanz lösen sich darin auf. Dieser Unterschied in der
Löslichkeit rührt von der verschiedenen Wirkungsweise der
in beiden Brotsorten enthaltenen Diastasen her.

In der Kleie, im Keimling und infolgedessen auch im
Mehle sind noch andere Diastasen enthalten, welche bei der
Brotbereitung eine Rolle spielen.

Die Umwandlung, welche der Kleber während des Gehens
und des Backprocesses erfährt, scheint mir auch von der
diastatischen Einwirkung herzurühren; indessen ist diese Frage
noch eine ganz ungeklärte.

Die Einwirkung von Enzymen ist bei der Färbung des
Mehles weit ersichtlicher.

Außerdem findet man im Mehle noch oxydierende Enzyme, auf welche wir gelegentlich des Studiums der Oxydasen
zurückkommen werden.

LITERATUR.

DUMAS. — Traité de chimie appliquée aux arts. Paris, 1843.

BIRNBAUM. — Das Brotbacken.

LÉON BOUTROUX. — Le pain et la panification; chimie et technologie
de la boulangerie et de la meunerie.

AIMÉ GIRARD. — Sur la fermentation panaire. Comptes Rendus, t. CI.
p. 605.

BOUTROUX. — Contribution à l'étude de la fermentation panaire. Comptes
Rendus, 1883, p. 116.

MOUSSETTE. — Observations sur la fermentation panaire. Comptes Rendus,
1865, XCV.

LEHMAN. — Über die Sauerteiggährung etc. Centralblatt für Bakteriologie, 1894.

W. L. PETERS. — Die Organismen des Sauerteigs und ihre Bedeutung
für die Brotgährung. Botanische Zeitung, 1889.

FÜNFZEHNTES CAPITEL.

DIE ROLLE DER AMYLASE IN DER BRENNEREI.

Verarbeitung der Cerealien mit Säuren und mit Malz. — Einfluss des Dämpfens auf die Verzuckerung. — Wahl der Verzuckerungstemperaturen. — Hauptverzuckerung und Nachverzuckerung. — Arbeiten EFFRONTS über die Veränderung der Diastasen während der Zuckerbildung. — Infusionsverfahren. — Veränderung der Diastasen während der aufeinanderfolgenden Phasen der Arbeit. — Controle der Arbeit in der Brennerei.

Die stärkehaltigen Rohmaterialien unterliegen der Einwirkung der Hefe nicht direct. Um sie dem alkoholbildenden Ferment zugänglich zu machen, muss man sie zuvor einer Verzuckerung unterwerfen.

Hiezu wandte man in der Brennerei schon seit langer Zeit die Mineralsäuren an und erst in der letzten Zeit sind dieselben fast ganz aus der Praxis verschwunden und haben dem Malze Platz gemacht.

Die Anwendung von Säuren bei der Verzuckerung bringt in der That auch große Unzuträglichkeiten mit sich. Um eine vollkommene Zuckerbildung ohne beträchtliche Zerstörung des gebildeten Zuckers zu erzielen, darf man nur mit sehr verdünnten Maischen arbeiten, muss sie lange Zeit nahe bei 100^0 halten und beträchtliche Säuremengen anwenden, welche vor Zusatz der Hefe nothwendigerweise neutralisiert werden müssen.

Die Verzuckerung durch Säuren ist also keine ökonomische und dies umsoweniger, als sie niemals eine vollständige ist, und die höchsten Ausbeuten, welche man damit erzielen kann, betragen nie mehr als 50—53 *l* Alkohol von 100 *kg* angewandten Stärkemehls.

Das Säureverfahren hat auch noch einen anderen Nachtheil im Gefolge: Die erzielte Schlempe kann an Vieh nicht verfüttert werden. Dieser Nachtheil allein genügt zu einer Verurtheilung des Verfahrens vollständig.

Bei Verwendung von Malz kommen alle die Nachtheile des Säureverfahrens in Wegfall und die Zuckerbildung geht verhältnismäßig rasch vor sich.

Die hiebei anfallenden Treber sind von guter Beschaffenheit, und die Ausbeute an Alkohol übersteigt 65 *l* von 100 *kg* angewandten Stärkemehls.

Die Verzuckerung mittelst Malz hat indessen auch ihre Schattenseiten, denn es ist nicht immer leicht, ein den Bedürfnissen der Brennerei entsprechendes Malz herzustellen, und es ist häufig schwer, das Malz richtig zu verwenden.

Von allen Gewerben, welche die Diastase als verzuckerndes Agens anwenden, hat ohne Frage die Brennerei am meisten mit den Schwierigkeiten einer richtigen Amylaseanwendung zu kämpfen. In der That spielt die Amylase die vornehmste Rolle in der Brennerei.

Sie regelt den Gährungsverlauf, sie erstreckt ihren Einfluss auf alle Phasen der Arbeit. Will man also die Arbeit einer Brennerei richtig leiten, so gehört dazu eine genaue Kenntnis der Art und der Bedingungen der Diastasewirkung.

Aus diesem Grunde und von unserem speciellen Gesichtspunkte aus, von dem wir lediglich die Rolle der Diastase in der Brennerei betrachten, müssen wir alle die Vorgänge ins Auge fassen, welche sich in diesem Gewerbe nach einander abspielen.

Das Dämpfen. — Das aus den Zellen freigemachte Stärkemehl wird von der Amylase nur schwierig angegriffen; ist dasselbe aber von den Körnern, in denen es eingeschlossen ist, noch nicht losgelöst, so erfolgt seine Umwandlung durch die Diastase noch weit schwieriger. Die Intercellularsubstanzen und die Cellulosemembran der stärkeführenden Zellen verhindern die Berührung der activen Substanz mit den Stärkekörnchen.

Um eine ausgiebige Wirkung der Diastase auf die stärkehaltigen Materialien zu ermöglichen, muss man einen Dämpfprocess einleiten, welcher die Intercellularsubstanz löst und
die Stärkekörner in Freiheit setzt.

Arbeitet man mit feingemahlenen stärkehaltigen Materialien, so begünstigt die vereinte Einwirkung von Wärme
und Wasser ein Angreifen des Stärkemehls in hohem Grade:
Ein Kochen an freier Luft genügt, um einen durch Malz leicht
zu verzuckernden Kleister zu erzielen. Bei der Verarbeitung der
ganzen Körner ist ein Arbeiten unter Druck unentbehrlich.

In der Praxis geht das Dämpfen in geschlossenen Apparaten vor sich, wo die Cerealien ungefähr 2 Stunden lang
einem Druck von 3—4 Atmosphären ausgesetzt werden.

Die Steigerung der Temperatur wirkt auf die Lösung des
Stärkemehls sehr günstig ein, bietet aber von anderen Gesichtspunkten aus große Unzuträglichkeiten.

Der Hauptbestandtheil der Cerealien, die Stärke, hält
zwar diese hohen Temperaturen aus, ohne sich zu zersetzen;
dies trifft aber für die anderen Componenten der Cerealien,
z. B. für die Zuckerarten, nicht zu: Diese zersetzen sich bei
hoher Temperatur. Kocht man eine zuckerhaltige Maische
unter verschieden hohem Drucke, so sieht man die Zerstörung
des Zuckers proportional mit der Zunahme des Druckes
wachsen.

Eine 15% Maltose enthaltende Maische

verliert bei $\frac{1}{2}$ stündigem Erhitzen auf 2 Atmosphären 0·85 Zucker,

| ” | ” | ” | ” | ” | 3 | ” | 1·7 | ” |
| ” | ” | ” | ” | ” | 4 | ” | 3·4 | ” |

Die Cerealien und besonders die Kartoffeln enthalten nicht
unbedeutende Mengen gährungsfähigen Zuckers und die Zerstörung desselben muss natürlich zu einem fühlbaren Alkohol-
verluste führen.

Der Hochdruck wirkt auch auf verschiedene Stoffe, welche
die Zusammensetzung der Cerealien ausmachen, lösend ein.
Die Zunahme der Extractivstoffe in der Maische unter dem
Einflusse des Hochdruckes wird von verschiedenen Autoren
als ein Beweis der Wirkungskraft des Dämpfens hingestellt.
Von diesem Standpunkte aus räth man sogar zuweilen, einen

Druck von 3 Atmosphären während des Dämpfens zu übersteigen.

Ohne Frage vermehrt der Hochdruck das specifische Gewicht der Maischen und begünstigt das Wachsthum der Menge
reducierender Stoffe, aber diese Zunahme zieht eine Vermehrung
der Alkoholausbeute keineswegs nothwendigerweise nach sich.
Im Gegentheil: Zahlreiche Versuche hierüber haben ergeben,
dass eine stark gedämpfte Maische, obgleich sie sich mit Malz
gut verzuckert, eine geringere Alkoholausbeute gibt, als eine
bei geringerem Druck gedämpfte.

So haben drei nur bei verschiedenem Drucke hergestellte,
sonst aber ganz gleich behandelte Maischen folgende Resultate ergeben:

	Saccharometeranzeige nach BALLING	Alkohol	Diastatische Kraft
Druck von 2 Atmosphären :	17	10·5	40
„ „ 3 „ :	18·1	10·3	28
„ „ 4 „ :	18·6	9·8	13

Wie man sieht, besitzt die bei 4 Atmosphären gedämpfte
Maische eine Dichte von 18·6, die bei 2 Atmosphären hergestellte nur eine solche von 17. Gleichzeitig sieht man aber
auch, dass dem höchsten Zuckergehalt keineswegs der höchste
Alkoholertrag entspricht. In der That liefert die bei 2 Atmosphären bereitete Maische 10·5 Alkohol, wogegen die bei
4 Atmosphären hergestellte nur 9·8 lieferte. In der Rubrik
„Diastatische Kraft" finden wir für diese Anomalie einen
Aufschluss.

Die bei 2 Atmosphären gedämpfte und nachher unter
denselben Bedingungen verzuckerte Cerealienmaische zeigt eine
Fermentativkraft von 40. Die diastatische Kraft nimmt mit
dem Ansteigen des Druckes ab, und bei 4 Atmosphären vermag man nur noch ein Fermentativvermögen von 13 nachzuweisen.

Der Hochdruck lässt hier gewisse Stoffe sich bilden,
welche das Malz während der Verzuckerung schwächen. Ein
Dämpfen unter hohem Druck zieht also als unmittelbare Folge
eine unvollständige Vergährung nach sich.

Man kennt zwar die Natur der schädlichen Stoffe nicht
genau und man kann auch die Körper nicht nachweisen, aus

denen sie sich bilden. Nichtsdestoweniger hemmt die Bildung
dieser Stoffe die diastatische Wirkung und kann nicht bezweifelt werden. Man kann sich davon leicht überzeugen, zumal
wenn man mit einer bestimmten Menge Malz arbeitet.

Die rationellste Arbeitsweise besteht in der Herstellung
eines feinen Cerealienmehles, welches man mit Wasser während
$1\frac{1}{2}-2$ Stunden bei einem Drucke von höchstens $1\frac{1}{2}-2$ Atmosphären dämpft.

Die Maischen, welche man hiebei erzielt, schwächen das
Malz nicht. Diese Arbeitsweise bietet auch noch den weiteren
Vortheil, dass die hiebei anfallende Schlempe ein weit gesün-
deres Futter darstellt, als die bei Hochdruck erhaltene.

Der ungünstige Einfluss des Hochdruckes auf die Beschaffenheit der Schlempe lässt sich mit absoluter Beweiskraft
sehr schwer feststellen. Die chemische Analyse liefert uns
wohl Anhaltspunkte über den Gehalt der Treber an Stickstoff,
an Phosphaten und an organischer Substanz, gibt uns aber
über deren Nährwert keine Auskunft, und der Vergleichswert
der Schlempe kann nur durch Thierversuche festgelegt werden.

Versuche dieser Art sollten an einer landwirtschaftlichen
Versuchsstation, welche eine Brennerei zu ihrer Verfügung
hat, vorgenommen werden. Unseres Wissens wurden Versuche
in diesem Sinne noch nicht angestellt, jedenfalls sind uns
deren Ergebnisse nicht bekannt geworden. Dagegen gründet
sich unsere Überzeugung von dem mit der Dämpftemperatur
wechselnden Werte der Treber auf eine unsererseits gestellte Nachfrage.

Aus Mittheilungen verschiedener Brenner und Landwirte
folgt, dass das Vieh die bei geringerem Dampfdruck anfallende Schlempe lieber aufnimmt und auch in größeren Mengen,
als die bei hohem Drucke bereitete. Die im ersteren Falle
erzielte Schlempe hat auch die ungünstige Wirkung auf Qualität und Quantität der Milch nicht.

Der Einfluss des Hochdrucks auf den Nährwert der
Treber lässt sich besonders in Städten mit mehreren Brennereien beobachten. Der Landwirt, welcher die flüssige Schlempe
kauft, gibt nach längerem oder kürzerem Herumprobieren
schließlich einer der Brennereien den Vorzug und seine Wahl
fällt stäts zu Gunsten der mit niederem Drucke arbeitenden

Brennerei aus. Wahrscheinlich sind es dieselben Stoffe, welche beim Dämpfen unter hohem Drucke sowohl die Verzuckerung der Maische, als auch späterhin die Verdauung der Schlempe ungünstig beeinflussen.

Verzuckerung stärkehaltiger Rohmaterialien. — Durch die Wirkung des Hochdruckes werden diejenigen Stoffe, welche sich in den Cerealien zwischen den stärkehaltigen Zellen befinden, zum Theil gelöst und die Stärkekörner aus dem Gewebe freigemacht, in welchem sie eingelagert waren.

Die im Innern der Zellen zuerst vergrößerten Stärkekörner werden verflüssigt: die Zellen füllen sich mit flüssigem Stärkemehl. Um dieses Stärkemehl aus den Zellen austreten zu lassen, ist eine mechanische Einwirkung vonnöthen, welche die gegenüber der Einwirkung von Wärme sehr widerstandsfähige Cellulosemembran zerreißt. Dieses Zerreißen ist nöthig, weil sonst das in den Zellen eingeschlossene verflüssigte Stärkemehl keine vollständige Verzuckerung erfährt.

Zu diesem Ende wird die gedämpfte Masse in starke Bewegung versetzt, man bläst dieselbe aus dem Dämpfer unter starkem Druck aus und vervollständigt diese Wirkung durch eine Zerkleinerung, welche die Masse zertheilt und selbst die widerstandsfähigsten Zellen zum Zerspringen bringt. Die so bereitete Maische erfährt die geeignete Abkühlung und alsdann einen Malzzusatz, worauf man sie der Verzuckerung unterwirft.

Die Verzuckerungstemperatur wurde gleichzeitig von den Praktikern und von den Männern der Wissenschaft bestimmt. Indessen, trotz aller Anstrengungen auf diesem Gebiete, ist diese Frage noch keineswegs geklärt, es bestehen hierüber vielmehr noch die verschiedensten Anschauungen.

Um die Schwierigkeiten, welchen man bei der Auswahl der Verzuckerungstemperatur begegnet, richtig zu würdigen, muss man vor allem die mannigfachen und verschiedenen Resultate bedenken, welche man hiebei erzielen will, nämlich die Verflüssigung des Stärkemehls der rohen Körner und die rationelle Ausnützung der Malzstärke.

Außerdem darf man die Gegenwart von Keimen und Bakterien im Malze, sowie den Säuregrad der Maische und die Veränderung der Diastase nicht außeracht lassen.

Nach der Theorie kann man durch eine bedeutende Verlängerung der Malzwirkung auf die Stärke eine vollständige Verzuckerung erzielen; in der Praxis dagegen ist es vollkommen unmöglich, zu einer vollständigen Umwandlung und Verzuckerung zu gelangen: die unter den günstigsten Bedingungen verlaufende Zuckerbildung liefert nur 80% Maltose auf 100 Stärke.

Die Hydratisierung der Stärke spielt sich bei der Arbeit in der Brennerei in zwei verschiedenen Phasen ab: als eigentliche Verzuckerung und als Nachverzuckerung, welche sich auf die ganze Gährfrist erstreckt.

Von diesen beiden Verzuckerungsphasen lässt sich die letztere schwieriger regulieren, und man nimmt gewöhnlich an, dass man allen Grund hat, in der ersten Verzuckerungsphase möglichst viel Zucker zu bilden, um in der Nachverzuckerung möglichst wenig Dextrin zu behalten. Zu diesem Ende muss man während der Hauptverzuckerung die günstigsten Bedingungen einhalten und eine Temperatur wählen, welche in der kürzesten Zeit die höchste Wirkung erzielt. Bei der Auswahl dieser Temperatur stößt man auf die ersten Schwierigkeiten. Die Optimaltemperatur der Diastasen ist keineswegs eine constante. Vergleicht man die während eines gewissen Zeitabschnittes mit einer bestimmten Malzmenge und bei verschiedenen Temperaturen gebildeten Maltosemengen, so liegt je nach der Dauer der Zuckerbildung das Maximum des gebildeten Zuckers bei ganz verschiedenen Temperaturen.

Lässt man z. B. verschiedene Proben eines und desselben Stärkekleisters mit der gleichen Malzmenge eine Stunde lang verzuckern bei Temperaturen, welche von 30 bis 70° ansteigen, so findet man die Optimaltemperatur bei 60 bis 63° gelegen.

Wiederholt man denselben Versuch, jedoch mit einer Erstreckung der Verzuckerungsdauer auf 3 Stunden, so findet man die Optimaltemperatur schon auf 50° zurückgegangen und sie fällt bis auf 30°, wenn man die Zuckerbildung 12 Stunden andauern lässt.

Hieraus folgt, dass die Wahl der Verzuckerungstemperatur von der Dauer der letzteren abhängt und dass, je länger

sich dieselbe erstreckt, umso niedriger die Verzuckerungstemperatur zu wählen ist.

In der Praxis wechselt die Dauer der Zuckerbildung sehr
stark; sie erstreckt sich in den einzelnen Brennereien von
20 Minuten bis zu 2 Stunden. Die Dauer bemisst sich nach
der Einrichtung der Brennerei und den allgemeinen Arbeits-
bedingungen.

Erstrebt man eine vollständige Hydratisierung der Stärke,
so muss man bei halbstündiger Verzuckerungsdauer eine Temperatur von 62—63° wählen, dagegen muss man auf eine
solche von 57—58° zurückgreifen, wenn die Verzuckerung
1—2 Stunden dauern soll.

Nunmehr kennen wir die Bedingungen, unter welchen
man bei der Hauptverzuckerung zu einer vollständigen Hydratisierung gelangen kann.

In Wirklichkeit aber hat die Menge des während der
ersten Phase der Zuckerbildung gebildeten Zuckers nur ganz
geringen Einfluss auf das Endresultat des Vorganges. Eine
dextrinreiche Maische liefert ebensoviel Alkohol als eine
vollständig verzuckerte. Ferner ist die zur Nachverzuckerung
erforderliche Diastasemenge nicht größer bei einer dextrin-
reichen Maische wie bei einer solchen, welche schon viel
Zucker enthält.

Eine große Reihe praktischer Versuche hierüber haben
mir gezeigt, dass die Intensität der Hauptverzuckerung von
geringer Bedeutung ist, und dass das Endresultat hauptsächlich
davon abhängt, ob man während des Gährungsverlaufes die
Diastase mehr oder weniger vollständig zu conservieren vermag.

Jedenfalls kann die Hauptverzuckerung nicht vollständig
unterdrückt werden, sie hat ihre Berechtigung, und zwar besonders vom Gesichtspunkt der Verflüssigung aus. Gerade
diese erste Operation verleiht der gedämpften Masse den nothwendigen Flüssigkeitsgrad. Außerdem greift sie diejenigen
Zellen vollends an, welche sich der Einwirkung des Dämpfens
entzogen, und verflüssigt die an den Trebern hängenden Stärke-
partikelchen. Steigert man die Verzuckerungstemperatur über
60° hinaus, so befindet man sich hinsichtlich der Verflüssigung unter ganz günstigen Bedingungen.

Wir müssen uns nunmehr mit der Veränderung der Diastase unter dem Einfluss der Wärme beschäftigen, denn die
active Substanz, welche auch der Nachverzuckerung dienen
muss, soll aus der Hauptverzuckerung vollkommen unverändert
hervorgehen. Die Verzuckerungstemperatur muss also noth-
gedrungen niedriger sein, als die Schwächungstemperatur für
Diastase. Alle Schriftsteller, welche sich über die Verzuckerung verbreiten, stimmen in diesem Punkte überein, ihre Anschauungen sind aber sehr getheilt, wenn es sich um Angabe
derjenigen Temperatur handelt, bei welcher diese Störung
ihren Anfang nimmt.

Nach den einen vermag die active Substanz im Malze
Temperaturen von 62⁰ ohne Schaden zu ertragen. Nach den
andern hängt der Grad der Widerstandsfähigkeit des Malzes
höheren Temperaturen gegenüber von der Dauer ihrer Einwirkung und von der Concentration und der Zusammensetzung
der Maischen ab.

Nach einigen Chemikern soll eine Temperatur von 60—62⁰
in verdünnten Maischen eine starke Veränderung der Diastase
veranlassen, während in concentrierten Maischen die Diastase
weit widerstandsfähiger sein soll. Andere endlich machen hinsichtlich der Conservierung der Diastase einen wesentlichen
Unterschied zwischen dextrinreicher und zuckerreicher Maische.

Die Gegenwart großer Maltosemengen in einer Lösung
soll die Diastase gegen den zerstörenden Einfluss hoher Temperaturen feien, und man räth mit Rücksicht hierauf, die
Zuckerbildung in zwei Phasen verlaufen zu lassen: Während
der ersten halben Stunde der Malzwirkung soll man eine Temperatur von 58—60⁰ einhalten und alsdann auf 64—67⁰ auf-
steigen.

Zum Beweis für diese Anschauung führt man zahlreiche
Versuche an, welche aber in Wirklichkeit zu keinen unan-
fechtbaren Schlüssen führen.

Die verschiedenen Bestimmungen, welche von mehreren
Chemikern mit verschiedenen Rohmaterialien, unter nothwendigerweise verschiedenen Bedingungen und nach verschiedenen Methoden ausgeführt wurden, vermögen keine Angaben zu liefern, welche zur Lösung dieser Frage ausreichten.

Man kann die mehr oder weniger große Veränderung der Diastase bei den verschiedenen Temperaturen an der Hand einer sehr einfachen Methode verfolgen.

Man setzt zu einem Stärkekleister gerade soviel Malz zu, dass unter günstigen Bedingungen eine vollständige Verzuckerung erfolgt. Hierauf nimmt man zwei Proben: Die eine hält man 12 Stunden bei 30°, die andere erwärmte man zuvor 1 Stunde lang auf höhere Temperatur, um sie alsdann 11 Stunden lang bei 30° zu halten.

Findet man hiebei einen Unterschied im Maltosegehalt, so rührt dieser vom Einfluss der hohen Temperaturen her.

Folgende drei Versuche wurden bei verschiedenen Temperaturen gemacht:

		Gebildete Maltose nach 1 Stunde,	nach 12 Stunden.
A	12 Stunden bei 30° C. .	2·4	9·6
	1 Stunde bei 50° und		
	11 Stunden bei 30° . .	8·3	10·2
B	12 Stunden bei 30° C. .	2·2	9·8
	1 Stunde bei 55° und		
	11 Stunden bei 30° . .	9·1	11·6
C	12 Stunden bei 30° C. .	2·2	9·9
	1 Stunde bei 59° und		
	11 Stunden bei 30° . .	9·5	9·7

In allen Versuchen wurde die Maltose nach einstündiger und nach 12stündiger Verzuckerung bestimmt.

Die auf 50, 55 und 59° erwärmten Maischen haben nach einstündiger Verzuckerung eine weit größere Zuckermenge geliefert als der Controlversuch bei 30°. Nach einstündiger Zuckerbildung bei 59° erzielt man 9·5 Maltose anstatt von 2·2, welche sich in derselben Zeit bei 30° bilden.

Wäre die Diastase während der ersten Stunde der Verzuckerung bei 59° nicht zu Schaden gekommen, so müsste man am Schluss der folgenden 11 Stunden eine weit größere Zuckermenge als im Controlversuch finden, weil die Zuckerbildung in der ersten Stunde schon viel weiter vorgeschritten war, als bei den Controlversuchen. Dies war aber nicht der Fall. Nach 12stündiger Zuckerbildung fanden sich im Controlversuch 9·9 Maltose gegenüber von 9·7 in derjenigen Probe, welche 1 Stunde lang auf 59⁰ erwärmt worden war. Die Temperatur von 57⁰ stellt also die Grenze dar, welche die Amylase während 1 Stunde ertragen kann, ohne merkbare Veränderung zu erfahren.

Der Einfluss hoher Verzuckerungstemperaturen kann ebenfalls durch folgende Versuche nahegebracht werden:

In verschiedenen Versuchen und bei verschiedenen Temperaturen wurde 1 l Stärkekleister, welcher 10 g Stärke und 5 cm^3 Malzinfus enthielt, digeriert.

Versuch	Dauer der Zuckerbildung	Verzuckertes Stärkemehl
1	12 Stunden bei 30⁰	85%
2	1 Stunde bei 45⁰ und 11 Stunden bei 30⁰	97 „
3	1 „ „ 50⁰ „ 11 „ „ 30⁰	96 „
4	1 „ „ 64⁰ „ 11 „ „ 30⁰	68 „

Dieselben Versuche wurden mit Maischen verschiedener Concentrationen und verschiedenem Maltosedextrinverhältnis wiederholt und hiebei gefunden, dass Concentration und Maltosegehalt einen schützenden Einfluss auf die Diastase ausüben, dass dieser Einfluss im allgemeinen aber sehr gering ist und über 58⁰ hinaus nicht mehr in Betracht kommt.

Bei höheren Temperaturen als 58⁰ und selbst in sehr concentrierten Maischen erfolgt eine starke Störung der Diastase.

Wenn man, was für die meisten Brennereien zutrifft, mit einem großen Malzüberschuss arbeitet, so wird man während der Nachgährung eines Abmangels an Diastase nicht inne, aber das Ergebnis ist ein ganz anderes, sowie man rationell arbeitet und das Malzquantum auf das genau nothwendige Maß beschränkt.

Die Anhänger der hohen Verzuckerungstemperaturen führen zur Stütze ihrer Anschauung andere Argumente an. Nach ihrer Meinung muss man bei der Temperatur von 60⁰ verweilen oder sie gar überschreiten, will man sonst die Malzstärke richtig ausnützen und weil einzig und allein eine hohe Temperatur die im Malze stets vorhandenen schädlichen Keime zu schwächen vermag.

Die Ausnützung der Malzstärke bietet in der That große
Schwierigkeiten dar, da dieselbe erst bei 70° vollständig angegriffen wird.

Bei 65° sind noch 4% Stärkemehl unverkleistert

„ 60° „ „ 8% „ „

„ 55° „ „ 42% „ „

„ 50° „ „ 73% „ „

Bei der Auswahl der Verzuckerungstemperatur muss man
also offenbar das Malzstärkemehl berücksichtigen.

Bei einer Temperatur von 55° setzt man sich einem Verluste von 42% der im Malze enthaltenen Stärke aus, während
dieser Verlust bei 60° schon ein wesentlich geringerer ist: es
bleiben nur 8% Stärke unaufgeschlossen. Arbeitet man mit
12 bis 16% Malz, muss man eine hohe Verzuckerungstemperatur einhalten, kann dagegen bei einem ganz geringen
Malzquantum diese Temperatur verringern, weil sich in diesem
Falle der Stärkeverluste auf ein Minimum beschränkt. Im
übrigen sind die aus einer mangelhaften Aufschließung her-
rührenden Stärkeverlust der Ausbeute niemals so gefährlich,
als die Veränderung der Diastase unter dem Einflusse der
Temperatur. Man thut also stets besser daran, auf eine vollständige Stärkeausnützung zu verzichten und sich einer Malz-
ersparnis zu befleißigen, dies umsomehr, als ja das nicht
verkleisterte Stärkemehl keineswegs ganz verloren ist.

Die während der Verzuckerung nicht aufgeschlossene
Malzstärke geht während des Gährungsverlaufes noch theilweise in Lösung. Man vermeide also hohe Temperaturen und
verzuckere zwischen 55 und 60°.

In gewissen Fällen, und besonders wenn man es mit
Rohmaterialien zweifelhafter Natur zu thun hat, welche zu
sauren Maischen mit 0·25—0·35% Milchsäure führen, ist es
unumgänglich geboten, die Verzuckerungstemperatur noch
niedriger zu wählen und 55° nicht zu überschreiten, weil in
saurer Flüssigkeit die Diastase noch weit empfindlicher gegen
den Einfluss der Wärme wird.

In der Praxis geht man leider von ganz entgegengesetzten
Gesichtspunkten aus. Bei Verwendung eines schlechten, ver-
schimmelten Malzes nimmt man seine Zuflucht zu weit höheren

Temperaturen als bei normalem Material und glaubt dadurch
die Bakterienkeime und Fermente zu tödten, welche die Gährung ungünstig beeinflussen.

Die durch solche Temperatursteigerungen erzielten Resultate sind indessen wenig befriedigende, der Brenner tröstet
sich aber dabei mit dem Gedanken, dass das Endresultat wohl
ein noch schlechteres geworden wäre ohne diese hohe Verzuckerungstemperatur.

Thatsächlich bezweckt eine Erhöhung der Temperatur
um einige Grade nur wenig hinsichtlich der Reinheit des
Gährungsverlaufes und tödtet die schädlichen Keime nicht ab;
wohl aber erfährt die Diastase eine ernste Störung und der
ungestörte Gährungsverlauf wird unterbunden.

Wenn man mangelhafte Rohmaterialien verarbeitet, muss
man zu antiseptischen Mitteln seine Zuflucht nehmen oder nur
äußerst kräftige Hefen anwenden, welche der Maische Schutz
bieten gegen Infectionsgefahr, ohne die Nachverzuckerung zu
hemmen.

Arbeit mit Malzauszug. — Wir sahen soeben, welch
große Schwierigkeiten die Wahl der Verzuckerungstemperatur
mit sich bringt.

Der während des Dämpfprocesses gebildete Kleister muss
bei einer Temperatur von über 65⁰ verflüssigt werden.

Zu einer vollkommenen Verkleisterung der Malzstärke
ist eine Temperatur von 70⁰ erforderlich, während die Diastase Temperaturen von 60⁰ nicht ohne empfindliche Schädigung zu ertragen vermag.

Unter diesen Umständen wird man in die Nothlage versetzt, entweder an activer Substanz, oder an Stärkemehl ein
Opfer zu bringen, und die Verzuckerungstemperatur muss ja
mit den Verhältnissen und mit der Beschaffenheit der Rohmaterialien sich ändern.

Will man rationell vorgehen, so muss man die activen
Substanzen von dem Stärkemehl des Malzes trennen und beide
gesondert bei verschiedenen Temperaturen behandeln.

Lässt man Malz und Wasser unter passenden Bedingungen mit einander stehen, so geht die Diastase in Lösung,
trennt sich von der Stärke und kann hernach zur Verzuckerung
verwendet werden. Die Treber enthalten ihrerseits noch hin-

reichende Mengen activer Stoffe, um eine Verflüssigung herbeizuführen. Eine solche Regulierung der Arbeitsweise lässt
nichts zu wünschen übrig.

Die unter Hochdruck gedämpften Maischen werden bei
70° vermittelst der Malztreber verflüssigt und hierauf auf
45—50° abgekühlt. Jetzt setzt man die hergestellte Diastaselösung zu, mischt durch und hält die Temperatur einige Minuten auf 45—50°; hierauf wird auf Gährtemperatur abgekühlt, der Hefezusatz erfolgt und die Gährung nimmt ihren
Verlauf.

Diese Arbeitsweise muss gute Resultate geben, soferne
nur die Diastase so vollständig als möglich ausgezogen wird.
Und wie ist dies richtig zu erreichen?

Eine leichte Wasserlöslichkeit der Amylase des Malzes
nimmt man ganz mit Unrecht an. In Wirklichkeit ist diese
Extraction eine schwierige; sie hängt einmal von der Temperatur des Wassers, sodann von dem mehr oder weniger feinen
Quetschen des Malzes ab.

Durch folgende zwei Versuche kann man sich davon
überzeugen: Man stellt zwei Mischungen von Malz und Wasser
her und hält sie bei 30°. *A* bleibt ruhig stehen, *B* wird in
stetiger Bewegung erhalten. Hin und wieder entnimmt man
beiden Flüssigkeiten Proben von einigen cm^3, bestimmt darin
das diastatische Vermögen und verfolgt auf diese Weise den
Verlauf der Diastaselösung.

Versuch	nach	Diastatische Kraft				
		8	17	26	47	52 Stunden.
A		33	45	48	60	55
B		39	58	52	50	42

Die Menge der gelösten activen Substanz nimmt demnach
vorerst mit der Zeitdauer der Infusion zu, erreicht ihr Maximum, um alsdann wieder zurückzugehen.

Bei Versuch *A* erreicht die diastatische Kraft ihr Maximum nach 47 Stunden. Durch die Bewegung wird bei Versuch *B* die Extraction beschleunigt: hier errreicht das diastatische Vermögen sein Maximum bereits nach 17 Stunden.

Zahlreiche Versuche — angestellt mit verschiedenen
Malzen — haben mir gezeigt, dass sich dieses Maximum

umso früher erreichen lässt, je höher die Temperatur des
Infuses ist.   Dies erhärten folgende Angaben:

Ein bei 45° hergestellter Malzauszug erreicht das Maximum an gelöster Diastase nach 7 oder 8 Stunden.

Ein bei 55—59° hergestellter Malzauszug erreicht das
Maximum an gelöster Diastase nach 3 Stunden.

Ein bei 60—65° hergestellter Malzauszug erreicht das
Maximum an gelöster Diastase nach $1/2$ Stunde.

Von der Temperatur ist demnach die zu einer genügenden
Extraction erforderliche Zeit abhängig. Ein wohl zu beachten-
des kritisches Moment ist außerdem noch darin zu suchen,
dass von diesem Augenblicke an die Diastase abnimmt.

Die Maximalmenge activer Substanz, welche sich im
kritischen Momente in Lösung befindet, ist keineswegs eine
constante.   Sie wechselt für ein und dasselbe Malz ganz beträchtlich je nach der Temperatur, wie dies in folgender
Tabelle zum Ausdruck kommt:

Temperatur des Malzauszuges	Diastatische Kraft des Auszuges nach				
	$1/2$	3	8	17	25 Stunden
30°	—	—	31	60	49
45°	—	44	56	51	—
55°	46	55	—	—	—
65°	36	20	—	—	—

Bei einer Temperatur von 30° erzielt man die activ wirksamsten Lösungen; zwischen 45° und 55 bleibt sich die
Menge extrahierter Diastase beinahe gleich, während bei 65°
eine Zerstörung der activen Stoffe in dem Maße platzgreift,
als diese in Lösung gehen, und im kritischen Augenblick erhält man einen bereits stark geschwächten Malzauszug.

Die Herstellung eines Malzauszuges in der Kälte während
17 Stunden bietet in der Praxis gewisse Schwierigkeiten. Im
Interesse einer genügenden Ausnützung des Malzes thut man
gut daran, die Lösung der Diastase bei 55° während 3 Stunden zu bethätigen.

Die Arbeit mit Malzinfus ist besonders bei Verarbeitung
von Maismalz angezeigt. Dasselbe enthält gewöhnlich 8%—20%
nicht gewachsener Körner, und sein Diastasegehalt ist 3—5mal
geringer, als derjenige des Gerstenmalzes.   Die Arbeit mit

Maismalz macht die Verwendung großer Mengen desselben nöthig und der hiebei mitunterlaufende Verlust an Stärkemehl ist umso empfindlicher, weil die Maisstärke von dem diastatischen Enzym weit schwieriger angegriffen wird, als die Gerstenstärke.

Einen Auszug dieses Malzes macht man auf folgende Weise: Man mahlt das Malz pulverförmig fein, verdünnt es mit der 4—5fachen Menge Wasser bei einer Temperatur von 55° und gibt es in ein konisches Gefäß, in welchem während der ersten Stunde gerührt wird. Nach 1—1½ stündiger Ruhe setzt sich das Malz sehr schön ab, und man kann die Flüssigkeit von den Trebern durch Abziehen vollkommen trennen. — Man kann sich hiezu auch einer Filterpresse bedienen. Der Auszug von Maismalz ist eine leicht filtrierende Flüssigkeit.

Der Gerstenmalzauszug wird in der Mehrzahl der Brennereien aus gequetschtem Malze bei einer Temperatur von 10—15° hergestellt. Man bereitet denselben in Apparaten, welche mit einer Zerkleinerungsvorrichtung versehen sind. Das Malz wird zerkleinert, alsdann ins Wasser gegeben, wo es 2—3 Stunden verbleibt. Hierauf wird die Flüssigkeit decantiert und zur Verzuckerung herangezogen. Die Treber dienen zur Verflüssigung.

Der Gehalt an activer Substanz in einem nach diesem Verfahren hergestellten Auszug ist ein sehr wechselnder und hängt mehr von der speciellen Beschaffenheit des Malzes, als von dessen Gehalt an Amylase ab. Die hiebei ausgezogene Diastasemenge beträgt zwischen 10% und 50% der gesammten im Malze enthaltenen activen Substanz. Diese Darstellungsweise des Malzauszuges ist eine recht unrationelle.

Weit befriedigendere Resultate erzielt man, wenn man den Malzauszug bei 45—50° während einer 2—3stündigen Einwirkungsdauer herstellt. Hiebei bekommt man 60% bis 80% der gesammten activen Substanz des Malzes in Lösung.

Die Arbeit mit Malzauszug ist in der Praxis noch wenig verbreitet; ihr gehört indessen ohne Frage die Zukunft.

Zu wünschen wäre es, dass seitens der Maschinenfabrikanten ein Apparat gebaut würde, welcher sich bei Verwendung von Gerstenmalz zur Trennung der Treber von dem Auszug

eignete, denn in dieser Operation beruht heutigentages noch
die Hauptschwierigkeit.

*Über die Veränderungen, welchen die Diastasen während
der einzelnen Phasen der Brennereiarbeit unterliegen.* — Aus
der eben angestellten Betrachtung über die Bedingungen der
Amylasewirkung ergibt sich, dass ein Theil der activen Substanzen des Malzes während der Zuckerbildung der Zerstörung
anheimfällt, und dass die größere oder geringere Widerstandsfähigkeit der Diastase gegenüber von Temperaturen von
60—62⁰ vom Säuregehalt der Flüssigkeit abhängt.

Der Säuregehalt der Maischen ist indessen nicht die einzige Ursache, welche Störungen der Diastase herbeiführt.
Derlei Störungen können auch von anderen Factoren bedingt
werden, welchen man Rechnung tragen muss, welche aber
nicht immer leicht zu bestimmen sind.

Zwei Malze mit ganz derselben Verzuckerungskraft, im
selben Mengenverhältnisse angewendet, und welche in iden-
tischen Maischen die gleiche Zuckermenge ergeben, können
doch Malzauszüge liefern, welche verschiedene Diastasemengen
enthalten.

Um den Wert eines Malzes zu würdigen, muss man außer
dem Reichthum an activen Stoffen auch noch andere Factoren
in Betracht ziehen.

Die verschiedene Widerstandsfähigkeit entspringt vielleicht
dem natürlichen Säuregrade der Körner, vielleicht auch der
Art der Säure oder der Beschaffenheit der anderen im Malze
enthaltenen Fremdkörper.

Ich habe eine ganze Reihe von Versuchen angestellt, um
die Ursache dieser verschiedenen Widerstandsfähigkeit der
Malze aufzudecken, und vermag daher über diesen Gegenstand
einige leider recht unvollständige Angaben zu machen.

Die Widerstandsfähigkeit der Malze hängt ab von der
Temperatur, bei welcher die Keimung geführt wurde. Ich
habe zwei Partien einer und derselben Gerste bei verschiedenen Temperaturen gemälzt, die eine während acht Tage
bei 19—22⁰, die andere während neun Tage bei 12—15⁰
und hiebei Malze erhalten von verschiedener Widerstandsfähigkeit gegenüber der Temperatur von 60⁰. Gerstenmalz,
während einer Dauer von neun Tagen kalt geführt, hat sich

besser bewährt, als ein bei höherer Temperatur geführtes Malz. Außerdem ergab sich, dass eine Gerste, von welcher 7—10% beim Keimen ausblieben, als Malz nicht nur ein geringeres Verzuckerungsvermögen besitzt, als eine vollständig wachsende, sondern auch eine ganz verschiedene Widerstandsfähigkeit gegenüber den Reactionen des umgebenden Mediums besitzt. Eine unvollständig ausgewachsene Gerste verfügt in der That über die geringste Widerstandskraft.

Der Gehalt einer Maische an activen Substanzen nach der Hauptverzuckerung hängt demnach von der Menge der im Malze enthaltenen Diastase ab, ferner von der Verzuckerungstemperatur und endlich vom Grade der Widerstandsfähigkeit der Diastase.

Der Verlust an activen Substanzen, welcher während der Zuckerbildung bei hohen Temperaturen vor sich geht, hält sich bei günstigen Verhältnissen innerhalb einer Grenze von 20%; im allgemeinen wird diese Grenze jedoch überschritten, und es kommt zu einer Zerstörung von 30—40% der diastatischen Kraft.

Die Nachverzuckerung, welche vermittelst derjenigen Diastase sich abspielt, welche während der Hauptverzuckerung nicht zu Schaden gekommen, verläuft sehr langsam und muss sich auf mindestens drei Tage erstrecken.

Die Diastase conserviert sich im allgemeinen weit besser in gährenden, als in süßen Maischen; in letzteren nimmt die diastatische Kraft beträchtlich ab, selbst in Gegenwart antiseptischer Mittel.

Das diastatische Vermögen einer unter günstigen Bedingungen vergohrenen Maische bleibt beinahe 70 Stunden unverändert.

Der gute Verlauf der Gährung hängt hauptsächlich von der Conservierung der Diastase ab. Eine Conservierung findet nur in Maischen statt, welche frei sind von fremden Fermenten, und hieraus folgt mit Nothwendigkeit das Gebot, im Brennereibetriebe antiseptische Mittel anzuwenden. Es ist in der That ein Ding der Unmöglichkeit, durch den Gebrauch anderer Mittel eine Infection vollkommen auszuschließen.

Controle der Arbeit in der Brennerei. — Der regelmäßige Verlauf einer Gährung ist von verschiedenen Factoren abhängig. Abgesehen von Fragen, welche den Dämpfprocess und die Gährungstemperatur betreffen und leicht controlierbar sind, muss man die Beschaffenheit des verwendeten Malzes, die Natur der Hefen und den Infectionsgrad der Maischen durch fremde Fermente in Betracht ziehen.

Jeder dieser drei Factoren rollt eine um so compliciertere Frage auf, als die Wirkung des einen diejenige des anderen beeinflusst. Es ist daher vielfach recht schwierig, angesichts einer Betriebsstörung deren Ursache zu erkennen und den Ursprung genau nachzuweisen.

Ein schlechter Gährungsverlauf fällt gewöhnlich mit einer Infection durch fremde Fermente zusammen, allein diese ist nicht immer die erste Ursache der beobachteten Störung; im Gegentheil, vielfach ist sie nur die Folge entweder eines Mangels an Diastase oder einer schwachen Hefe. Auch darf man einen in gährenden Maischen constatierten Mangel an activen Substanzen keineswegs immer einer schlechten Beschaffenheit des Malzes zuschreiben: Ein Überhandnehmen der Fermente kann die Zerstörung der activen Stoffe verursacht haben. Ferner, wenn man bei einer schlechten Gährung ein Degenerieren oder doch ein Schwächerwerden der Hefe beobachtet, darf man darin noch nicht die directe Ursache der Störung erblicken: Ein Mangel an Diastase mit all seinen schädlichen Folgen kann diesen Zustand der Hefe hervorgerufen haben.

Um der Sache auf den Grund zu kommen und die wirkliche Ursache einer vorliegenden Störung zu unterscheiden, ist es unbedingt erforderlich, das Nachlassen der activen Substanz in allen Phasen der Arbeit zu verfolgen.

Eine quantitative Bestimmung der im Malze enthaltenen Diastase erlaubt es, die zu einer normalen Arbeit erforderliche Malzmenge zu bestimmen. Indem man hierauf den Gehalt an activen Substanzen in den mit dem untersuchten Malze hergestellten Maischen bestimmt, kann man sich von der Größe der Störung der Diastase während der Verzuckerung überführen und erwägen, ob die noch verbleibende Amylase für die Nachverzuckerung ausreicht. Eine während des Gährungsverlaufes verschiedentlich wiederholte Bestimmung der activen Stoffe in der Maische liefert die Angaben über das Zurück-

gehen der Diastase; man vermag hiebei den Augenblick zu
taxieren, wo die Arbeit an Intensität abnimmt, und kann die
Ursache dieses Rückganges klar erkennen. Eine merkliche
Abnahme der activen Stoffe in der ersten Periode der Gährung ist das Zeichen für einen unregelmäßigen Verlauf.

Die Ursache dieser Erscheinung rührt zumeist vom an-
fänglichen Säuregehalte der Maischen her, und es empfiehlt
sich unter diesen Verhältnissen, eine Verzuckerungstemperatur
weit unter 60⁰ anzuwenden.

Ein Nachlassen der Diastase während der Gährung kann
auch andere Ursachen haben.

Das Zurückgehen der Diastase während der Gährung
kann auch durch andere Ursachen bedingt sein. Es kann z. B.
von der Qualität der verarbeiteten Cerealien herrühren, und
in diesem Falle muss man die Anwendung starken Druckes
während des Dämpfens vermeiden, denn gerade hiebei bilden
sich Stoffe, welche die Diastase schwächen.

Während der Nachgährung muss man neben der Abnahme der Diastase auch den Säuregrad im Auge behalten,
da eine beträchtliche Säurezunahme stets ein theilweises Verschwinden der Diastase mit sich bringt.

Das Zurückgehen der Diastase kann man in diesem Falle
durch einen Zusatz antiseptischer Mittel vermeiden. Hin und
wieder erzielt man hiebei aber gerade den entgegengesetzten
Erfolg: Man schwächt erstlich die Diastase, und die Säurebildung tritt doch auf, nur 6—10 Stunden später.

Das Auftreten fremder Fermente in den Maischen ist
eine Folge der Diastaseschwächung. In einem solchen Falle
kann man durch Zusatz neuer Mengen Malzinfus zur gährenden Maische der Säurebildung vorbeugen und eine gute
Alkoholausbeute erzielen.

Constatiert man endlich eine mangelhafte Vergährung in
nur schwach sauren diastasereichen Maischen, so darf man die
Schuld hieran der Hefe beimessen. Dieser Fall tritt oft ein
bei der Arbeit mit antiseptischen Mitteln, welche die Diastase
unberührt lassen, aber sehr ungünstig auf gewisse Heferassen
einwirken.

Wie man ersieht, vermag die Bestimmung der activen
Substanzen in Malz und Maische dem Brenner einen sehr

großen Dienst zu leisten. Im folgenden Capitel sind die Methoden für diese Analysen angegeben.

LITERATUR.

EFFRONT. — Sur les conditions chimiques de l'action des diastases. Comptes Rendus, 1892, t. 1156, p. 1524.

— — Sur certaines conditions chimiques de l'action des levures de biere. Comptes Rendus, 1893, t. 117, p. 559.

— — Sur la formation de l'acide succinique et de la glycérine dans la fermentation alcoolique. Comptes Rendus, 1894, t. 119, p. 92.

— — Accoutumance des ferments aux antiseptiques et influence de cette accoutumance sur leur travail chimique. Comptes Rendus, 1894, t. 119, p. 169.

— — De l'influence des composés du fluor sur les levures de bière. Comptes Rendus, 1894, t. 118, p. 1420.

— — Etude sur les levures lactiques. Annales de l'Inst. Pasteur, 1896, p. 524.

— — De l'influence des fluorures sur l'accroisement et le developpement des cellules de la levure alcoolique. Moniteur scientifique, 1891, p. 254.

— — Etude sur les levures. Monit. scientifique, XI, p. 1138, 1891.

— — Des conditions auxquelles doivent satisfaire les solutions fermentescibles pour que les fluorures y produisent un maximum d'effet. Monit. scientifique, 1892, t. VI, p. 81.

MAERCKER. — Spiritusfabrication. Paul Parey. Berlin, 1894.

MAX BÜCHELER. — Die Brantwein-Industrie. Zweite, vollständig umgearbeitete Auflage des Lehrbuches der Brantweinbrennerei von STAMMER. Braunschweig, Vieweg.

— — Leitfaden für den landwirtschaftlichen Brennereibetrieb. Braunschweig, 1898.

SECHZEHNTES CAPITEL.

MALZANALYSE.

Analyse der activen Substanzen im Malze und in den Maischen nach den Methoden von EFFRONT. — Bestimmung der verzuckernden und verflüssigenden Kraft. — Bestimmung der activen Substanzen in süßen und gegohrenen Maischen.

Die bei der Malzuntersuchung im allgemeinen üblichen Methoden beschäftigen sich nur mit der Feststellung der Verzuckerungskraft und lassen sowohl die verflüssigende Kraft als die Widerstandsfähigkeit der activen Substanzen außeracht. Meine Untersuchungen haben mir aber gezeigt, dass man auch auf diese beiden Factoren nothwendigerweise Gewicht legen muss. Die verzuckernde Kraft eines Malzes unterliegt in der That dem Einfluss von Fremdkörpern, welche in den Cerealien enthalten sind. Die Höhe der verzuckernden Kraft eines Malzes erlaubt also kein ganz zutreffendes Urtheil über die vorhandene Amylasenmenge. Der bei einem Verzuckerungsversuch durch Diastase erzielte Effect ist häufig das Resultat vereinter Einwirkungen von activer Substanz und von vorhandenen begünstigenden Stoffen.

Folgender Versuch vermag ein recht klares Bild über den Einfluss der Extractivstoffe des Kornes auf die verzuckernde Kraft zu geben.

Man stellt einen Malzauszug her aus je 1 Theil Malz und 12 Theilen Wasser; gleichzeitig auch einen Gerstenauszug aus 1 Theil Gerste und 4 Theilen Wasser. Diese beiden Infuse werden filtrirt; von jedem entnimmt man

eine gewisse Anzahl von cm^3, welche man einem Stärkekleister zusetzt. Man verzuckert bei 50° eine Stunde lang. Die
unter diesen Verhältnissen erzielten Maltosemengen ermöglichen einen Vergleich des diastatischen Vermögens dieser beiden
Auszüge.

In einer zweiten Versuchsreihe setzt man zum Stärkekleister neben dem Malzinfus und dem Auszug ungemälzter
Gerste eine bestimmte Menge eines Auszuges, welcher zuvor
aufgekocht wurde.

Die Verzuckerung lässt man bei allen Versuchen bei derselben Temperatur verlaufen.

	Nr. des Versuchs	Frischer Auszug	Gekochter Auszug	Gebildete Maltose
	1	1 cm^3	—	0·37
	2	2 „	—	0·65
	3	6 „	—	0·85
Gerstenauszug	4	0 „	6 cm^3	0·0
	5	1 „	1 „	0·6
	6	1 „	2 „	0·72
	7	0·5	—	0·07
	8	0·5	2 cm^3	0·0
Malzauszug	9	0·0	0·5 „	0·095
	10	0·5	1 „	0·11

6 cm^3 des nicht gekochten Gerstenauszuges geben im
Stärkekleister 0·85 Maltose (Versuch Nr. 3). Dieselbe Menge
Auszug, jedoch zuvor aufgekocht und ohne frischen Auszug
zugesetzt, bleibt auf Stärkekleister vollständig wirkungslos
(Versuch Nr. 4). Aber diese für sich unwirksame Flüssigkeit
wirkt in hohem Grade auf die Zuckerbilduug ein, wenn sie
sich in Gegenwart von activer Diastase befindet. So gibt
1 cm^3 Gerstenauszug 0·37 Maltose, und dieselbe Menge Auszug liefert 0·72 Maltose, wenn man ihr 2 cm^3 gekochten
Auszuges zusetzt.

Die nämliche Thatsache beobachtet man bei einem auf
100° erhitzten Malzauszug; 0·5 cm^3 dieses Auszuges liefern

0·07 Maltose und dieselbe Menge Auszug gibt 0·11 Maltose, wenn die Zuckerbildung in Gegenwart von 1 cm^3 gekochten Auszuges verläuft.

Wie man hieraus ersieht, üben die Extractivstoffe der rohen Körner eine beträchtliche Wirkung auf Malzamylase aus, und in ihrer Gegenwart vermag man bei der Zuckerbildung zehnmal mehr Zucker zu erzielen, als durch die alleinige Einwirkung des Fermentes.

Dieselben Versuche, welche mit Gersten verschiedener Provenienz ausgeführt wurden, ergaben die Abwesenheit einer constanten Beziehung zwischen wirklich verzuckernder Kraft der Amylase und latenter begünstigender Kraft der rohen Körner. Es folgt hieraus, dass die activen Substanzen der Cerealien verschiedener Provenienz auch ganz verschieden auf die verzuckernde Kraft einwirken.

Man könnte nun der Ansicht sein, dass es vom Gesichtspunkte der Würdigung eines Malzes sich gleich bleibe, ob die verzuckernde Kraft von der Amylase oder einer anderen Substanz herrühre. Allein in der Praxis darf man die Amylase keineswegs verwechseln mit den die Zuckerbildung beschleunigenden Stoffen; die Wirkungsweise dieser letzteren weicht von derjenigen der Diastase vollkommen ab.

Die die Hydratisierung begünstigenden oder bethätigenden Substanzen vermehren die Menge des gebildeten Zuckers nicht immer und ihr Einfluss auf Maischen der Brennerei ist vollkommen gleich Null. In der Praxis — und dies ist der für uns wichtige Punkt — ist die Amylase allein von Wirkung.

Dies ist dadurch zu erklären, dass die beschleunigenden Substanzen nur in Maischen mit wenig Maltose wirksam sind und der von ihnen ausgehende Einfluss in dem Maße abnimmt, als die Zuckerbildung fortschreitet. In den Maischen von Brennerei und Brauerei ist immer ein bedeutender Antheil von Maltose enthalten und der Einfluss der beschleunigenden Substanzen kommt fast nicht zum Ausdruck.

Die Bestimmung von Malzamylase, einzig und allein auf die verzuckernde Kraft basierend, wird infolgedessen stets unsichere Resultate geben.

Um sicherere Zahlenwerte zu erreichen, habe ich eine Methode ausfindig gemacht, welche auch die quantitative Be-

stimmung der verflüssigenden Kraft gestattet. Diese verflüssigende Kraft des Malzes wird in der That von den Fremd-
substanzen nicht beeinflusst. Aus diesem Grunde drücke ich
den Wert eines Malzes durch seine beiden Fähigkeiten, verzuckernde Kraft und verflüssigende Kraft, aus.

Im vorhergehenden Capitel wurde die verschiedene
Widerstandsfähigkeit der Malze gegenüber einer Temperatur
von 60⁰ auseinandergesetzt. Dieser Umstand zwingt uns, bei
der Untersuchung auch auf den Grad der Widerstandsfähigkeit
Betracht zu nehmen. Diese Factoren haben besondere Wichtigkeit für die Brennereimalze.

Ein an activen Substanzen reiches Malz, welches aber
einer hohen Temperatur gegenüber wenig widerstandsfähig
ist, ergibt in der Brennerei ein schlechteres Resultat, als ein
an Amylase weniger reiches Malz, welches aber bei der Verzuckerung eine hohe Temperatur ohne Schaden aushält.

Um die größere oder geringere Widerstandsfähigkeit eines
Malzes bei hoher Temperatur nachzuweisen, hält man das
Malz während einer Stunde bei 60⁰ und bestimmt die verzuckernde Kraft in den Maischen, wo die Diastase bereits
eine Schwächung erfahren hat.

Ich habe eine analytische Methode ausgearbeitet, welche
meines Erachtens den Bedürfnissen der Praxis gerecht wird.
Diese Untersuchung theilt sich in drei Phasen.

1. Herstellung eines Infuses.

2. Bestimmung der verzuckernden Kraft.

3. Bestimmung der verflüssigenden Kraft.

Herstellung des Auszugs. — Um diesen Auszug herzustellen, wägt man 6 *g* gequetschtes Malz ab und gibt dasselbe in einen Glaskolben, welcher 100 *cm*³ Wasser von 60⁰
enthält. Man setzt den Kolben in ein Wasserbad, welches
man 1 Stunde lang auf 60⁰ temperiert. Während der Verzuckerung schüttelt man den Kolben ab und zu um; ist die
Verzuckerung zu Ende, so kühlt man auf 30⁰ ab und filtriert;
50 *cm*³ der filtrierten Flüssigkeit versetzt man hierauf mit
50 *cm*³ destillierten Wassers, und in diesem verdünnten Auszug bestimmt man nunmehr die verzuckernde Kraft. Für die

Bestimmung der verflüssigenden Kraft bedient man sich des
Restes dieses verdünnten Auszuges.

Bestimmung der verzuckernden Kraft. — Diese wird mit
Hilfe einer Lösung von Typstärke vorgenommen.

Man löst 2 g Stärke im Wasser auf und bringt diese
Lösung auf 100 cm^3. Diesen 100 cm^3 2%iger Lösung setzt
man 35 cm^3 destillierten Wassers und 5 cm^3 Malzinfus zu,
welches, wie vorhin angeführt, verdünnt ist. Man gibt hierauf das Ganze eine Stunde lang in ein Wasserbad von 60°.
Nach vollendeter Verzuckerung kühlt man recht rasch ab und
bestimmt sofort den Zuckergehalt.

Zur Bestimmung der Maltose in der zuckerhaltigen Flüssigkeit nimmt man 2 cm^3 FEHLING'scher Lösung, welche 0·01498 g
Maltose entsprechen. Diese 2 cm^3 FEHLING'scher Lösung gibt
man in ein Reagensglas, in welches man noch 3 cm^3 Wasser
und etwas Bimsstein gibt. Die Anzahl cm^3 Zuckerlösung, welche
zur Reduction des Kupfersalzes nothwendig sind, schwankt je
nach den Malzen zwischen 3 und 20; vergleichende Versuche
haben ergeben: Falls 3—5 cm^3 der Zuckerlösung unter den
angegebenen Bedingungen die 2 cm^3 FEHLING'scher Lösung
reducieren, kann man das Malz als mit der Maximalmenge
verzuckernder Kraft ausgestattet betrachten; 6—8 cm^3 entsprechen einem guten Malz, 9—12 cm^3 einen Malz von mitt-
lerem Wert; steigt dagegen die zur Reduction nothwendige
Zuckerlösung auf 14—20 cm^3, so muss man das Malz als
schlecht beurtheilen.

Die geringe Maltosemenge, welche man in dem Auszug
zusetzt, ist ohne wesentlichen Einfluss auf das Resultat, welches
ja im übrigen nicht als Grundlage bei der Analyse dient,
sondern vielmehr nebenbei als Angabe zur Wertschätzung.

Die Typstärke, welche ich zur Bestimmung der Verzuckerungskraft verwende, wird folgendermaßen hergestellt. Man
lässt Kartoffelstärke in einer 7°/₀igen Salzsäurelösung bei einer
Temperatur von 40° stehen und schüttelt die Flüssigkeit alle
6 Stunden um.

Nach Verlauf von drei Tagen decantiert man die Säure,
wäscht die Stärke bis zur neutralen Reaction mit Wasser aus
und trocknet dieselbe bei gewöhnlicher Temperatur.

Das erzielte Product enthält $17^1/_2$—18% Feuchtigkeit und löst sich in heissem Wasser vollständig auf.

Verwendet man zu diesem Vorgang verschiedene Kartoffel-stärkemehle derselben Herkunft, so erzielt man stets dasselbe Product; indessen wechselt das Resultat beträchtlich, wenn man mit Stärken verschiedener Provenienz arbeitet: Die Diastase erweist sich hiebei bei den verschiedenen Proben verschieden wirksam.

Es ist unumgänglich nothwendig, dass man das Stärkemehl vor seiner Verwendung zur Analyse vorher mit einem Malz von bekannter verzuckernder Kraft versucht. Findet man mit dem zu untersuchenden Stärkemehl denselben Wert, so betrachtet man das Stärkemehl als Typstärke. Anderenfalls muss man durch Probieren das Gewicht des neuen Stärkemehls feststellen, welches an Stelle von 2 g Typstärke zu nehmen ist.

Angenommen, es handle sich um ein Malz, welches mit der Typstärke eine verzuckernde Kraft von 4·5 gibt, und dieses Malz habe mit anderem Stärkemehl eine verzuckernde Kraft von 4·1 ergeben. Man muss nun diejenige Menge der neuen Stärke bestimmen, welche anzuwenden ist, um damit zum selben Resultat zu gelangen, wie mit den 2 g Typstärke. Zu diesem Ende bereitet man sich Lösungen, welche anstatt 2 g pro 100 1·9, 1·8 und 1·7 g pro 100 enthalten, und man prüft in diesen Lösungen das verzuckernde Vermögen des Malzes. Findet man, dass in der 1·7 Stärke enthaltenden Lösung die verzuckernde Kraft $4^1/_2$ beträgt, so wird man stets 1·7 g von der neuen Stärke anstatt 2 g anwenden, und nur unter diesen Bedingungen wird die neue Stärke die Typstärke ersetzen können.

Man muss stets eine frische Stärkelösung benützen, denn ich habe beobachtet, dass diese Lösung, obgleich sie sich ziemlich gut hält, doch mit demselben Malz verschiedene Werte gibt, je nachdem dieselbe frisch bereitet oder schon einige Zeit alt ist.

Diese Verschiedenheit ist umso erstaunlicher, als man im Säuregehalt der beiden Stärkelösungen keinerlei Unterschied wahrnimmt.

Bestimmung der verflüssigenden Kraft. — Man wägt 40 *g*
Typreisstärke ab, rührt sie in einem Becherglas mit etwas
Wasser an und gibt das Gemenge in einen calibrierten Glaskolben von 100 *cm³*. Man reinigt das Becherglas mit einem
neuen Quantum Wasser, welches man ebenfalls in den Kolben
schüttet, dessen Inhalt man auf 100 *cm³* auffüllt. Aus dem
stark durchgerührten Gemenge von Stärke und Wasser entnimmt man mittels einer Pipette acht Proben von je 5 *cm³*,
welche man in numerierte Reagenscylinder gibt. Man setzt
zum Inhalt eines jeden Reagensglases eine bestimmte Menge
Malzinfus zu, welches nach dem oben beschriebenen Verfahren
hergestellt ist. Für jedes der numerierten Reagensgläser, welche
2 *g* Stärke und Malzinfus enthalten, bereitet man ein zweites
etwas größeres Reagensglas vor, welches 19 *mm* Durchmesser
und 19 *cm* Höhe hat und ebenfalls eine Numerierung trägt.
In jedes der großen Reagensgläser gibt man 14 *cm³* destillierten Wassers und setzt sie in ein Wasserbad bei 80⁰; man
nimmt nun eines nach dem anderen heraus und kocht den
Inhalt rasch auf und gießt in die siedende Flüssigkeit den
Inhalt des dieselbe Nummer tragenden Reagensglases, also
Stärkemilch versetzt mit Malzinfus. Man rührt nun mittels
eines Glasstabes rasch um, spült das die Stärke enthaltende
Reagensglas mit 1 *cm³* Wasser nach und fügt dieses dem
Inhalt des größeren Glases hinzu. Hierauf wird noch einmal
mit dem Glasstab umgerührt, die Zeit genau notiert, worauf
man das Reagensglas im Wasserbade, welches genau auf 80⁰
eingestellt ist, 10 Minuten belässt. Man nimmt nun einen
Cylinder nach dem anderen heraus, rührt den Inhalt noch
einmal mit dem Glasstab um und bringt die Cylinder in ein
Wasserbad von 100⁰, wo die Gläser genau 10 Minuten verbleiben. Hierauf kühlt man alle Reagensgläser rasch ab;
man führt in eines derselben ein Thermometer ein, um den
Augenblick zu erfahren, wo man bei einer Temperatur von
15⁰ angekommen ist; in diesem Augenblick stellt man auch
den Verflüssigungsgrad fest. Man kehrt die auf 15⁰ tem-
perierten Reagensgläser eines nach dem anderen um. Fließt
der Inhalt des Glases sofort und ohne Schwierigkeit aus, so
betrachtet man die Probe als verflüssigt; ein Cylinder, welcher
sich vollständig entleert, dessen Inhalt jedoch die Consistenz

eines dicken Sirups zeigt, spricht für eine zu drei Viertel vonstatten gegangene Verflüssigung. Entleert sich ein Cylinder nicht
vollständig, so ist dies das Anzeichen für eine nur theilweise
Verflüssigung.

Hat beispielsweise der Reagenscylinder mit vollständig
verflüssigtem Inhalt 2 cm^3 des nicht verdünnten Malzinfuses
enthalten, so drückt man die verflüssigende Kraft mit 2 aus.

Vergleichende Versuche, angestellt mit verschiedenen
Malzen, haben für ein Malz vorzüglicher Qualität eine Verflüssigungskraft von 1·5—2 ergeben. Eine verflüssigende
Kraft von 2·5—3 entspricht noch einem Malz von guter Beschaffenheit, während 3·5—4 cm^3 für die zweifelhafte Qualität
eines Malzes sprechen, dessen Wert von der verzuckernden
Kraft abhängig zu machen ist. Ein Malz, welches mit 4 cm^3
verflüssigt und eine Verzuckerungskraft von 4—5 hat, ergibt
in der Brennerei noch eine befriedigende Arbeit; ein Malz
indessen mit derselben verflüssigenden Kraft wie das vorher-
gehende, jedoch einer Verzuckerungskraft von nur 7—9 muss
als schlecht betrachtet werden. Der Unterschied zwischen den
Werten für verzuckernde und verflüssigende Kraft macht sich
besonders beim Darrmalz geltend. Durch den Darrprocess
wird die verzuckernde Kraft beträchtlich abgeschwächt, die
verflüssigende Kraft hingegen viel weniger gestört. Ein Darrmalz mit einer verflüssigenden Kraft von 2—3 muss keineswegs ein vorzügliches Product sein. Alles wird von dessen
verzuckernder Kraft abhängen. Bei einer mittleren Verzuckerungskraft wird das Malz einen vorzüglichen Wert haben,
dagegen bei einer Verzuckerungskraft von 12 kann dasselbe
Malz, selbst wenn es ein großes Verflüssigungsvermögen hat,
zur Arbeit in der Brennerei nicht herangezogen werden.

Für die Bestimmung der verflüssigenden Kraft bedient
man sich der Reisstärke, welche mit großer Sorgfalt auszu-
wählen ist. Die Reisstärke verschiedener Herkunft verhält
sich mit Diastase bei 80° verschieden; außerdem kann man
die Reisstärken in zwei Classen eintheilen. In die erste Classe
gehören diejenigen Fabrikate, welche im Augenblick der Verflüssigung vollständig farblos und durchsichtig werden; in die
zweite Classe diejenigen, welche einen bläulichen Schimmer
behalten und eine durchsichtige Flüssigkeit geben. Die ersteren

verflüssigen sich viel schwieriger als die letzteren, und die verflüssigende Kraft eines Infuses kann eine sehr schwankende sein, je nachdem man den einen oder den anderen Stärketypus benützt.

Bei Beginn unserer Versuche wurde mit einem Stärkemehl des zweiten Typus gearbeitet. Dieser letztere wurde indessen verlassen, weil constatiert wurde, dass diejenigen Stärken, welche eine durchsichtige Verflüssigung geben, den Vorzug verdienen, da der Augenblick der eintretenden Verflüssigung viel leichter festzustellen ist.

Will man sichere Resultate erzielen, so muss man zur Untersuchung stets dasselbe Stärkemehl anwenden.

Als Typstärke wende ich diejenige von HOFFMANN an und bei jedem Wechsel im Stärkemehl prüfen wir das neue mit dem Typmuster. Zur Prüfung verwendet man Malzauszug. 2 g Typstärke und 2 g zu untersuchende Stärke werden mit derselben Menge Auszug zehn Minuten lang bei 80⁰ verflüssigt.

Ist die Anzahl cm^3 Malzauszug, welche zur vollständigen Verflüssigung der Typstärke wie der zu untersuchenden Stärke erforderlich sind, dieselbe, so kann man die beiden Stärken als gleichwertig betrachten, andernfalls muss man die Menge der zu untersuchenden Stärke vermehren oder vermindern, um die Verflüssigung mit derselben Menge Malzinfus zu erzielen.

Braucht man z. B. zur Verflüssigung von 2 g Typstärke 2·5 cm^3 eines Malzauszuges und für Verflüssigung derselben Menge einer zu untersuchenden Stärke 3 cm^3 desselben Auszuges, so muss man 1·9, 1·8 und 1·7 g der zu untersuchenden Stärke abwägen, um diejenige der genannten Dosen herauszufinden, welche sich mit 2·5 cm^3 Malzauszug verflüssigt. Tritt eine vollständige Verflüssigung bei 1·9 g ein, so schließt man hieraus, dass an Stelle von 2 g Stärketypus von der zu untersuchenden Stärke nur 1·9 g zu nehmen sind.

Eine andere Methode, um irgend ein Stärkemehl in Typstärke umzuwandeln, besteht in der Ansäuerung oder Alkalinisierung desselben. Diese Methode, welche vor der vorhergehender einen Vorzug besitzt, gründet sich auf folgende Beobachtung.

Die Typstärke ist leicht alkalisch, und bringt man die zu untersuchende Reisstärke auf denselben Alkalinitätsgrad, so ertheilt man ihr hiemit alle Eigenschaften der Typstärke.

Die verflüssigende Kraft ist gegenüber der alkalischen Reaction der Flüssigkeit so empfindlich, dass die Bestimmung der zuzusetzenden Menge Alkali auf einfachem alkalimetrischen Wege nicht zu bestimmen ist. Beträgt der Unterschied in der Alkalinität der beiden Stärken 2 cm^3 einer $^1/_{10}$ Normalnatronlauge, so darf man auf 50 g Stärke nur die Hälfte der alkalischen Lösung zusetzen; nun geht man schrittweise vor von $^1/_{10}$ cm^3 zu $^1/_{10}$ cm^3, bis sich die beiden Proben von Stärkemilch mit derselben Menge Malzauszug verflüssigen.

Die Typen von Kartoffel- wie von Reisstärke halten sich in Flaschen mit eingeriebenem Stöpsel ohne Veränderung, und man kann sie zur Untersuchung mindestens zwei Jahre lang verwenden.

Auch habe ich die Beobachtung gemacht, dass Darrmalz, welches man auf dieselbe Weise aufbewahrt, jahrelang seine volle Verzuckerungs- und Verflüssigungskraft bewahrt. Wir geben nun im Nachfolgenden zwei Analysen von Malzen, welche nach der angegebenen Methode ausgeführt sind.

Malz a. — Russische Gerste. Quellzeit $2^1/_2$ Tage unter Lüftung, gemälzt in Trommeln.

Niedrigste Temperatur 18°, höchste 21°. Dauer des Keimprocesses 4 Tage. Feuchtigkeitsgehalt 48·04. Allgemeiner Eindruck und Geruch normal.

100 Körner haben ergeben:

3 nicht gekeimte Körner,
34 Körner mit Blattkeim, kürzer als das Korn,
30 „ „ „ länger „ „ „
21 „ „ „ von $1^1/_2$facher Kornlänge,
12 „ „ „ von $2^1/_2$ „ „

Die verflüssigende und die verzuckernde Kraft dieses Malzes wurde in drei verschiedenen Proben bestimmt:

1. in nicht trieurten Körnern,

2. in den Körnern mit Blattkeim von $2^1/_2$facher Kornlänge,

3. in den Körnern, deren Blattkeim die Kornlänge noch nicht übertraf.

Nicht trieurtes Malz	Malz mit Blattkeim von doppelter Kornlänge	Malz mit Blatt- keim nicht grösser als Kornlänge
Maltose 0·6 Verzuckernde Kraft 17 cm^3 Verflüssigende Kraft 2·5 cm^3 nicht verflüssigt 3 cm^3 „ „ 3·5 cm^3 $^1/_4$ „ 4 cm^3 „	0·585 9·5 cm^3 Verflüssigende Kraft 2·5 cm^3 nicht verfl. 2 cm^3 „ „ 3·5 cm^3 „	0·53 20·7 Verflüssigende Kraft 3·5 cm^3 nicht verfl. 4 cm^3 $^1/_4$ „

Die bei jedem Malzauszug angeführte Maltosemenge zeigt den Gehalt an Zucker in dem verdünnten Malzauszug an, welcher zur Bestimmung der verzuckernden Kraft gedient hat.

In den nicht sortierten Malzkörnern aus dem Apparat findet man eine verzuckernde Kraft von 17 und eine verflüssigende Kraft von 4. Das Malz ist also sehr mittelmäßig. Ein Gährversuch mit verschiedenen Mengen dieses Malzes ergab, dass man, um eine vollständige Vergährung zu erzielen, 18 Theile dieses Malzes auf 100 Theile Reis nehmen musste.

Ein Vergleich der drei Malzanalysen bestätigt uns die vom Institut in Berlin angegebene Thatsache, wornach die Entwicklung des Blattkeimes mit einer Vermehrung der activen Substanz zusammenfällt.

Malz *b*. Pneumatisches Mälzereisystem Saladin. Mälzerei Buir.

Kleine russische Gerste. Weichzeit $2^1/_2$ Tage ohne Lüftung. Dauer der Malzführung 9 Tage; niedrigste Temperatur 18, höchste 23°. Wachsthum ist ein gleichmäßiges, und die Wurzelkeime sind nicht größer, als Kornlänge.

Ungekeimte Körner 3. Feuchtigkeit 47. Maltose im Malzauszug 0·74. Verzuckernde Kraft 4·65, verflüssigende Kraft: mit 2 cm^3 $^1/_4$ verflüssigt, mit 2·5 cm^3 verflüssigt. Die verflüssigende wie die verzuckernde Kraft sprechen für ein Malz von vorzüglicher Qualität. Die zur Vergährung von 100 *kg* Reis erforderliche Malzmenge beträgt 8 *kg*.

Die eben angeführte Methode kann auch zur Untersuchung von Gersten- und Roggenmalzen dienen.

Zur Untersuchung von Maismalz muss man andere Verhältnisse wählen, weil dieses Malz stets verhältnismäßig geringe Mengen von Diastase enthält. Zur Herstellung des Auszuges nimmt man anstatt 6 12 g gemahlenen Malzes und zur Bestimmung der verzuckernden Kraft nimmt man anstatt 2 nur 1 cm^3 FEHLING'scher Lösung.

Maismalz von vorzüglicher Beschaffenheit enthält stets $4-8\%$ nicht gekeimter Körner. Es besitzt unter den angegebenen Verhältnissen eine verzuckernde Kraft von 4—6 und eine verflüssigende Kraft von 2·5—3.

Vergleicht man ein Maismalz mit einem Gerstenmalz von vorzüglicher Beschaffenheit, so ergibt sich ersteres als viermal weniger activ wirksam, und in der That muss man auch in der Praxis 4—5mal mehr Maismalz als Gerstenmalz anwenden, will man dasselbe Resultat erzielen.

Untersuchung der süßen und vergohrenen Maische. — Die verzuckernde Kraft einer Maische kann man mittelst der Färbung bestimmen, welche diese Maische mit Jod gibt. Man geht hiebei folgendermaßen vor: Man nimmt 6 Proben von je 20 cm^3 einer frisch bereiteten 2%igen Lösung von löslicher Kartoffelstärke und gibt sie in Reagensgläser, die numeriert sind; mittels einer in $^1/_{10}$ cm^3 getheilten Pipette setzt man 0·25; 0·5; 0·75; 1; 1·25; 1·5 cm^3 der zu untersuchenden süßen oder vergohrenen Maische zu; man gibt die Reagiergläser in ein Wasserbad von 60⁰ und lässt sie hier 1 Stunde verweilen; hierauf kühlt man ab und setzt in jeden Reagiercylinder $^1/_2$ cm^3 einer stark verdünnten Jodlösung zu und beobachtet die Färbung, welche im Augenblick des Jodzusatzes zur Flüssigkeit auftritt.

Ein mit 0·25 cm^3 süßer Maische angestellter Verzuckerungsversuch, welcher sich mit Jod nicht mehr färbt, bezeichnet das Maximum verzuckernder Kraft, und erhält man dieses Resultat, so darf man sicher sein, dass man mit einer mehr als nothwendigen Malzmenge bei der Vergährung arbeitet. Färbt sich der Cylinder, welcher 0·75 cm^3 erhalten hat, mit Jod nicht mehr, so entnimmt man hieraus, dass die süße Maische eine zur Vergährung hinlängliche verzuckernde Kraft besitzt, vorausgesetzt, dass die verflüssigende Kraft dieser Maische eine normale ist.

Ergibt sich in dem Reagensglas mit 1·25 cm^3 süßer Maische eine Färbung, so darf man sicher sein, dass diese Maische nicht die erforderliche Malzmenge enthält, und eine Prüfung der verflüssigenden Kraft ist dann überflüssig. Das Nichtauftreten einer Färbung mit Jod in den mit 1 cm^3 Maische versetzten Flüssigkeiten spricht noch für eine genügende Diastasenmenge, falls die verflüssigende Kraft eine sehr grosse ist. Andernfalls enthält die süsse Maische nicht hinlänglich activ wirksame Substanzen.

Die Methode leistet bei der Controle der Maische während der Gährung einen wichtigen Dienst. Man bestimmt die verzuckernde Kraft durch die Färbung mit der Jodlösung bei Beginn der Gährung und wiederholt diese Bestimmung nach 30 und nach 60 Stunden. Die bei Beginn der Gährung festgestellte verzuckernde Kraft darf bis zu Ende der Gährung sich nicht viel verändern. Findet man, dass in einem gegebenen Augenblicke die doppelte Flüssigkeitsmenge, als anfangs erforderlich ist, um zu einer Nichtfärbung mit Jod zu gelangen, so darf man überzeugt sein, dass eine Störung der Diastase vorliegt und dass ein Zusatz neuer Mengen Malzauszuges dringend erforderlich ist.

Eine Maische soll nach 86stündiger Gährung noch eine verzuckernde Kraft zwischen 0·75—1 haben, d. h. mit 0·75 bis 1 cm^3 dieser Maische soll man zur Nichtfärbung mit Jod gelangen. Eine verzuckernde Kraft von 1·5 zu Ende der Gährung beweist einen Mangel an Diastase.

Diese Angaben beziehen sich auf Reismaischen von 17 bis 19⁰ BALLING. Maischen von Cerealien und Kartoffeln verhalten sich anders. In den letzteren tritt eine Verminderung des Diastasegehaltes während der Verzuckerung und während der Gährung viel rascher ein. Man muss darauf bedacht sein, Maischen zu erzielen, welche bei Beginn der Gährung eine verzuckernde Kraft von 1—1·25 und eine solche von 2 bei Ende der Gährung hat.

Meine Untersuchungsmethode für Malz und Maischen ist heute eingeführt in den Versuchsstationen von Bayern und Österreich-Ungarn. Die Vorstände dieser Stationen, BÜCHELER und KRUIS, haben sich über diese Methode in jeder Hinsicht befriedigt ausgesprochen.

Mit etwas Übung erzielt man nach dieser Methode eine sehr sichere Controle im Betriebe.

LITERATUR.

E. EFFRONT. — Contributions à l'étude de l'amylase. Monit. scient., tome VIII, pag. 541 et X, p. 711.

SIEBZEHNTES CAPITEL.

MALTASE.

Glukase von Cusenier. — Hefenmaltase. — Eigenschaften. — Verschiedenheiten hinsichtlich der Optimaltemperaturen der verschiedenen Glukasen. — Maltase von Schimmelpilzen. — Wirkungsweise auf Stärkemehl. — Vorgang der Abscheidung. — Einfluss der Stickstoffernährung. — Einfluss der Kohlehydrate. — Die verschiedenen Amylomaltasen von Laborde.

Die Maltase oder Glukase ist ein Enzym, welches auf Stärkemehl, Dextrine und Maltose einwirkt.

Das Vorhandensein eines auf Maltose einwirkenden Enzymes wurde lange Zeit bezweifelt. Nichtsdestoweniger ist klar, dass die Maltose, um für die Zellen assimilierbar zu sein, hydratisiert und in Traubenzucker umgewandelt werden muss.

Im Jahre 1865 wies Béchamp im Harn die Gegenwart eines auf Maltose einwirkenden Enzymes nach, welchem er den Namen Nefrozymase beilegte. Ein gleiches Princip entdeckten Brown und Heron im Pankreassaft und Dünndarm von Schweinen. Etwas später bestätigte Emil Bourquelot die Beobachtung von Brown und Heron durch den Nachweis des nämlichen Principes im Pankreas und Dünndarm von Kaninchen.

Die von diesen Gelehrten erhaltenen diastatischen Flüssigkeiten zeigten sehr verschiedene Eigenschaften. Sie enthielten offenbar Diastasen ganz verschiedener Art, und eine endgiltige Äußerung über das Vorhandensein eines lediglich auf Maltose einwirkenden Fermentes in den untersuchten Flüssigkeiten war außerordentlich schwierig.

Die Entdeckung des activen, Maltose in 2 Molecüle Traubenzucker spaltenden Principes rührt vom Jahre 1886 her und gieng von LÉON CUSENIER aus, welcher dieses Enzym als Glukase bezeichnete.

CUSENIER, welcher gemahlenen Mais mit Wasser bei 50° behandelte, beobachtete, dass ein großer Theil der stärkehaltigen Substanzen hiebei in Lösung gieng und dass 'das Rotationsvermögen der zuckerhaltigen Flüssigkeit in dem Maße abnahm, als die Maceration dauerte. Diese Beobachtung führte ihn zu Untersuchungen über die Natur des gebildeten Zuckers, sowie über das diese Umwandlung veranlassenden Agens.

Eine Reihe von Versuchen erlaubten festzustellen, dass Mais ein besonderes Ferment birgt, welches auf Stärkemehl unter Bildung von Glukose sowie von Dextrinen einwirkt, welche im Laufe der Zeit selbst in Glukose sich umwandeln.

Die Optimaltemperatur für dieses Enzym ist diejenige von 60°; seine Zerstörungstemperatur ungefähr 70°.

Dieses Enzym wirkt gleicherweise auf Maltose ein, diese in Traubenzucker umwandelnd.

Seine Gegenwart wurde in fast allen Getreidearten constatiert, aber in weit geringerer Menge, als im Mais. Letzterer enthält eine Glukasemenge, welche mehr als ausreichend ist, um alle Stärke im Mais in Glukose umzuwandeln.

Nach Angaben von GEDULDE kann man Maisglukase isolieren, wenn man Maismehl mit Wasser auslaugt und das Filtrat hievon mit Alkohol fällt. Das so erzielte, im Vacuum getrocknete Product stellt eine bröcklige Masse von brauner Farbe dar und zeigt folgende Eigenschaften: Es enthält ungefähr 8—12°/₀ Stickstoff und gibt die Guajak- und Wasserstoffsuperoxydreaction. Mit Alkohol gefällt, löst es sich in Wasser nur mehr schwierig auf.

Seine active Kraft ist verhältnismäßig schwach: Mit 1 Gewichtstheile gefällter activer Substanz vermag man nur 100 Theile Maltose in Traubenzucker umzuwandeln. Seine Optimaltemperatur liegt zwischen 56° und 60°; über 60° hinaus beobachtet man schon ein merkliches Nachlassen in der hydratisierenden Thätigkeit. Über 70° ist die Glukase wirkungslos.

Dieses Enzym wirkt auf die Spaltungsproducte des Stärke-mehls energischer ein, als auf Stärke selbst.

Nach BEIJERINCK ist die Darstellung von Glukase aus enthülstem und entöltem Mais eine leichte. Man arbeitet dabei, wie folgt:

$3^1/_2$ kg dieses so vorbereiteten Maises werden mit 5 l Wasser behandelt, welchem man 500 cm^3 Alkohol von 96⁰ und 2 g Weinsäure zusetzt. Dieses Gemenge hält man 30 Stunden auf 15—20⁰ und filtriert alsdann. Man erhält hiebei $4^1/_2$ l einer klaren Flüssigkeit, in welcher man durch Zusatz eines gleichen Volumens Alkohol von 96⁰ eine par-tielle Fällung hervorruft. Man sammelt den gebildeten Nieder-schlag, wäscht ihn mit angesäuertem Wasser (0·4 g Weinsäure auf 1 l) aus und setzt ein wenig Alkohol zu. Der Nieder-schlag löst sich hiebei theilweise in der Flüssigkeit auf, und den ungelösten Antheil sammelt man auf einem Filter. Dieses unlösliche Product ist nach BEIJERINCK sehr reich an Glukase. Sein Stickstoffgehalt beträgt 1·11%.

Durch Zusatz von Alkohol zur filtrierten Flüssigkeit kann man auch noch andere Producte herstellen. Man sammelt die Niederschläge, welche noch eine gewisse Menge Diastase in Lösung enthalten. Aber all die hiedurch erzielten Nieder-schläge sind trotz ihres Stickstoffgehaltes von 4·78 und 2·20% weniger activ, als der oben besprochene unlösliche Antheil.

Die nach BEIJERINCK hergestellte Glukase ist indessen nach seiner eigenen Angabe kein absolut reines Product. Seine Verunreinigung rührt von Schleim her.

Die Glukase nach BEIJERINCK wirkt auf Maltose, Stärke-mehl und Dextrine ein und, zwar kräftiger auf Maltose, als auf Dextrine; die Umwandlung von Stärkemehl vermag sie nur recht schwierig zu bewerkstelligen.

Nach GONNERMANN soll Glukase oder ein analoges Fer-ment in gefrorenen oder keimenden Rüben vorkommen. DUBOURG und RHOMANN haben ihre Gegenwart im Blute nachgewiesen. Man findet sie auch im Urin, in der Hefe, sowie in einer großen Anzahl von Schimmelpilzen.

Die Ausscheidung von Maltase durch Hefe bietet ein besonderes Interesse dar.

Die Maltose galt lange Zeit für eine direct gährungs-
fähige Zuckerart, und in der That ist es auch während der
Gährung unmöglich, den Augenblick zu erhaschen, wo die
Umwandlung von Maltose in Glukose vor sich geht. Darum
betrachtete man die Maltosevergährung als eine intracellulare
Umwandlung, wobei das lösliche Ferment unbetheiligt war.

BOURQUELOT, LINDNER und EMIL FISCHER haben die
Frage näher studiert und gefunden, dass die Hefe stets eine
gewisse Menge Maltase enthält, welche sich in den Zellen
zurückhält und nur schwer in die umgebende Flüssigkeit übertritt.

Um das Enzym aus den Hefezellen auszuziehen, muss
man die Zellen mit Bimsstein oder Glaspulver zerreiben und
die Masse hierauf mit Wasser auslaugen.

Man kann auch zu einem anderen, wie es scheint,
rascheren Mittel greifen; man breitet die frische Hefe in
dünner Schicht aus, lässt sie bei 40⁰ trocknen und zieht sie
alsdann mit Wasser aus. Unter diesen Bedingungen wird die
Hefenmaltase löslich.

Das auf diese Weise aus der Hefe gewonnene Enzym
unterscheidet sich in mehrfacher Hinsicht von der activen
Substanz das Maises, welche Maltose hydratisiert.

Nach GEDULD kann die Maisglukase durch Alkohol aus
ihrer Lösung in activ wirksamem Zustande gefällt werden; die
Hefenmaltase indessen wird durch dieses Reagens fast vollkommen zerstört.

Die Maltasen verschiedenen Ursprungs sind auch ganz
verschieden empfindlich gegenüber von Wärme. LINTNER setzte
3 Proben einer Maltoselösung, welche dieselben Mengen
Hefenglukase enthielt, verschiedenen Temperaturen aus und
erhielt hiebei nach der Einwirkungstemperatur verschiedene
Glukosemengen.

Temperatur	Dauer der Einwirkung	gebildete Glukose
35⁰	2 Stunden	2·90 g
40⁰	—	3·09 „
45⁰	—	2·08 „

Nach diesen Versuchen läge die Optimaltemperatur bei
40⁰, während die Glukase von CUSENIER eine solche von 56
bis 60⁰ besitzt.

Bei Versuchen mit Hefemaltasen bei verschiedenen Temperaturen fand Lintner nach zweistündiger Einwirkungsdauer folgende Traubenzuckermengen:

Temperatur	Gebildete Glukose
40⁰	1·8 g
50⁰	0·3 „

Die Temperatur von 50⁰ zerstört die Hefemaltase also fast vollständig, wogegen man mit der Glukase aus Mais bei dieser Temperatur noch nicht einmal das Maximum erreicht.

Eine grosse Anzahl von Schimmelpilzen besitzt die Eigenschaft, Stärkemehl in Zucker umzuwandeln.

Bei Gelegenheit der Untersuchung des Aspergillus orizae hat Atkinson zuerst nachgewiesen, dass die Diastase dieses Schimmelpilzes die Umwandlung von stärkehaltigen Materialien ganz anders bewerkstelligt, als die Malzdiastase. Das Endproduct der Einwirkung des Aspergillus orizae ist Traubenzucker und nicht Maltose.

Später wurde dieselbe Thatsache von Botin und Rolandt für den Amylomyces Rouxii, von Bourquelot und Laborde für den Aspergillus niger, für Penicillium glaucum und Eurotiopsis gayoni nachgewiesen.

Man hat allen Grund zur Annahme, dass es sich hier um eine allgemeine Thatsache handelt und dass viele andere Schimmelpilze das Stärkemehl assimilierbar machen, und zwar mit Hilfe von Glukasen, welche sie ausscheiden.

Die diastatischen Flüssigkeiten, welche man durch Ausziehen des Schimmelpilzes erhält, wirken zu gleicher Zeit auf Stärkemehl, auf Dextrine und auf Maltose ein unter Bildung von Traubenzucker.

Nach Atkinson verläuft die Umwandlung von Stärkemehl durch Aspergillus orizae durch aufeinanderfolgende Hydratisierung der Molecüle mit Bildung von Malzzucker als Zwischenproduct; allein die als Stütze dieser Anschauung angeführten Analysen haben wenig Beweiskraft.

Laborde hingegen hat constatiert, dass es sich um eine directe Umwandlung ohne Bildung von Malzzucker handle.

Dieselbe Thatsache hat er auch für Aspergillus niger, Penicillium glaucum und Eurotiopsis gayoni nachgewiesen.

Um die Gegenwart von Glukase in einer activen Flüssigkeit zu bestimmen, setzt man zu einer $2^0/_0$igen Maltoselösung eine bestimmte Menge der zu untersuchenden Flüssigkeit.

Man fügt eine Spur Chloroform oder Thymol zu und überlässt die Flüssigkeit 24 Stunden lang einer Temperatur von 45^0. Die Feststellung der Rotationskraft der Flüssigkeit vor und nach dem Versuch gibt mit Leichtigkeit ein Bild von dem Verlaufe der Hydratisierung.

Die Rotationskraft der Maltose beträgt $[\sigma]\ d\ +\ 138 \cdot 4$ und diejenige des Traubenzuckers $52 \cdot 4$.

Die Glukase der Schimmelpilze wirkt auf Stärkekleister kräftiger ein, als auf Maltose.

Die Bildung wie die Diffusion der Glukasen aus Schimmelpilzen unterliegen denselben Bedingungen, wie die Secretion von Sukrase seitens des Aspergillus niger. Während des Wachsthums der Pflanzen nimmt die Glukasemenge in dem Maße zu, als die Nährstoffe abnehmen, und den Maximalgehalt an activer Substanz zeigt die Pflanze in dem Augenblick, wo sie mit der Heranziehung ihrer Reservestoffe beginnt.

So wird auch die in den Schimmelpilzen producierte Glukase im Innern der Zellen zurückgehalten und diffundiert nur ausserordentlich schwierig bis zu dem Augenblick, wo eine Erschöpfung der Nährstoffe eintritt.

Nach Versuchen von PFEFFER und KATZ vermindert ein Zusatz von Zucker zur Nährflüssigkeit die Production an Glukase gewöhnlich, jedoch beobachtet man, dass die verschiedenen Arten von Schimmelpilzen dem gegenüber mehr oder weniger empfindlich sind. So sondert Penicillium glaucum bei Anwesenheit von $10^0/_0$ Rohrzucker keine Glukase ab, während Aspergillus niger diese Abscheidung noch nicht vollständig einstellt bei einem Gehalt von $30^0/_0$ Zucker. Glukose wirkt ebenso wie Rohrzucker.

Die Gegenwart von Maltose in der Nährflüssigkeit hat auf die Abscheidung von Glukase einen geringeren Einfluss. Penicillium glaucum scheidet Glukase noch ab in einer Nährflüssigkeit, welche $10^0/_0$ Zucker enthält.

Stickstoffreiche Ernährung ist ebenfalls von grossem Einfluss auf die Bildung von Glukase. Gerade die gut ernährten Zellen liefern hievon am meisten.

Der Schimmelpilz vermag seinen Stickstoffbedarf aus ganz verschiedenen Quellen zu decken. So erweisen sich die Nitrate der Alkalien, Pepton, Caseïn, Harnstoff, gleichermaßen günstig für eine Cultur von Eurotiopsis und ergeben augenscheinlich dieselbe Menge von Glukase. Ammoniumsulfat und Chlorammonium liefern dagegen eine wesentlich geringere Ausbeute und diese Stoffe wirken auch vom Gesichtspunkte der Bildung der Diastase sehr ungünstig ein.

Nach Untersuchungen von Pfeffer und Katz bemisst sich die Abscheidung von Glukase durch Penicillium glaucum und Aspergillus niger nach derjenigen Enzymmenge, welche in der Nährflüssigkeit bereits vorhanden ist. Entzieht man dem Nährboden die Glukase durch Tannin, so haben die genannten Forscher hiebei eine reichlichere Abscheidung von Diastase beobachtet. Es ist indessen wenig wahrscheinlich, dass eine Entfernung der activen Substanzen eine neue Bildung von Diastase hervorrufen kann. Wahrscheinlicher ist die Annahme, dass man durch eine Fällung der Diastase durch Tannin die Diffusion der schon activen Substanzen, welche aber seitens der Zellen zurückgehalten war, begünstigt.

Unter allen Schimmelpilzen, welche hinsichtlich ihrer Wirkung auf stärkehaltige Materialien untersucht wurden, ist der Aspergillus orizae der wirksamste und in Wirklichkeit auch derjenige, welcher die grösste Maltasenmenge abscheidet.

Der Mucor alternans und Amylomyces Rouxii gehören beide der Classe der Schimmelpilze an, welche reich an Maltase sind. Aspergillus niger und Penicillium glaucum besitzen dagegen ein weit geringeres diastatisches Vermögen und Eurotiopsis nimmt den letzten Platz ein hinsichtlich der Ausscheidung von Glukase.

Nach Laborde zeigen die zuckerbildenden Diastasen des Aspergillus niger, von Penicillium glaucum und von Eurotiopsis gayoni — Diastasen, welche er als Amylomaltasen bezeichnet — ganz verschiedene Eigenschaften. Von dieser Beobachtung ausgehend nimmt Laborde die Existenz dreier verschiedener Diastasen an, welche sich durch ihre Empfindlichkeit hinsichtlich physikalischer und chemischer Agentien sowie durch die Intensität ihrer Einwirkung unterscheiden.

LABORDE ließ auf einen 2%igen Stärkekleister unter ganz denselben Bedingungen die activen Substanzen dieser drei Schimmelpilze einwirken und fand für diese drei Diastasen beträchtliche Verschiedenheiten, welche in der folgenden Tabelle niedergelegt sind:

Herkunft der diastatischen Flüssigkeiten	Dauer der Einwirkung in Stunden	Rotation	Traubenzucker %	Dextrine %
Aspergillus niger	12	17·5	1·31	0·56
	48	14·0	1·61	0·31
	96	14·0	1·66	0·30
Penicillium glaucum	12	12·5	1·31	0·31
	48	12·0	1·61	0·21
	96	12·0	1·72	0·18
Eurotiopsis gayoni	12	7·0	0·80	0·16
	48	9·0	0·61	0·06
	96	9·3	1·92	0·00

Die Verschiedenheit im Verlauf der Hydratisierung macht sich hauptsächlich durch die Rotationskraft der Flüssigkeiten geltend, sowie durch das Mengenverhältnis von Maltose zu Dextrinen.

Auf 1·6 gebildeter Glukose findet man bei den drei activen Flüssigkeiten ganz verschiedene Dextrinmengen, sowie ebenfalls ganz verschiedene Rotationen.

Diese Verschiedenheiten rühren ohne Zweifel daher, dass der Kleister von den Diastasen der verschiedenen Herkunft nicht mit derselben Leichtigkeit verflüssigt wurde.

Die Maltasen der verschiedenen Schimmelpilze unterscheiden sich noch mehr durch ihre Optimaltemperaturen, sowie durch ihre Zerstörungstemperaturen:

	Optimal-temperatur	Zerstörungs-temperatur
Aspergillus niger	60⁰	80⁰
Penicillium glaucum	45⁰	70⁰
Eurotiopsis gayoni	50⁰	75⁰

Hinsichtlich der Einwirkung der Wärme nähert sich die Maltase des Aspergillus niger der Maismaltase, während die active Substanz von Eurotiopsis gayoni eher der Diastase von Penicillium glaucum und derjenigen der Hefen gleicht.

Zwischen der Maltase aus Cerealien und den Fermenten der Schimmelpilze constatiert man noch eine andere Verschiedenheit. Während die erstere auf Stärkemehl schwieriger einwirkt, als auf Maltose, zeigen sich die letzteren activ wirksamer auf einen Stärkekleister als auf seine Hydratisierungsproducte.

Im übrigen sind diese Verschiedenheiten in der Wirkungsweise der Diastasen mehr eingebildete. Ein kalt hergestellter Malzauszug wirkt auf Stärkekleister und auf Maltose energisch ein. Fällt man dagegen die active Substanz eines Maisauszuges mit Alkohol, so erzielt man ein Product, welches auf Kleister fast nicht mehr einwirkt, sehr stark dagegen auf Maltose.

Diese Verschiedenheit rührt offenbar von der Veränderung in der umgebenden Flüssigkeit her. Im ersten Falle rührt die Einwirkung her von einer Diastase, begleitet mit Fremdkörpern, welch letztere ihre Wirkungsweise beeinflussen. Im zweiten Falle hat man es mit der Diastase allein zu thun, oder mit dieser Diastase in Verbindung von Stoffen, welche auf die Umwandlung nur ganz schwachen Einfluss haben.

Man muss also annehmen, dass all die bei den Maltasen verschiedener Abkunft beobachteten Verschiedenheiten ausschließlich von den sie begleitenden Fremdkörpern herrühren, welche auf ihre Empfindlichkeit hinsichtlich von Reagentien Einfluss haben.

Die Mehrzahl der Maltase abscheidenden Schimmelpilze entwickeln sich in Maischen von Brauerei und Brennerei mit Leichtigkeit, ebenso in Hefenwasser, welchem Kohlehydrate zugesetzt wurden.

Sanguinetti hat eine vergleichende Untersuchung zwischen Aspergillus orizae, Mucor alternans und Amylomyces Rouxii angestellt.

Er cultiviert dieselben in Maischen, welche Stärkemehl, Dextrine und andere Kohlehydrate enthielten, und beobachtete hiebei den Verlauf der Diastaseabscheidung sowie den Einfluss der Ernährung auf diese Abscheidung.

Wir lassen einige dieser Versuche folgen: In einen $1\frac{1}{2}$ l fassenden Glaskolben gibt er 500 cm^3 Hefenwasser und fügt 15 g Stärke oder Dextrine zu. Er sterilisiert die Flüssigkeit und säet nach erfolgter Abkühlung in den verschiedenen Kolben bei einer Temperatur von 30° Sporen der verschiedenen Schimmelpilze aus.

Er gönnt den Pflanzen eine zehntägige Entwicklungszeit und schüttelt die Flasche zweimal jeden Tag um, um der Sporenbildung vorzubeugen. Er bestimmt hierauf das Gewicht der gebildeten Pflanze sowie den in der Flüssigkeit enthaltenen Zucker und Alkohol. Die Resultate des Versuchs mit Hefenwasser und Stärkemehl sind folgende:

	Control-flüssigkeit g	Aspergillus orizae g	Mucor alternans g	Amylomyces Rouxii g
Gewicht der Pflanze	—	2·081	0·667	2·080
Extract bei 100° getrocknet	19·00	5·20	6 27	4·5
Gesammtsäure in Schwefelsäure ausgetrocknet (SO_4H_2)	0·127	0·670	0·980	0·660
Alkohol Gewichtsprocente	—	2·77	1·58	3·96
Reducierender Zucker (Glukose) . .	—	1·30	Spuren	Spuren
Gesammtmenge reducierenden Zuckers nach der Verzuckerung mit Salzsäure	16·67	2·25	2·25	3·75
Verlust an Alkohol auf % Stärkemehl	—	40%	46%	25·7%

Vergleicht man die Menge verschwundener Kohlehydrate mit derjenigen des gebildeten Alkohols, so findet man

für Aspergillus orizae auf 14·42 umgewandelten Zucker 2·77 Alkohol;

für Mucor alternans auf 13·68 umgewandelten Zucker 1·58 Alkohol;

für Amylomyces Rouxii auf 12·92 umgewandelten Zucker 3·96 Alkohol.

Der Aspergillus orizae zeigt sich activ am wirksamsten und lässt in einer Stärkelösung von 15% 0·85 nicht umgewandeltes Dextrin zurück, während Mucor alternans und Amylomyces Rouxii doppelt soviel nicht angegriffenes Dextrin ergeben.

Ersetzt man bei diesem Versuche das Stärkemehl durch Dextrin, so beobachtet man eine noch weniger vollständige Verzuckerung.

Nach zehntägiger Einwirkung findet man noch 3·8 Dextrin. Berücksichtigt man die Zeitdauer der Einwirkung und das Gewicht der Pflanze, so erscheint die Menge der von den Schimmelpilzen ausgeschiedenen activen Substanz eine verhältnismäßig sehr geringe, selbst bei Aspergillus orizae; 2·081 g dieser Pflanze reichen, wie wir gesehen haben, nicht hin, um 15 g Stärkemehl umzuwandeln, während 0·5 g Malz unter analogen Verhältnissen eine vollständige Umwandlung herbeiführen.

Die Maltase der Pilze verhält sich gegenüber der Einwirkung der Nährlösung höchst empfindlich. Botin und Rolands haben die Einwirkung des Sauerstoffes und des Säuregehaltes der Nährlösung untersucht. Folgender Versuch gibt uns hierüber einige Auskunft:

Man säuert eine Brennereischlempe verschieden stark an und cultiviert in der sterilisierten Flüssigkeit den Amylomyces unter verschiedenen Bedingungen.

Bei der einen Cultur lässt man sich die Pflanze an der Oberfläche der Flüssigkeit entwickeln [Cultur S]; bei einer anderen findet die Entwicklung in der Tiefe statt [Cultur P]; durch eine dritte Cultur [Cultur A] lässt man 48 Stunden lang einen Luftstrom gehen.

Die nach einem Gährungsverlauf von 4 Tagen bei einer Temperatur von 26° erzielten Resultate sind folgende:

	Neutrale Schlempe			Schlempe mit 3·4 Säuregehalt		
	S	P	A	S	P	A
Alkohol pro l.	3·4$^{cm^3}$	5·5$^{cm^3}$	3$^{cm^3}$	3$^{cm^3}$	1·8$^{cm^3}$	1·7$^{cm^3}$
Säuregehalt	0 36	0·83	0 4	2·69	3·13	2 69
Reducierender Zucker in Glukose	4·83	2 33	1 64	4·31	3·5	3·4
Gesammtzucker	10·23	7·3	5·57	17·71	17·71	13·28
Gewicht des erhaltenen Amylomyces in gepresstem Zustand. . .	—	4·6 g	8·15g	—	0·25g	2·30g

Wie man sieht, wirkt die Luftzuführung außerordentlich günstig auf die Entwicklung der Pflanzen, da man 8·15 *g* in der durchlüfteten Flüssigkeit findet, während die bei Luftabschluss hergestellte Cultur nur 4·6 *g* ergab.

Die Menge der während der Entwicklung der Pflanze gebildeten Säure steht in directer Beziehung zum Anfangssäuregehalt und ist umso geringer, je höher der Säuregehalt der Lösung bei Beginn war.

Die Maltase wirkt sehr gut in einer schwachsauren Lösung, jedoch wird ihre Wirksamkeit gelähmt durch eine Menge organischer Säuren, welche derjenigen von 2 *g* Schwefelsäure pro *l* entspricht.

LITERATUR.

DUBOURG. — Recherches sur l'amylase de l'urine. Thèse. Paris, 1889.

BOURQUELOT. — Recherches sur les propriétés physiologiques du maltose. Comptes Rendus, 1883.

CUSENIER. — Sur une nouvelle matière sucrée diastasique et sa fabrication. Monit. scientif., 1886, p. 718.

BROWN und HÉRON. — Über die hydrolytischen Wirkungen des Pankreas und des Dünndarms. Ann. chim. und pharm., 1880, 228.

LINTNER und KROEBER. — Verschiedenheit der Hefeglukase von Maisglukase und Invertin. Ber. der deutsch. chem. Gesellsch., 1895, p. 1050.

G. H. MORRIS. — Hydrolyse de la maltase par la levure. Rec. Chem. Soc., 1895.

LABORDE. — Recherches physiol. sur une moisissure l'Eurotiopsis gayoni. Ann. de l'Inst. PASTEUR 1898.

SANGUINETTI. — Contrib. à l'étude de l'amylomices Rouxii. Ann. de l'Inst. PASTEUR, 1897.

BODIN et ROLANTS. — Contrib. à l'étude de l'utilisation de l'amylomyces Rouxii. Bière et boissons fermentées. Mars 1897.

PFEFFER und KATZ. — Schriften der könig. sächs. Gesellschaft der Wissenschaften, Leip. 1896.

FISCHER und LINDNER. — Enzyme von Schizosaccharomyces octosporus und Saccharomyces Marxii. Berichte der deutschen chemischen Gesellschaft, 1885, I., p. 984.

BEIJERINCK. — Centralblatt für Bakteriologie, II. Abth., 2. Jahrg., 1898.

WROBLEWSKY. — Über die chemische Beschaffenheit der amylolytischen Fermente. Berichte der deutsch. chem. Gesellschaft, 1898.

ACHTZEHNTES CAPITEL.

GEWERBLICHE VERWENDUNGSARTEN DER MALTASE.
CEREALOSE.

Gewerbliche Herstellung von Glukosen durch Enzyme. —
Cusenier, welcher im Mais Glukase gefunden hatte, suchte
diese Entdeckung in der Traubenzuckerindustrie praktisch
zu verwerten. Indem er in dieser Fabrication die Säuren
durch die in den Körnern enthaltenen Enzyme ersetzte, gelangte er zur Herstellung eines Productes von großem Werte.
Dasselbe findet sich in dem Handel unter dem Namen Cerealose.

Die Cerealose stellt eine krystallinische Masse dar, welche
Maltose und Glukose enthält.

Die Herstellung der Cerealose ist indessen noch wenig
entwickelt, denn vom Gesichtspunkt der Ausbeute und des
Kostenpunktes lässt das Verfahren von Cusenier noch viel
zu wünschen übrig. Die Herstellungskosten der Cerealose
sind höher als diejenige der mittels Säuren hergestellten
Glukose.

In der Cerealoseindustrie begegnet man verschiedenen
Schwierigkeiten.

Obgleich der Mais hinlängliche Mengen hydratisierender
Fermente enthält, um alles Stärkemehl in Zucker umzuwandeln, so ist es doch in der Praxis außerordentlich schwierig,
die für die Wirkung des Fermentes günstigen Arbeitsbedin-
gungen herzustellen. Die Umwandlung des Stärkemehls ist
infolgedessen eine keineswegs vollständige.

Man mahlt den Mais, zieht ihn mit dem vierfachen Volumen Wasser 24 Stunden lang bei einer Temperatur von 60⁰

aus und gewinnt hiebei 60—65% des Stärkemehls in Form
von Zucker. Eine noch längere Maceration des Maises ergibt
kein wesentlich besseres Resultat. Das Enzym wirkt nur auf
einen Theil des Stärkemehls, und es bleiben stets nicht angegriffene Stärkekörner zurück, obgleich die erhaltene Zuckerlösung immer noch reich an activen Substanzen ist. Hierin
hauptsächlich liegt die besondere Schwierigkeit der Glukosefabrication mittels Glukase.

Man muss infolgedessen zu einer Art continuierlicher
Arbeit seine Zuflucht nehmen und bedient sich hiebei folgenden
Vorganges:

500 *kg* grob gemahlener Mais kommen in einen mit doppelter Umhüllung und schaufelförmigem Rührwerk versehenen
Apparat. Man setzt 20 *hl* Wasser von 65° zu und hält die
Temperatur bei 58—60° und constantem Gang des Rührwerkes 6—8 Stunden lang.

Die Umwandlung der Stärkematerialien in Traubenzucker
verfolgt man durch Bestimmung des specifischen Gewichtes
und durch Feststellung der Rotationskraft der Maische. Während der Dauer dieses Vorganges nimmt das specifische Gewicht des Flüssigkeit zu, während die Rotationskraft abnimmt.
Man betrachtet die Operation als beendigt, wenn die 10%
Trockensubstanz enthaltende Maische 40—45° am Polarimeter
von SOLEIL anzeigt. Hierauf trennt man mittelst Filtration
die Zuckerlösung von den Trebern, welche noch ziemlich beträchtliche Mengen unangegriffenen Stärkemehls enthalten. Man
entfärbt den Saft mittelst Thierkohle und dampft im Vacuum
bis zu einer Concentration von 40—42° BAUMÉ ein. Alsdann
gießt man den Sirup in Formen, wo er alsbald fest zu werden
beginnt, begünstigt durch den Zusatz eines Glukosekrystalls.

Das bei der ersten Operation nicht angegriffene Stärkemehl hat die folgende Operation wieder durchzumachen: Das
auf dem Filter zurückgebliebene Maismehl wird einem Koch-
process unter schwachem Druck ausgesetzt. Man verzuckert
den hiebei erhaltenen Kleister bei einer Temperatur von 63°,
und zwar mittelst eines geringen Quantums von Malz (1—2%),
und die dextrinhaltigen Maischen ersetzen bei der folgenden
Operation das Wasser. Mit den bei 500 *kg* Mais abfallenden
Trebern erzielt man ungefähr 20 *hl* dextrinhaltige Maische.

Dieser setzt man 400 *kg* gemahlenen Mais zu und verzuckert 6—8 Stunden lang bsi 58—60⁰.

Die im Gerstenmalz enthaltene Maltase kann der Glukosefabrication ebenfalls dienstbar gemacht werden.

Der Malzauszug wirkt auf Maltose nur sehr wenig ein, dagegen wirkt gequetschtes Malz energisch auf Maltosesirup unter Umwandlung in Traubenzuckersirup. Für diese Arbeit empfiehlt es sich, das Malz mit Sirupen von 20—26⁰ BAUMÉ in Berührung zu bringen und nicht mit den verdünnten Säften.

In den süßen und sehr concentrierten Maischen vollzieht sich die Extraction der Malzdiastase leichter, als in den Sirupen geringer Concentration.

Die Cerealose zeigt folgende mittlere Zusammensetzung:

Maltose . . . . . 2·5%
Glukose 72%
Dextrin . . . . . 2·5%
Wasser 20%

NEUNZEHNTES CAPITEL.

GEWERBLICHE ANWENDUNG DER MALTASE. JAPANISCHE UND CHINESISCHE HEFE.

Bereitung der japanischen Hefe. — Bereitung des Koji. — Die hiebei im Reis vor sich gehenden Änderungen. — Zusammensetzung des Koji. — Einwirkung der Salze. — Bereitung der Hefe Moto. — Bereitung des Sakébieres. — Zusammensetzung des Moto. — Zusammensetzung der Saké. — Bereitung der chinesischen Hefe. — Eigenschaften der chinesischen Hefe. — Diastasen der chinesischen Hefe. — Einfluss der Temperatur und der chemischen Agentien. — Einheimische Brennereien Ostindiens. — Verwertung der Vorgänge indischer Brennereien in den Brennereien des Abendlandes. — Arbeiten von Takamine, Collette und Boidin.

Japanische Hefe. — In gewissen Gegenden Ostindiens bereitet man alkoholische Getränke aus stärkehaltigen Materialien.

In Japan macht man eine Art von Bier namens Saké. In China und Cochinchina stellt man aus Reis einen Brantwein namens Chuno Chuno her, der einen Alkoholgehalt von 34·42% hat.

Die seitens der Orientalen angewendeten Methoden weichen von den europäischen vollkommen ab. Die Verzuckerung der stärkehaltigen Materialien und die Vergährung wird durch specielle Fermente hervorgerufen, deren Cultur Gegenstand einer Industrie ist.

Das von den Japanern angewendete active Agens heisst Koji. Das Ferment, welches in Cochinchina zur Herstellung von Brantwein dient, führt den Namen Migen oder Men.

Die chinesische und japanische Hefe verdankt ihre Activität Schimmelpilzen, welche Maltase und wahrscheinlich auch Zymase ausscheiden.

Der in der chinesischen Hefe verherrschende Organismus ist der Amylomyces Rouxii. Koji dagegen verdankt seine Wirksamkeit dem Eurotium orizae.

HORSCHELT und ATKINSON haben zuerst Mittheilungen über die Zubereitung und Verwertung der japanischen Hefe gegeben.

Bereitung von Koji. — Die zur Bereitung des Koji bestimmten Reiskörner werden erstlich getrocknet und alsdann zur Entfernung ihrer Hülsen gedroschen; hierauf weicht man die Körner etwa 12 Stunden lang ein. Der Reis wird hierauf in einem Strom von Dampf gekocht, bis er eine gewisse Elasticität erreicht hat; alsdann breitet man ihn auf Matten aus, welche kräftig geschüttelt werden, um eine Vereinigung der Körner zu Klümpchen zu verhüten. Der Reis wird alsdann besäet mit Sporen des Schimmelpilzes Eurotium orizae. Diesen, in Japan einen Handelsartikel darstellend, mengt man dem Reis im Verhältnis von 1 Theil Sporen zu 40·000 Theilen Reis bei. Die Sporen werden in der ganzen Masse durch anhaltendes Schütteln der Matte vertheilt, worauf man das Ganze auf die Tenne bringt.

ATKINSON, Professor an der Universität von Tokio, welchem wir die Beschreibung dieser Industrie verdanken, schildert auch die specielle Einrichtung dieser Tennen. Es sind dies lange unterirdische Gänge, welche in einander gehen und 4—10 *m* lang, 2·10—2·40 *m* breit und 1·20 *m* hoch sind. Diese Tennen werden niemals geheizt, höchstens bei Beginn der kalten Jahreszeit. Der mit den Sporen vermengte Reis wird in Haufen auf die Tenne gebracht, von Matten bedeckt und so eine ganze Nacht hindurch belassen.

Andern Tags wird er, falls er nicht zur Bereitung von Sakébier dienen soll, mit einer gewissen Menge Wasser angesprengt.

Koji wird hierauf in einer recht flachen Schichte ausgebreitet und ruhig sich selbst überlassen. Am dritten Tage setzt man den Reis etwa 4 Stunden aufs neue zu Haufen zusammen. Nach Verlauf dieser Zeit zeigen sich die Körner mit einem

leichten Überzug, welcher von Mycelschläuchen des Schimmelpilzes herrührt, bedeckt. Der Reis wird alsdann abgekühlt
und in flachen Schichten auf Matten ausgebreitet, welchen man
zur Vermeidung der Klümpchenbildung eine schüttelnde Bewegung mittheilt.

Unter diesen Verhältnissen entwickelt sich die Vegetation,
die Mycelschläuche kriechen zwischen den Körnern durch und
am vierten Tage bildet Koji eine Art von Kuchen, welcher
verwendungsfähig ist.

Koji wird in verschiedenen Industriezweigen Japans angewendet: bei der Brotbereitung, bei der Herstellung der Soy-
sauce, vor allem aber in der Brauerei zur Bereitung des Sakébieres.

Keimungstemperatur. — In der Denkschrift von ATKINSON
finden sich einige Angaben über die Änderungen der Temperatur im Laufe der Kojifabrication.

Hat man die eingeweichten Reiskörner durch Schütteln
der Matten abgetrocknet, so verfügen sie über eine Temperatur
von 28—30°. Nach dem Besprengen am zweiten Tage sinkt die
Temperatur auf 23—26°, um hernach auf der Tenne bis auf
30° wieder zu steigen. Am folgenden dritten Tage fand ATKINSON
Temperaturen bis zu 40—41°. Trotz der nun erfolgenden
Abkühlung des Reises erwärmt er sich doch wiederum bis
auf 37°.

Diese Zahlenangaben sind indessen nur relativ, sie
schwanken je nach der Jahreszeit. Im Monat Mai wurde als
Temperatur auf der Tenne 24—26° wahrgenommen; die Temperatur des Koji betrug alsdann 25—29°. Im Monat December
zeigt das Thermometer auf der Tenne 37°, der Reis
selbst 39°.

Diese Steigerung der Temperatur erklärt sich durch die
recht energische Oxydation, welche die Schimmelpilze hervorrufen; vielfach findet man einen Unterschied zwischen der
Temperatur des Koji und der Außentemperatur von 10°.

Bei 40° müssen beträchtliche Stärkeverluste sich abspielen, desgleichen eine merkbare Schwächung der von den
Schimmelpilzen ausgeschiedenen Diastase. Nach neuerer Angabe über die Kojibereitung verwenden die japanischen Industriellen womöglich eine Temperatursteigerung über 25°. Die

ganze Dauer der Fabrication vom Augenblick des Aussäens
bis zu demjenigen der vollständigen Entwicklung der Pflanze
beträgt nur 3 Tage.

Veränderungen in dem Reis. — Die Umwandlung des
Reises zu Koji erscheint also als ein wirklicher Oxydationsvorgang. In der That verliert auch der Reis hiebei bis zu
11% seines Stärkegehaltes. Das Stärkemehl wird oxydiert
unter Entbindung von Kohlensäure und Bildung von Wasser.

Koji hat das Aussehen eines aus Reiskörnern hergestellten Kuchens, wobei die einzelnen Körner durch die
Mycelfäden verbunden sind. Die diesem Kuchen entnommenen
Körner sind mit einer Art von Flaum überzogen, und ein
Schnitt in eines dieser Körner zeigt, dass die äusseren Zellen
von Mycelfäden durchdrungen sind, das Innere aber unangegriffen blieb und sogar einen gewissen Härtegrad annahm.
Der Pilz greift im Laufe seiner Entwicklung die Eiweißkörper im Reis an; diese werden löslich und die Fermentativkraft des Koji wächst in dem Maße, als die Eiweißkörper
sich lösen.

Die Zusammensetzung des bei 100° getrockneten Koji
ist nach Atkinson folgende:

in Wasser lösliche Stoffe 37·76%	Dextrose	25·03
	Dextrin (Differenzbestimmung). . .	3·88
	Lösliche Asche	0·52
	„ Eiweißkörper	8·34
in Wasser unlösliche Stoffe 62 24%	Unlösliche Eiweißkörper	1·5
	„ Aschenbestandtheile . .	0·09
	Fett	0·45
	Cellulose	4·20
	Stärkemehl (Differenzbestimmung).	56·00

Koji in frischem Zustande enthält 25·82% Wasser.

Durch das Wachsthum des Eurotium orizae auf den Reiskörnern wird in letzteren der Gehalt an löslichem Stickstoff
vermehrt. Im trockenen Koji findet man eine Gesammtmenge von 9·84% Eiweißkörper; davon betragen die löslichen 8·34%. Die nicht zu Koji umgewandelten Reiskörner
enthalten nur 1·38% löslicher Eiweißkörper. Hier tritt auch
ein Unterschied der Löslichkeit zwischen Reis und Koji ein.

Solange Koji nicht auf 100° erwärmt wurde, löst es sich
großentheils in Wasser. Nach kurzer Berührung mit kaltem
Wasser lösen sich 12—14% seines Gesammtgewichtes auf.
Dauert die Berührung mit Wasser längere Zeit, so wirkt auch
die Diastase weiter, und nach Verlauf einer kürzeren oder
längeren Frist gehen 30—60% des Koji in Lösung.

Wirkung der Salze. — Das Enzym des Koji wird durch
den Säuregehalt der Flüssigkeit, in der es sich befindet,
wesentlich beeinflusst. Milchsäure in einer Dosis von 0·05%
erweist sich als günstig; eine Menge von 0·1% besitzt
bereits eine verzögernde Wirkung.

Die Diastase ist gegenüber der Einwirkung von Kochsalz ebenfalls empfindlich. Der Einfluss dieses Salzes wurde
von WATANABE bestimmt. Zu 5 *g* verkleistertem und abge-
kühltem Stärkemehl setzte er Chlornatrium in verschiedenen
Mengen zu und fügte hernach zu allen Proben eine und dieselbe Menge von Kojiauszug. Hierauf ließ er bei gewöhnlicher Temperatur 1 Stunde lang stehen, füllte alsdann auf
250 *cm³* auf und filtrierte. Die Wirkung des Salzes bestimmte
man hierauf mit Hilfe der Reductionskraft und des Rotationsvermögens der Lösung.

Gewöhnliches Kochsalz Menge auf 100 Theile Stärkemehl	Reductionskraft (gegenüber Kupferoxyd)	specifische Rotationskraft
0	30·8	173·8°
10	28·6	179·3°
30	25·1	182·6°
50	23·8	187·6°
75	20·9	190·3°
100	20·1	189·1°
150	19·1	190·2°
200	18·0	192·2°
300	16·9	194·1°
500	14·4	197·5°

Die Vermehrung der Rotations- und die Verminderung
der Reductionskraft sind leicht ersichtlich, und zwar verändern
sie sich in dem Grade, als die Kochsalzmenge wächst.

Fabrication des Moto. — Koji wird in der japanischen
Industrie als zuckerbildendes Agens verwendet; außerdem auch

zur Vergährung und zur Bereitung des Saké genannten Bieres.
Die hiezu nothwendigen Manipulationen zerfallen in 2 Theile:
1. in die Bereitung eines energischen Fermentes, welches man
Moto nennt; 2. in die Herstellung einer Maische und ihre
Vergährung.

Zur Herstellung des Moto geht man von in Dampf ge-
kochtem Reis als Rohmaterial aus, außerdem von Koji und
Wasser in folgenden Verhältnissen:

$$\begin{aligned}
&\text{Reis} & . \quad . \quad . \quad . \quad &68 \text{ Theile,}\\
&\text{Koji} & . \quad . \quad . \quad . \quad &21 \quad \text{„}\\
&\text{Wasser} & . \quad . \quad . \quad &72 \quad \text{„}
\end{aligned}$$

Die Herstellung von Moto verläuft in zwei Phasen, in der
ersten Phase, welche 5—6 Tage dauert, wird das Gemisch von
Reiskörnern und von Koji in verschiedene Gefäße vertheilt.
Unter dem Einfluss des Koji wird die Reisstärke verflüssigt
und in Zucker umgewandelt. Die Temperatur steigt kaum
um einige Grade, und die Gährung verläuft außerordentlich
langsam. In der zweiten Phase werden die Flüssigkeiten zu-
sammengegossen und auf ungefähr 25⁰ erwärmt; der Gährungsvorgang setzt ein, und die Temperatur steigert sich, ohne
jedoch 30⁰ jemals zu übersteigen. Die Herstellung des Moto
dauert 16—18 Tage, und die reife Hefe enthält bis zu 10%
Alkohol.

Die Zusammensetzung des Moto in der ersten Phase seiner
Herstellung ist folgende:

	Nach 3 Tagen %	Nach 5 Tagen %
Dextrose	7·35	12·25
Dextrin	5·12	5·69
Glycerin		
Asche	Spuren	0·48
Eiweiß		
Nicht flüchtige Säuren . . .	0·017	0·019
Flüchtige Säuren . . .	—	0·008
Wasser (Differenzbestimmung)	87·513	81·553
Nicht gelöstes Stärkemehl .	20·43	15·46

Die Zusammensetzung des Moto während der zweiten
Phase wird durch folgende Tabelle angegeben:

	Nach	7	10	12	14 Tagen
Alkohol		5·2	8·61	9·41	0·62
Dextrose		5·4	0·99	0·49	0·50
Dextrine		7·0	2·81	2·72	2 57
Glycerin		1·14	2·82	2·35	1·93
Nicht flüchtige Säuren .		0·31	0·24	0·31	0·30
Flüchtige Säuren . . .		0·15	0·11	0·05	0·03
Wasser (Differenz) . . .		80·80	84·42	84·67	85·47
Nicht gelöstes Stärkemehl		10·68	12·46	11·55	12·05

Bereitung von Saké. — Hiezu dienen dieselben Roh-materialien, wie zur Herstellung von Moto.

Der Reis wird mittels Koji verzuckert und mit Moto-hefe versetzt. Zuckerbildung und Gährung gehen neben ein-ander her. Nach einigen Tagen langsamer Gährung erwärmt sich die Maische und beginnt sehr lebhaft zu gähren.

Die Sakémaische hat eine beträchtliche Concentration, sie erreicht bis zu 35° BALLING. Die Gährung dieser Maische dauert 15—17 Tage. Man erzielt hiebei gewöhnlich einen Alkoholertrag von 12—13% und in einzelnen Fabriken sogar einen solchen von 14—15%.

Die Zusammensetzung einer Maische nach 28tägiger Gäh-rung ergab:

Alkohol	13·23
Dextrose	—
Dextrin	0·41
Glycerin	1·99
Nicht flüchtige Säuren .	0·107
Flüchtige Säuren · . . .	0·061
Wasser	84·202
Nicht gelöstes Stärkemehl	4·18

Die vergohrenen Maischen werden filtriert und so, wie sie nun sind, dem Consum zugeführt; in gewissen Fabriken unterwirft man die Maische noch einer Nachgährung.

Die in den Rückständen enthaltene Stärke wird aber-mals in Arbeit genommen, nachdem man dieselben ge-kocht hat.

Behufs Aufbewahrung von Saké erwärmt man die ver-gohrene Flüssigkeit auf 50—66°. In Japan wurde also ein

Sterilisierungsverfahren schon früher angewendet, als man in Europa das Pasteurisierverfahren kannte. Da man indessen nach erfolgter Sterilisierung die Flüssigkeit in nicht sterilisierte Behälter gibt, so geht hiebei die günstige Wirkung dieses Vorganges zum Theil wieder verloren.

Saké unterscheidet sich von Bier durch den geringen Gehalt an Dextrinen und Dextrose.

Bei der Bereitung von Moto gelangt ein sehr energisches alkoholisches Ferment zur Entwicklung. Die Erklärungsversuche für das Auftreten dieser Fermentativkraft sind außerordentlich widersprechend.

Nach der Meinung verschiedener Forscher rührt dieses Ferment von einem Saccharomyces her, welcher sich in der Maische spontan entwickelt; nach anderen Angaben ist es der Schimmelpilz, welcher sich infolge verschiedener Culturbedingungen in ein alkoholisches Ferment umwandelt.

Unleugbar vermögen sowohl der Aspergillus orizae wie die ganze Classe der Schimmelpilze ein Fermentativvermögen zu erlangen, wenn man sie unter gewissen Verhältnissen cultiviert; allein diese Schimmelpilze geben im allgemeinen wenig Alkohol und gähren sehr langsam. Da man außerdem stets Saccharomycespilze in dem Koji fand, so hat man Grund zur Annahme, dass die Gährung hauptsächlich von Hefe herrührt.

Chinesische Hefe. — Dieselbe wurde ganz speciell von Calmette studiert, welcher ausführliche Angaben über die Arbeitsweise in den ostasiatischen Brennereien machte. Die folgenden Daten stammen aus den Arbeiten Calmetes.

Die chinesische Hefe verfügt über die doppelte Fähigkeit, die stärkehaltigen Materialien, mit welchen man sie in Berührung bringt, zu verzuckern und vergähren zu können. Sie findet sich im Handel in Form von kleinen Reisbroten, welche nach Schimmel riechen. Diese Brote sind voll von Bakterien, Hefen und verschiedenen Arten von Schimmelpilzen. Das in diesen Broten enthaltene active Agens ist eine Kryptogame, welche mit ihrer Mycelverästelung die ganze Masse durchsetzt. Die Pflanze wurde von Calmette Amylomyces Rouxii getauft.

Dieser Amylomyces ist in den Broten, welche die chinesische Hefe ausmachen, sehr stark vertreten. Cultiviert man

diesen Schimmelpilz auf glukosehaltigem Agar-Agar, so entwickelt er sich sehr rasch und bildet nach Verlauf von
48 Stunden eine Art von Schleier, welcher sich über die
ganze Oberfläche der Cultur ausbreitet.

Kartoffeln, süße Pataten, welche mit Sporen dieses
Schimmelpilzes besäet werden, bedecken sich mit einem
leichten mehligen Überzug, welcher schließlich durchsichtig
und endlich ganz unsichtbar wird. Der Amylomyces entwickelt sich normal auf Gelatine, auf Peptonen und auf
peptonisierter und alkalischer Rinderbouillon, obgleich ein
schwacher Säuregehalt günstig für denselben ist.

Der Schimmelpilz bringt Milch in 24 Stunden zum Gerinnen und röthet dieselbe, wenn sie zuvor durch Lackmus
blau gefärbt wurde.

Im allgemeinen sind zuckerhaltige Maischen, welche phos-
phorsaures Kali enthalten, der Entwicklung dieser Pflanze
günstig; die besten Nährböden für ihr Wachsthum sind indessen flüssige oder gelatinisierte Bierwürzen und in Dampf
gekochte stärkehaltige Substanzen.

Entwickelt sich dieser Schimmelpilz bei Abschluss von
Luft, so nimmt er ein flockiges Aussehen an und bildet geringe Mengen Alkohol. Lebt er hingegen an der Oberfläche
der Maische, so verbrennt er den Zucker unter Bildung von
Oxalsäure. Cultiviert man ihn in Gegenwart von Luft in
einer Dextrin oder Stärkemehl enthaltenden Maische, so wandelt er den Rohrzucker in gährungsfähigen Zucker um.

Nach Angabe von CALMETTE ist der Amylomyces dasjenige Ferment, welches Stärkemehl mit der größten Lebhaftigkeit in Zucker umwandelt.

CALMETTE hat das Wachsthum dieser Pflanze verfolgt
und hiebei beobachtet, dass bei Berührung mit Luft sich die
Mycelien sammeln unter Bildung von Gonidien; bei Abschluss
von Luft entsendet die Pflanze ihre Mycelschläuche nach allen
Richtungen und pflanzt sich durch directe Sprossung fort.

In botanischer und physiologischer Beziehung unterscheidet
sich dieser Schimmelpilz von allen bekannten Arten; er scheint
den Trichophyteen nahe zu stehen, während er vermöge seiner
Fortpflanzungsart und seiner physiologischen Eigenschaften an
die Saccharomyceten erinnert.

Diastase der chinesischen Hefe. — Die in den Amylomyces-
zellen enthaltene Diastase hat nach CALMETTE alle Eigenschaften der Malzamylase. Abgeschieden wird diese Diastase
durch die Mycelschläuche.

CALMETTE schreibt dem Amylomyces auch noch die Fähigkeit zu, Sukrase abzuscheiden. In Wirklichkeit aber ist die
abgeschiedene Diastase Glukase, und hat dieses Enzym weder
mit Amylase, noch mit Sukrase etwas zu thun.

Um eine diastatische Lösung dieses Fermentes zu erhalten,
greift man zu einer Methode ähnlich derjenigen, welche FERN-
BACH zu Herstellung der Hefensukrase warm empfahl.

Man cultiviert zuerst den Schimmelpilz auf sterilisierter
RAULIN'scher Flüssigkeit oder noch besser in einer Bierwürze,
und sobald die Pflanze ihr normales Wachsthum erreicht hat,
so ersetzt man die Flüssigkeit durch sterilisiertes Wasser.
Nach einem Verweilen von etwa 60 Stunden im Brutschrank
bei 38^0 diffundieren die in den Zellen enthaltenen Diastasen
in die umgebende Flüssigkeit; das abgegossene Wasser stellt
eine activ ziemlich wirksame Diastaselösung dar.

Zur Bestimmung des Activvermögens eines im Amylomyces enthaltenen Enzyms wurde von CALMETTE folgender
Versuch angestellt: Die diastatische Lösung wird in verschiedene Portionen von 30 cm^3 getheilt und letzteren 120 g
einer sterilisierten $1^0/_0$igen Stärkelösung zugesetzt. Ein Tropfen
zugesetzten Knoblauchöles spielt die Rolle eines Antisepticums.
Man bringt den Versuch in den Brutschrank, wo die Verzuckerung vor sich geht. Es wurde folgende Zuckermenge
erhalten.

> Nach 1 Stunde . . . . 0·12 g
> „ 6 Stunden . . . . 0·28 g
> „ 12 „ . . . . 0·33 g
> „ 24 „ . . . . 0·35 g

Wie man sieht, hört die Proportionalität zwischen der
Einwirkungsdauer und der Menge des gebildeten Productes
nach 12 Stunden auf; die Diastase scheint also nach Verlauf
dieser Zeit zerstört zu sein. Zur Bestimmung der Fermentativkraft dieser auf Reis cultivierten Pflanze gibt CALMETTE
folgende Methode an: 100 g Reis werden in Dampf gekocht

und mit den Mycelschläuchen einer Reincultur von Amylomyces besäet, bei geeigneter Temperatur gönnt man der Entwicklung des Schimmelpilzes 3 Tage Zeit. Hierauf verreibt
man die Masse mit 500 g Wasser und gießt alles zusammen
auf die Membran eines Dialysators, welcher auf destilliertem
und aseptisch gemachtem Wasser schwimmt. Der Stärkekleister
dialysiert nicht und die Membran gestattet nur der Glukose
und den in Lösung befindlichen Diastasen den Durchgang. Es
bietet sich also unter dem Dialysator eine neue diastatische
Lösung, in welcher man den Zucker bestimmt. Man lässt zu
diesem Ende eine gewisse Menge dieser Lösung auf 1%igen
Stärkekleister einwirken. Ist die Zuckerbildung vollendet, so
wird der gebildete Zucker bestimmt und man zieht davon den
Zucker ab, welchen man in den Amylomycesauszug zugesetzt hat.

Die aus jungen Culturen gewonnene Diastase hydratisiert
lebhafter, als diejenigen aus alten Culturen. Eine Filtration
der Diastaselösungen durch CHAMBERLAND'sche Filter benimmt
ihnen jegliche Fermentativkraft. Die von CALMETTE zur Bestimmung von Diastase angewandte Methode lässt sehr viel
zu wünschen übrig. Einleuchtend ist, dass man bei derselben
nur einen geringen Theil der in den Pflanzen enthaltenen
Diastase gewinnt; um sich von dem diastatischen Vermögen
der stärkehaltigen Materialien, auf welchen sich der Schimmelpilz entwickelt hatte, Rechenschaft zu geben, muss man dieselben unbedingt mahlen und sie in Pulver- oder Pastaform
bringen und die so zubereitete Substanz zur Bestimmung verwenden. Man nimmt beispielsweise 1 g dieser Substanz, lässt
sie auf 10 g Stärkekleister einwirken und eine Stunde lang
bei 40° verzuckern. Von der gefundenen Zuckermenge zieht
man hierauf denjenigen Zucker ab, welcher sich unter dem
Einfluss der activen Substanzen allein gebildet hat, denn es
handelt sich hauptsächlich um die Bestimmung derjenigen
Zuckermenge, welche dieses 1 g activer Substanz allein unter
den angegebenen Versuchsbedingungen ergeben kann.

Einfluss der Temperatur und der chemischen Agentien. —
Der Amylomyces entwickelt sich am günstigsten bei einer
Temperatur von 35—38°; bei diesem Wärmegrad verläuft die
hydratisierende Wirkung dieser Pflanze am intensivsten. Über

38⁰ oder unter 23⁰ wird das Wachsthum ein langsameres; bei 72⁰ geht die Diastase zugrunde. Die Pflanze selbst wird durch $^1/_2$ stündiges Verweilen bei 75⁰ oder durch ein solches von 15 Minuten bei 80⁰ getödtet.

Gegenwart von Salzen scheint der Diastase wenig zu schaden.

CALMETTE hat für verschiedene Substanzen diejenige Menge bestimmt, von welcher die Diastase nicht beeinflusst wird; er fand hiebei:

$1·1$ g Carbolsäure

$0·05\%$ salpetersaures Silber

$0·1\%$ Kupfervitriol

$0·1\%$ Eisenvitriol

$0·1\%$ Zinkvitriol

Senföl hat in geringer Menge keinen Einfluss auf die Entwicklung dieser Pflanze, Glycerin übt bei einem Gehalt von 5% eine günstige Wirkung aus. Dagegen wirken Knoblauchöl in ganz geringer Menge und $0·005\%$ Sublimat hemmend auf das Wachsthum des Schimmelpilzes.

Fabrication der chinesischen Hefe. — Die chinesische Hefe, deren Bereitung ziemlich umständliche Maßnahmen erfordert, bildet im östlichen Asien den Gegenstand einer höchst interessanten Industrie.

Das zu dieser Fabrication erforderliche Werkzeug ist einfach genug: Es besteht aus Matten, Gestellen, Sieben, einem Granitmörser und einem runden Trog.

Rohmaterialien sind: Entschälter Reis und verschiedene aromatische Pflanzengattungen, welche dem gebildeten Alkohol einen speciellen Geruch geben und ohne Frage hauptsächlich antiseptisch wirken sollen.

Die hiebei verwendeten Pflanzen sind äusserst zahlreich und die bekanntesten davon sind: Der weisse Senf, Caryophyllus aromaticus, chinesisches Zimmtholz, Gewürznelken u. s. w.

Die aromatischen Pflanzen sowohl, wie der Reis werden je für sich zu Pulver verrieben, hierauf vermengt und mit Wasser zu einer weichen Pasta angerieben. Dieser Teig wird in Form von 1 *cm* dicken Scheiben gebracht, welche man auf eine Matte legt, nachdem man sie mit dem Schimmelpilz besäet hat, und zwar mittels einer Reiskugel, welche man in den Teig eindrückt. Man verbringt hierauf die Matten auf Gestelle, deckt sie mit Strohmatten zu und lässt den Schimmelpilz bei einer Temperatur von 28—30⁰ sich entwickeln. Nach 2 Tagen haben die Schimmelpilze die Scheibe mit feinem Flaum überzogen; nachdem die Hefe an der Sonne getrocknet ist, ist sie verkaufsfertig.

Der zur Hefenfabrication verwendete Reis ist nicht erster Qualität, man kann auch Bruchreis anwenden.

In Cochinchina vollzieht sich die Bereitung der chinesischen Hefe überall auf diese Weise. In Cambodja und in China ersetzt man den Reis ab und zu durch Bohnen- oder Maismehl.

Die in Ostasien einheimischen Brennereien. — Die im Osten heimischen Brennereien benöthigen eine complicierte Einrichtung ebensowenig, als die Hefefabriken. Die Einrichtung besteht in einem mit Ziegeldach versehenen Schuppen. Unter demselben sind in parallelen Linien Öfen angebracht und durch Zwischenräume von einander getrennt, welche durch Wasserbassins ausgefüllt werden; zur Verdichtung der alkoholischen Dämpfe dienende Recipienten tauchen in diese Bassins ein. Die Öfen haben eine Höhe von 60 *cm*, sind 1·2 *m* breit und 4 *m* lang. Sie dienen zur Erhitzung von 2 Retorten und eines zum Kochen des Reises bestimmten Kessels. Die Öfen werden mittels Holzfeuers geheizt.

Der zur Herstellung der Maische dienende Reis wird theilweise enthülst und mit einer gewissen Menge heissen Wassers gemischt. Er kommt darauf in Kessel, welche mit einer Strohmatte und einem Deckel aus Eisenblech zugedeckt werden. In jeden Kessel gibt man 18 *kg* Reis, 22 *kg* Wasser und kocht 2 Stunden lang. Alsdann ist der Reis vollständig aufgequollen. Man breitet ihn hierauf auf Matten aus und hier erhält er pulverförmig feine chinesische Hefe; man gibt ihn hierauf in Töpfe von ungefähr 20 *l*, welche nur halb gefüllt werden. Die Töpfe werden zugedeckt und der Zuckerbildung überlassen. Ist die Stärke umgebildet, nämlich etwa nach Verlauf von 3 Tagen, so füllt man die Töpfe mit Wasser auf; die Gährung setzt sofort ein und ist nach Umfluss von 48 Stunden vollkommen beendigt. Der Inhalt der

Töpfe wird alsdann aus den Retorten abdestilliert. Die Retorten bestehen aus einem Behälter aus Eisenblech, einem hölzernen Dampfraum und einem Helm aus gebranntem Lehm. Ein 2·5 m langes und in einem Winkel von 45⁰ geneigtes Bambusrohr verbindet die Blase mit dem Condensator, in welchen die alkoholischen Dämpfe übergeleitet werden. Die Blasen werden unmittelbar über dem Feuerraum angebracht.

Die Rückstände der Destillation dienen als Viehfutter.

Aus 100 kg Reis und 1·5 kg chinesischer Hefe erzielt man gewöhnlich 60 l Alkohol von 30⁰, also 18 l von 100%. Der Alkoholgehalt des Phlegmas schwankt in den einzelnen Brennereien, er ist niemals geringer als 34, niemals höher als 42%.

Anwendung der Schimmelpilze in der Gährungsindustrie nichtasiatischer Länder. — Was die Ausnützung der Rohmaterialien betrifft, so liefern sowohl die chinesische als auch die japanische Hefe nur mittelmäßige Resultate in ihren Heimatländern.

Nach ATKINSON beträgt die Alkoholausbeute bei der Sakéfabrication nur 50—56% der theoretischen.

Die chinesische Hefe arbeitet noch ungünstiger. Nach CALMETTE geben 100 kg enthülsten Reises mit einem Stärkegehalt von 81—84% in den Brennereien von Cochinchina ungefähr 18 l Alkohol. Diese wenig befriedigenden Resultate rühren großentheils her von der Unzulänglichkeit der Einrichtungen wie von der mangelhaften Reinlichkeit bei der Arbeit.

Man wird sofort zugeben müssen, dass die Benützung der Schimmelpilze einer Verbesserung fähig ist, wodurch sich dieselben und vielleicht noch bessere Resultate in der Industrie erzielen lassen, als die gewöhnliche Arbeit liefert.

Und in der That bietet die Anwendung von Schimmelpilzen sehr grosse Vortheile. Vor allem erscheint die Arbeit wesentlich vereinfacht; Hefe und Malz sind umgangen und durch einen Schimmelpilz ersetzt, welcher sich sehr leicht cultivieren lässt und welcher gegenüber der Einwirkung der Wärme und derjenigen seiner Nährlösung weniger empfindlich ist, als Malz und Hefe. Um aber die Verwendung von Schimmelpilzen praktisch anwendbar zu gestalten, wird man sich vor allem von den orientalischen Methoden trennen und sich den in europäischen Brennereien gegebenen Bedingungen unterwerfen, mit einem Wort eine rationelle Arbeitsweise schaffen müssen.

Mit dem Studium dieser Frage beschäftigten sich der japanische Chemiker TAKAMINÉ, sowie COLETTE und BOIDIN.

TAKAMINÉ gibt sich schon seit 10 Jahren etwa mit der Anwendung von Schimmelpilzen in der Gährungsindustrie ab.

Anfangs suchte er ausschließlich nach einem der Entwicklung des Aspergillus orizae günstigen Nährboden, desjenigen Pilzes, welchen man ausschließlich in Japan auf enthülstem und mit Dampf behandeltem Reis cultiviert.

Um das Bedürfnis der Pflanze nach Mineralien zu befriedigen, gibt man eine gewisse Menge Asche der Camelia japonica zu. TAKAMINÉ ersetzt die Asche durch einen Zusatz eines Salzgemisches im Betrag von 1—4% des Körnergewichtes; das Gemisch besteht aus weinsaurem und phosphorsaurem Ammoniak, aus schwefelsaurem Kali und schwefelsaurer Magnesia.

Nach Angabe des genannten Forschers vermehrt der Zusatz dieser Salze die Ausbeute ganz beträchtlich und bietet außerdem noch den Vorteil, dass man den Reis durch andere Cerealien ersetzen kann.

Zur technischen Herstellung der Aspergillusculturen schlägt TAKAMINÉ folgendes Verfahren vor: Man kocht die Körner in Dampf, bis sich die Stärkekörner ausdehnen; dann kühlt man ab und besprengt mit der Salzlösung. Hierauf mischt man die Körner gut durcheinander und besäet sie mit Aspergillus orizae. Nach dem Besäen lässt man die Körner bei einer Temperatur von 30⁰ ungefähr 24—30 Stunden verweilen. Alsdann zerkleinert man die etwa gebildeten Klümpchen und bringt die Körner auf Platten, welche man in feuchter Luft bis zur vollständigen Reife der Pilze belässt. Die Pilzmasse wird alsdann bei niederer Temperatur getrocknet und gesiebt. Auf diese Weise trennt man die Sporen, welche aufs neue bei mäßiger Temperatur getrocknet und mit indifferenten Stoffen vermengt werden, in welcher Form sie als Gährmittel dienen.

TAKAMINÉ stellt auch eine Art von Malz her, welches er
Takakoji nennt. Hiezu verwendet er mit Vorliebe Kleie oder
Treber von Brauerei und Brennerei und geht folgendermaßen
vor: Die Rohmaterialien werden mittelst Dampf sterilisiert
und mit Sporen von Aspergillus orizae besäet; die Temperatur
hiebei beträgt 30⁰.　　Auf 50 *kg* Rohmaterialien verwendet er
1 *g* Sporen. Die Entwicklung des Schimmelpilzes geht auf
einer feuchten Tenne bei einer Temperatur von 20—30⁰ vor
sich. Nach 24stündigem Verweilen auf der Tenne breitet
man die Masse in dünner Fläche aus und überlässt die Pflanze
hrem Wachsthum. Dasselbe ist im allgemeinen nach 4 bis
5 Tagen beendigt Man trocknet hierauf bei einer Temperatur
von nicht über 50⁰.

TAKAMINÉ empfiehlt auch für das Takakoji eine Trennung der Sporen mittels Siebens durch ein Seidensieb. Diese
Sporen sollten nach seiner Angabe als alkoholisches Gährmittel dienen, während das Takakoji selbst die Rolle des verzuckernden Agens übernimmt.

Ganz richtig ist auch der Vorschlag TAKAMINÉS, zur
Zuckerbildung einen klaren Auszug aus Takakoji anzuwenden.
Zu diesem Ende zieht er die active Substanz in der Kälte
aus, decantiert die Flüssigkeit, welche zur Verzuckerung dient,
während der feste Antheil einer vorgängigen Kochung unterworfen wird, welche eine gute Ausnützung des Stärkemehls erlaubt.

Takakoji dient zur Herstellung eines Fermentes für
Brennerei und Brotbäckerei. Zu diesem Ende wird Roggen-
kleie, oder werden die Cerealien selbst mit 3—10⁰/₀ Takakoji und 4—8 Volumen Wasser vermengt. Man erwärmt die
Masse 15—30 Minuten lang auf 65⁰ und lässt alsdann aufkochen. Nachdem man auf 60⁰ abgekühlt hat, setzt man
eine neue Portion Takakoji zu (3—10⁰/₀) und ruft eine zweite
Verzuckerung hervor. Ist diese beendigt, so trennt man durch
Filtration oder decantiert den flüssigen Antheil von dem festen,
sterilisiert die Würze und besäet sie mit Sporen der Schimmelpilze. Es tritt hierauf eine Gährung ein, welche 12—16 Stunden andauert. Nach ihrer Beendigung setzt sich das Ferment
in Form einer teigigen Masse am Boden der Bottiche ab;
man presst dieselbe und verwendet sie in den verschiedenen
Industrien.

Die Arbeit in der Brennerei geht nach dem Verfahren von TAKAMINÉ folgendermaßen vor sich. Die Rohmaterialien, Getreide, Kartoffeln etc., werden unter Druck gekocht, der Stärkekleister mittels Takakoji verzuckert; diese Verzuckerung verläuft während 1 Stunde bei 65—70⁰, und man verwendet hiefür, je nach dem Diastasegehalt des Koji, 3—20% des letzteren.

Ist die Verzuckerung beendigt, so wird die Maische auf 19⁰ abgekühlt und mit Hefe versetzt.

Zur Bereitung der Kunsthefe dient die Cerealienmaische, unter Hochdruck gekocht und durch Takakoji verzuckert. Die Verzuckerung dieser Maische verläuft in zwei Phasen. Man verzuckert zuerst bei 60⁰ 1 Stunde lang und kühlt alsdann die Maische langsam auf 19⁰ ab. Hierauf setzt man eine neue Portion Takakoji sowie etwas Kunsthefe von der vorhergehenden Operation zu und lässt gähren.

Die stark vergohrenen Maischen dienen als Hefe oder auch als Mutterhefe für die Bereitung der folgenden Kunsthefe.

Auf 100 l zur Gährung zu stellender Maische verwendet man im allgemeinen 2—10 l Hefe.

In einem Patente, welches TAKAMINÉ im Jahre 1894 nahm, macht er den Vorschlag, eine industrielle Verwendung der in den Schimmelpilzen enthaltenen activen Substanzen einzuführen durch Fällung derselben aus ihren Lösungen.

Zur Cultur der Schimmelpilze dienen Treber, Kleie und andere stärkemehlhaltige Substanzen. Ist die Cultur beendigt, so pulverisiert man die Substanzen und zieht sie mit kaltem Wasser aus, um die Maltase zu gewinnen. Die von den unlöslichen Stoffen getrennte Flüssigkeit wird filtriert und mit 1·3 Volumen Alkohol gefällt. Das so erzielte Product wird auf einem Filter erst mit Alkohol, dann mit Äther ausgewaschen und bei mäßiger Temperatur getrocknet. Nach Angabe von TAKAMINÉ ersetzt die auf solche Weise gewonnene active Substanz vortheilhaft das Malz in Brennerei und Brauerei.

Auch räth TAKAMINÉ, — und hierauf scheint er ein großes Gewicht zu legen — dem Auszug der activen Substanz vor dem Zusatz von Alkohol einen Auszug von Materialien, wie Kleie, Treber, ungemalztem Getreide u. s. w., zuzusetzen.

Durch diese Behandlung lässt sich nach seiner Angabe die Activität der gefällten Stoffe wesentlich erhöhen.

Soweit aus dem Patente zu entnehmen, scheint dieses Verfahren sehr verlockend, und ich habe mich deshalb beeilt, die Versuche von TAKAMINE zu wiederholen; indessen waren die hiebei erzielten Resultase nur wenig ermuthigend.

Aspergillus orizae enthält ein peptonisierendes Ferment, welches auf Eiweißkörper sehr energisch einwirkt. Das erzielte Infus ist zähe, filtriert mangelhaft und der durch Behandeln mit Alkohol erzielte Niederschlag hat geringe active Wirksamkeit.

Ein Zusatz von Kleientrebern oder Cerealienauszug vermehrt die verzuckernde Kraft der Aspergillusdiastasen bedeutend, was ich indessen schon vor TAKAMINÉ nachgewiesen, hat aber auf die verflüssigende Kraft keine Einwirkung. Die Erhöhung der Activität ist im übrigen eine mehr eingebildete, als thatsächliche.

In einem neueren Patente schlägt TAKAMINÉ ein System vor zur Cultivierung der Schimmelpilze und zur Bereitung einer activen Flüssigkeit; dies verdient noch Erwähnung.

Um eine große Culturoberfläche unter Ersparung von Nährstoffen herzustellen, bringt er in die Nährlösung poröse Körper, Bruchstücke von Bimsstein, und lässt die Schimmelpilze sich auf diesen Substanzen entwickeln.

Diese Idee wurde neuerdings von COLETTE und BOIDIN wieder aufgenommen; um in der Technik eine Vegetation von Amylomyces Rouxii herzustellen, imprägniert er Stroh mit der Nährflüssigkeit, sterilisiert und besäet hierauf mit dem Mycel. Um die Entwicklung des Schimmelpilzes zu begünstigen, leitet er einen starken Luftstrom durch die Masse durch.

Hiedurch erzielt er mit relativ wenig Nährstoffen reichliche Vegetationen.

Die Verarbeitung von Cerealien mittels des Amylomyces erfolgt nach der Methode von COLETTE und BOIDIN auf folgende Weise: Den stärkehaltigen Materalien setzt man etwa das Dreifache ihres Gewichtes an Wasser zu, kocht 3 Stunden lang unter einem Druck von $3\frac{1}{2}$—4 Atmosphären und bringt die gedämpfte Masse mit gequetschtem Grünmalz zusammen, ohne hiebei die Temperatur von 70^0 zu übersteigen.

Das hiezu verwendete Malz beträgt in Gerste ausgedrückt $1\frac{1}{2}-2^0/_0$ des Gesammtgewichtes der zu verarbeitenden stärkehaltigen Materialien. Die Verflüssigung mittelst Malz währt etwa eine Stunde. Die Maische wird hierauf in einer Art von großem Druckkessel sterilisiert, wobei ein Druck von 2 Atmosphären obwaltet, hierauf mit dem Gährmittel versetzt und zur Gährung gebracht.

Die Gährung verläuft in besonders construierten, mit Rührwerk und Eintrittsstellen für Luft und Dampf versehenen Bottichen. Die vom Sterilisator kommende kochende Maische gelangt in die Bottiche, deren Construction die Vermeidung jeglicher Infection erlaubt. Die Abkühlung der Maische erfolgt in den Gährbottichen, in welchen dieselben bei einer Temperatur von 38° neutralisiert wird. Ein neutrales Milieu ist in der That für eine normale Entwicklung des Amylomyces unentbehrlich. Die Bottiche werden hierauf mit Culturen von Amylomyces, welche auf einer geringen Menge stärkehaltiger Materialien entwickelt waren, besäet, worauf sterilisierte Luft eingeleitet wird unter gleichzeitigem Gange des Rührwerkes. Die Bewegung bezweckt, eine Entwicklung des Schimmelpilzes an der Oberfläche zu verhindern, weil derselbe sonst den Zucker der Maische verbrennen würde.

Nach Verlauf von 20 Stunden ist die Entwicklung des Pilzes beendigt. Man kühlt hierauf auf 38—33° ab und säet nunmehr eine Cultur von Reinhefe aus. Der Zusatz dieser Hefe bringt die alkoholische Gährung zuwege. Müsste der Schimmelpilz die Vergährung erzielen, so würde hiefür eine längere Zeit erforderlich sein. Nach Verlauf von 3 Tagen ist die Gährung beendet und die Maische reif zum Abbrennen.

Kritische Betrachtung dieser orientalischen Processe. — Die Versuche von TAKAMIMÉ, COLETTE und BOIDIN, die Schimmelpilze in die Gährungsindustrie einzuführen, haben eine Reihe kritischer Arbeiten hervorgerufen, welche in verschiedenen Zeitschriften für Brennerei und Brauerei veröffentlicht sind. Die Organe der Technik sprachen sich im allgemeinen sehr zurückhaltend über den Wert dieser neuen Methode aus.

Wenn es sich um ein industrielles Verfahren handelt, so bietet das hiedurch erzielte praktische Resultat im allgemeinen das einzige Kriterium. Resultate dieser Art, durch die Anwendung von Schimmelpilzen in der Brennerei gewonnen, fehlen heutzutage noch. Mit Ausnahme einiger Fabriken, in welchen die Erfinder ihre Verfahren ausprobieren, kennt man noch keine Brennerei, welche mit der neuen Methode regelmäßig arbeitet. Bei dieser Sachlage wäre es verfrüht, über den Wert dieser Fabricationsmethode ein definitives Urtheil abzugeben. Trotzdem habe ich versucht, die verschiedenen Patente von Takaminé mit denjenigen von Colette und Boidin zu vergleichen, da sie ja verschiedene Verfahren angeben sollen. Dieser Vergleich hat mich indessen zu keinen ganz klaren Schlussfolgerungen geführt.

Das Verfahren von Takaminé, obgleich 7 Jahre älter als dasjenige von Colette und Boidin, besitzt mit diesem letzteren so viel ähnliche Momente, dass man dieselben leicht verwechseln kann.

Die Lectüre dieser auf Anwendung von Schimmelpilzen bezüglichen Patente lässt vor allem den absoluten Mangel an Bescheidenheit seitens der Erfinder erkennen und zeigt die Illusionen, welchen sich dieselben hinsichtlich der Tragweite ihrer Entdeckung hingaben.

In seinem Patent von 1891 nimmt Takaminé als sein ausschließliches Eigenthum in Anspruch die Anwendung jedweden Schimmelpilzes in der Gährungsindustrie, soweit derselbe eine Zuckerbildung oder eine Vergährung stärkehaltiger Materialien oder auch nur eine dieser Umwandlungen herbeizuführen vermag.

Sieben Jahre später erheben Colette und Boidin dieselben Ansprüche. Als ein Resultat ihrer Forschung nehmen sie die Verwendung aller Schimmelpilze, welche gährend und verzuckernd zugleich wirken, für sich in Anspruch. Man könnte etwa das unbefangene Vorgehen des japanischen Chemikers, welcher offenbar nicht auf dem Laufenden ist mit unserer Literatur, entschuldigen, für die französischen Chemiker aber gibt es eine solche Entschuldigung nicht. Die Verwendung von Schimmelpilzen sowie von Hefen ist seit langer Zeit Allgemeingut geworden. Man kann eine specielle Arbeitsweise mit Hilfe von Schimmelpilzen patentieren lassen, das Princip ihrer Anwendung selbst darf aber nicht patentiert werden.

Ein Durchlesen des Patentes lässt nicht erkennen, worin die Erfindung von COLETTE und BOIDIN in der That bestehen soll. Man könnte höchstens ihr Verfahren charakterisieren durch die Sterilisierung der Maische und die Entwicklung von Reinculturen in diesen sterilen Maischen.

TAKAMINÉ sterilisiert nur die Kunsthefe und lässt die Gährung verlaufen in Maischen, welche bei hoher Temperatur verzuckert wurden. Durch einen unbegreiflichen Irrthum ändern COLETTE und BOIDIN in den Zusatzpatenten ihre Arbeitsweise und behaupten, ein Sterilisieren der Maische könne unterdrückt werden. Nach dem Studium einiger Patente der Erfinder könnte man auch glauben, TAKAMINÉ wende ausschließlich den Aspergillus orizae an und COLETTE und BOIDIN lediglich den Amylomyces; geht man aber alle von ihnen veröffentlichten Arbeiten durch, so findet man, dass dem nicht so ist.

Kurz, es bleibt zu bedauern, dass TAKAMINÉ seine Ansprüche nicht auf den Aspergillus orizae beschränkt hat, womit sein Verfahren ohne Frage denjenigen seiner Concurrenten überlegen gewesen wäre.

Im übrigen erstreckt sich das praktische Interesse, welches die Schimmelpilze darbieten, lediglich auf ihre verzuckernden Eigenschaften.

Durch Wegfall des Malzes zur Hefebereitung sind die Kosten hiefür beinahe Null geworden, und es bleibt in dieser Hinsicht wenig oder gar nichts mehr zu thun übrig. Dagegen würde eine Ersparnis an Malz zur Verzuckerung der Maischen einen bedeutenden Vortheil bieten.

Aspergillus orizae produciert ohne Frage lebhafter Diastase, als der Amylomyces Rouxii und ist infolgedessen für die Brennerei von ungleich höherem Interesse. Noch andere Vorzüge vor dem Amylomyces hat die japanische Hefe aufzuweisen. Der Aspergillus secerniert nicht nur Maltase, sondern auch Sukrase. Man kann ihn infolgedessen auch in der Melasse- und Zuckerrübenbrennerei verwenden, wo der Amylomyces Rouxii ohne Nutzen wäre.

Das Verfahren von COLETTE und BOIDIN erlaubt nur die Herstellung von Maischen mit 4—5% Alkohol, während der Aspergillus solche mit 12 und über 12% liefern kann.

Außerdem macht der Aspergillus keine besonderen Einrichtungen nothwendig, während das System des Amylomyces Rouxii eine vollständige und höchst kostspielige Umänderung der Einrichtungen verlangt.

Dies sind im allgemeinen die Nachtheile, welche dem Verfahren COLETTES und BOIDINS anhängen; es gibt aber auch noch andere, welche diesen beiden Methoden gemeinsam sind:

1. Die Schimmelpilze sind oxydierende Agentien und rufen als solche große Verluste an Kohlehydraten hervor;

2. der durch die Schimmelpilze erzeugte Alkohol hat einen ganz specifischen Geschmack und enthält weit mehr Unreinigkeiten, als der mit guten Hefen erzielte;

3. die Schimmelpilze liefern im allgemeinen nur recht beschränkte Diastasemengen.

Um nun ein gutes Endresultat zu erzielen, muss man diese Pilze in den Maischen sich reichlich entwickeln lassen, wodurch die Alkoholausbeute nothwendigerweise beeinflusst wird.

Aus den soeben angestellten Betrachtungen kann man folgenden Schluss ziehen: Erstlich ist dem weiteren Forschen auf diesem Gebiete durch die bereits ertheilten Patente keineswegs Stillstand geboten, sodann müssten die Methoden, betreffend Anwendung von Schimmelpilzen, erst ganz wesentliche Verbesserungen erfahren, um praktisch anwendbar zu werden.

Man sollte die Bedingung für die Entwicklung der Schimmelpilze zum Gegenstand ausgedehnten Studiums machen, und weiterhin wäre es erforderlich, dieselben durch systematische Acclimatisierung dahin zu bringen, dass die von ihnen ausgeschiedene Diastase wirksamer und gegenüber der Nährlösung unempfindlicher würde.

Bis heute haben sich hauptsächlich Gesellschaften von Geldmännern mit dieser Frage beschäftigt; man darf wohl hier der Hoffnung Ausdruck geben, dass auch uninteressierte Gelehrte dieser Frage näher treten.

LITERATUR.

ATKINSON. — Sur la diastase du koji. Monit. scientifique, 1882.

— — The Chimistry of Sakibrhwing in Japon. Tokio, 1881; Nature, 1878; Chemical News, avril 1880.

CIJKMANN. — Mikrobiologisches über die Arrakfabrication in Batavia. Centralblatt für Bakt. und Paras., 1894.

WRUT und GERRLIGE. — Über Zucker- und Alkoholbildung durch Organismen bei der Verarbeitung der Nebenproducte der Rohrzuckerfabrication. Wochensch. für Brauerei, 1894.

HOFMANM. — Mittheilungen der deutschen Gesellschaft für Natur- und Völkerkunde Ostasiens, Heft 6.

M. O. KORSCHELT. — Memoires de la Société asiatique. Berlin 1878, voir Dinglers Polytech. Journal, 1878.

AHLBURG. — Mittheilungen der deutschen Gesellschaft für Natur- und Völkerkunde Ostasiens. December 1878.

IKULA. — Sakéfabrication. Chemik. Zeitung, 1890.

KELLNER. — Chemik. Zeitung, 1895.

A. CALMETTE. — La fabrication des alcools der riz en Extrême-Orient Saigon. Imprimerie coloniale, 1892.

MORI NAGAOKA. — Beitrag zur Kenntnis der invertierenden Fermente. Zeitschrift für physiol. Chemie, 1890.

JUHLER. — Centralblatt für Bakter., 1895.

JORGENSEN. — Centralblatt für Bakter., 1895.

WEHNER. — Centralblatt für Bakter., 1895.

KLOCKER und SCHIONNIG. — Centralblatt für Bakter., 1895.

Dr. LIEBSCHER. — Über die Benützung des Gährungspilzes Eurot. orizae. Zeitschrift für Spiritusindustrie, 1881.

SCHROHK. — Über einen 18% Alkohol gebenden Gährungserreger. Zeitschrift für Spiritusindustrie, 1891.

KOSAI TABÉ. — Centralblatt für Bakter., II, p. 619.

BODIN et ROLANTS. Contribution à l'étude de l'utilisation de l'amylomyces Rouxii. La bière et les boissons fermentées, 1897.

PETIT. — Quelques procédés nouveaux en Distillerie. Moniteur scientifique, 1898.

SOREL. — Comptes Rendus de deux congrès de chimie applique. Paris, 1897.

— — Comptes Rendus, 1895.

NITITENSKI. — Moisissures saccharifiant l'amidon. Technitscheski sbornick. La bière et les boissons ferm., 1895.

TAKAMINÉ. — Brevet Nr. 216,840, 19 octobre 1891. Perf. dans la production des ferments alcooliques.

Tekaminé. — Brevet Nr. 214.033, 3 av. 1891.

— — Brevet Nr. 241.322, 11 sep. 1894. Conversion des matièrs amy-
lacées en sucre.

— — Brevet Nr. 241.321, 11 sep. 1894. Perf. dans la préparation des
moûts fermentés.

— — Brevet Nr. 241.323, 11 sep. Fabric. du Tako Koji.

Colmettr et Boidin. — Brevets Nr. 258.084, 265.245, 130.172 en 1896.
Procédé d'utilisation des moisissures pour l'extraction des résidus de
l'alcool. France, 15 juillet 1896, Nr. 125.722, certif. d'additus,
11 janv. 1897.

ZWANZIGSTES CAPITEL.

ENZYME DER KOHLEHYDRATE. TREHALASE.

Die Trehalase ist eine active Substanz, welche auf Trehalose einwirkt, eine der Maltose isomere Zuckerart von der Formel $C_{12}H_{22}O_{11} + 2 H_2O$.

Dieser Zucker spielt in vielen Pflanzen die Rolle eines Reservestoffes. Wigers und Mitscherlich haben sein Vorkommen im Mutterkorn, Berthelot in der syrischen Trehala nachgewiesen.

Man findet diesen Zucker häufig und in großer Menge in frischen Pilzen; während des Trocknens verschwindet er aus ihnen fast vollkommen. Er macht z. B. $10^0/_0$ der Trockensubstanz des Fliegenschwammes aus.

Die Trehalose reduciert Fehling'sche Lösung nicht und geht unter Einwirkung von Säuren in Glukose über.

Eine ähnliche Hydratisierung vollzieht sich bei Anwendung der Trehalase, eines von Bourquelot entdeckten Enzymes. Sein Vorkommen wurde von dem genannten Gelehrten nachgewiesen im Aspergillus niger, Penicillium glaucum und in anderen Pilzen. Dieses Enzym findet sich auch noch im Malze, sowie im Dünndarm vor.

Die Umwandlung der Trehalose in Traubenzucker kann man durch folgende Formel ausdrücken:

$$C_{12}H_{22}O_{11} + H_2O = 2 C_6H_{12}O_6$$

Trehalose   Glukose

Die diastatische Einwirkung vermag man durch die Veränderung des Rotations- wie Reductionsvermögens der Flüssigkeit nachzuweisen.

Die Trehalose hat ein Rotationsvermögen $[\alpha]d$ 198, wogegen dasjenige der Glukose nur $[\alpha]d$ 52·4 beträgt.

Den Versuch mit Trehalase stellt man in einer 2%igen
Trehaloselösung bei 33—35° an.

Die Trehalase ist gegenüber der Einwirkung von Wärme
weit empfindlicher, als die Maltase: Bei 54° ist ihre Wirkung schon gelähmt und bei 64° ihre active Substanz vollständig zerstört.

Die Reaction der Lösungen ist ebenfalls von großem Einflusse auf die Trehalose. Ein Säuregehalt von 2—4 mg
Schwefelsäure begünstigt die enzymatische Umwandlung der
Trehalose, aber mit zunehmendem Säuregehalt geht die Activität zurück, und in Gegenwart von 0·2 g ist die Wirkung
des Enzymes schon beinahe vollständig gelähmt.

Nach Angabe von FISCHER vermag Malzauszug Trehalose
zu spalten, während der Diastase des Speichels, dem Ptyalin,
diese Fähigkeit nicht zukommt.

Die nach LINTNERS Vorschrift gefällte und gereinigte
Amylase wirkt kräftig auf Trehalose ein. Lässt man 10 cm^3
einer 10%igen Trehaloselösung und 0·5 g Amylase bei 35°
auf einander wirken, so kann man die Bildung von 0·5 g
Traubenzucker nachweisen.

EMIL FISCHER hat Trehalase in der Hefe FROHRERG gefunden. Das Enzym wird in den Zellen dieser Hefe zurückgehalten und tritt nur sehr schwierig in die umgebende Flüssigkeit aus. Darum besitzt ein wässeriger Hefenauszug die Fähigkeit nicht, Trehalose umzuwandeln, während in Gegenwart von
Hefezellen die Trehalose in Traubenzucker übergeht.

Bei Zusatz von 5 g Hefe zu 1 g Trehalose, in 10 cm^3
Wasser gelöst, vermochte FISCHER nach einer Einwirkungs-
dauer von 40 Stunden bei einer Temperatur von 33° die
Bildung von 0·2 g reducierenden Zuckers nachzuweisen.

Nach der Ansicht dieses Gelehrten kann man die Existenz der Trehalase bezweifeln; er hält dafür, dass die Amylase die Umwandlung von Trehalose in Traubenzucker vollzieht. Der Amylase käme also nach FISCHERS Annahme die
Fähigkeit zu, auf Stärkemehl Maltose bildend einzuwirken
und ebenso auf ein Isomeres der Maltose unter Bildung von
Traubenzucker.

Um den Nachweis von Trehalase zu führen, stellte ich folgenden Versuch an:

Gleiche Hefemengen, in steriler Würze cultiviert, wurden unter denselben Bedingungen einer Lösung von Dextrinen und einer solchen von Trehalose zugesetzt. Man lässt beide Lösungen 2 Tage lang bei 30° stehen und analysiert hierauf. Man nimmt zu diesen Versuchen 2 g Hefe, 25 cm^3 einer 1%igen Lösung löslicher Stärke und 20 cm^3 einer 10%igen Trehaloselösung. Die Einwirkung der Hefe findet in Gegenwart von Chloroform statt.

Die Trehaloselösung liefert unter diesen Verhältnissen 0·34 g Glukose, während sich in der Lösung löslicher Stärke keine Spur von Zucker findet. Das von der Hefe ausgeschiedene Enzym ist also keine Amylase, und die Thatsache, dass LINTNER'sche Diastase auf Trehalose wirkt, beweist nur, dass diese Diastase neben Amylase noch andere Enzyme enthält.

LACTASE.

Wie PASTEUR zeigte, wandelt sich der Milchzucker durch Behandlung mit Mineralsäuren in Galaktose und Glukose um, und zwar nach der Gleichung:

$$C_{12}H_{22}O_{11} + H_2O = C_6H_{12}O_6 + C_6H_{12}O_6$$

Lactose　　　　　　　Glukose　　　Galaktose

In den lebenden Zellen geht die Umwandlung der Lactose unter Vermittlung eines Enzyms vor sich, welches dieselbe Wirkung ausübt wie die Säure.

Seit langer Zeit wurde die Existenz dieser Fermente in Zweifel gezogen und die Umwandlung des Milchzuckers im Organismus dessen Lebenskraft zugeschrieben.

BEYERINCK hat zuerst die Gegenwart von Lactase in gewissen Hefearten, welche im Käse und im Kefir enthalten sind, nachgewiesen. Nachher haben DUCLAUX, de KAYSER und ADAMETZ andere Heferassen gefunden, welche dieselbe Diastase abscheiden. EMIL FISCHER hat bei Wiederholung der Arbeiten BEYERINCKS zu bestätigen vermocht, dass ein filtrierter Kefirauszug auf Lactose einwirkt.

Da im Kefir die Saccharomyceten in Symbiose mit anderen Mikroorganismen wirksam sind, bot eine Untersuchung Interesse, ob die Secretion des Enzyms von der Hefe oder von den begleitenden Bakterien ausgeht. Die diesbezüglichen Versuche FISCHERS haben zu folgenden Resultaten geführt:

1. Gewisse Alkoholhefen vermögen Lactose zu vergähren;
2. die Einwirkung einer Hefe auf Milchzucker hängt einzig und allein ab von ihrer Fähigkeit, Lactase zu secernieren.

Das auf die Lactose einwirkende Enzym wird im Innern der Zellen zurückgehalten und diffundiert nur äußerst schwierig in die umgebende Flüssigkeit. Selbst wenn man die Hefezellen mit Glaspulver zerreibt, bietet eine Extraction der activen Substanz noch Schwierigkeiten dar.

Durch Chloroform wird die Diffusion der Diastase aus den Zellen beschleunigt.

Die Lactase kann aus ihren Lösungen durch Alhohol gefällt werden, ohne ihre Activität vollständig einzubüßen.

Die Einwirkung der Lactase auf Milchzucker kann man mit Hilfe des Polarimeters verfolgen. Durch Umwandlung von Lactose in Traubenzucker und Galaktose nimmt die Rotationskraft der Flüssigkeit um $1/3$ zu.

Lactose und Dextrose haben ein Rotationsvermögen von $[a]d + 52·5$, während dasjenige der Galaktose gleich $[a]d + 83$ ist.

INULASE.

Gewisse Pflanzen enthalten als Reservestoff ein Kohlehydrat namens Inulin.

In diesen Pflanzen findet sich gewöhnlich zu gleicher Zeit auch ein activ wirksames Princip, welches diese Kohlehydrate in einen assimilierbaren Zucker verwandelt.

Dieses Enzym wurde von J. R. GREEN entdeckt, welcher demselben den Namen Inulase gab.

Das Vorkommen von Inulase wurde nachgewiesen in Topinambourknollen während ihrer Bildung, in Aspergillus niger, in Penicillium glaucum, endlich in den Daliahknollen. Nach BOURQUELOT darf man annehmen, dass sich dieses Enzym auch in der Cichorie, im Knoblauch, in der Zwiebel sowie in vielen anderen Pflanzen findet.

Unter Einwirkung der Inulase wird das Inulin unter Wasseraufnahme umgewandelt in Lävulose nach der Formel:

$$(C_6H_{10}O_5)^{18} + 18H_2O = 18C_6H_{12}O_6$$
$$\text{Inulin} \qquad\qquad \text{Lävulose}$$

Nach GREEN verläuft diese Umwandlung unter allmählicher Wasseraufnahme des Inulins und Bildung von Zwischenproducten. Da nachgewiesenermaßen das Inulinmolecül ein sehr complexes ist, darf man annehmen, dass sich während der Hydratisierung neben Lävulose verschiedene Inuline mit verschiedenen Moleculargewichten bilden. Indessen besitzt das Inulin nach vorausgegangener theilweiser Hydratisierung dasselbe Rotationsvermögen, als vor dem Einfluss der Diastase.

Das Auftreten von Zwischenproducten ist umso fraglicher, als die Bildung dieser Körper durch Einwirkung von Säuren nicht konnte nachgewiesen werden.

Die Optimaltemperatur für Inulase liegt zwischen 50 und 60⁰.

Die Wirkungsweise dieses Enzyms wird durch die Reaction der Flüssigkeit beeinflusst. In einer neutralen Flüssigkeit oder in Gegenwart von 5 *mg* Salzsäure verläuft die Hydratisierung regelmäßig. In Gegenwart wachsender Säuremengen nimmt das Activvermögen des Enzyms ab.

In Gegenwart von 0·2 Säure oder 1·5 Soda wird die Diastase zerstört.

Der Einfluss der Reaction der Flüssigkeit tritt bei einer Temperatur von 40⁰ stärker hervor, als bei einer solchen von 10—15⁰.

Die Umwandlung von Inulin in Lävulose kann man verfolgen entweder an der Hand des Rotationsvermögens oder mittels der Reductionskraft.

Das Inulin hat ein Rotationsvermögen von $[\alpha]d - 36$, während Lävulose fast die doppelte Drehung nach links gibt.

Diejenigen Brennereien, welche Topinambour als Rohmaterial verwenden, müssen das Inulin invertieren, wenn sie eine entsprechende Alkoholausbeute erzielen wollen. Um diese Umwandlung zu vollziehen, hat man die Anwendung von Gerstenmalz gerathen. Dies ist indessen vollständig falsch,

denn die Amylase ist ohne Wirkung auf das Inulin, und das
Malz enthält keine Inulase.

Die Umwandlung von Inulin in Lävulose geht indessen
sehr leicht vor sich. Man darf nur die Rohmaterialien unter
einem leichten Druck dämpfen, und man erzielt eine vollständige
Inversion.

PECTASE.

Im frischen Fleisch von gelben Rüben und Runkelrüben
sowie in den weichen Theilen von Früchten ist FRÉMY auf
einen Reservestoff gestoßen, welchen er als Pectose bezeichnet hat.

Dieser Stoff ist unlöslich in Wasser und Alkohol. Er hat
große Ähnlichkeit mit der Cellulose.

Während des Reifungsprocesses der Früchte unterliegt
die Pectose einer Reihe von Umwandlungen: Sie verwandelt
sich in Pectin und später in Pectate.

Das Pectin ist eine neutrale Substanz, welche mit Wasser
eine durch Alkohol fällbare, zähe Flüssigkeit gibt.

Die Umwandlung von Pectose zu Pectin ist besser bekannt,
und hierbei ist die Vermittlung durch ein Enzym festgestellt.

Diese active Substanz führt den Namen Pectase. Diesen
Namen sollte eigentlich diejenige Substanz führen, welche auf
Pectose einwirkt und nicht das Enzym, welches das Pectin
umwandelt. Diese letztere Diastase hätte vielmehr nach
unserer heutigen Nomenclatur den Namen Pectinase zu führen.

Die Zusammensetzung des Pectins ist nicht endgiltig festgestellt. Nach FRÉMY würde demselben die Formel $C_{32}H_{48}O_{32}$
zukommen; nach CHANDNEW diejenige: $C_{28}H_{42}O_{24}$.

Der Mechanismus der von der Pectase eingeleiteten
Reaction ist wenig bekannt.

Es ist noch nicht einmal endgiltig festgelegt, ob diese
Reaction unter Wasseraufnahme sich abspielt, und es ist sehr
wohl möglich, dass der Mechanismus der Reaction nur in
einer molecularen Änderung besteht, wie man eine solche
auch bei der Umwandlung von Zucker in Milchzucker nachgewiesen hat.

Die Einwirkung der Pectase auf eine Lösung von Pectin
macht sich durch ein Gelatinisieren der Flüssigkeit und die
Bildung einer reducierenden Substanz bemerkbar.

BERTRAND und MALLEVRE haben nachgewiesen, dass diesse Reaction nur bei Gegenwart gewisser Salze verläuft. Versetzt man eine reine Pectinlösung mit Pectase ohne Zugabe von Kalksalzen, so erreicht man niemals ein Gelatinisieren.

Das Festwerden der Flüssigkeit tritt sofort auf, wenn man dem Gemisch einige Tropfen einer Chlorcalciumlösung zusetzt, eines Stoffes, welcher ohne Pectase das Gelatinisieren niemals hervorbringen könnte.

Das Calciumsalz vermag durch Salze von Baryum oder Strontium, welche genau dieselbe Rolle spielen, ersetzt zu werden.

Um eine Pectaselösung zu erhalten, geht man von gelben Rüben aus, welche man während ihres Vegetationsprocesses sammelt, weil zu dieser Zeit die Pflanze am reichsten an Diastase ist. Es empfiehlt sich, die gelben Rüben zu schälen und nur das Kernfleisch zu verwenden, da die Rinde nur ganz wenig Pectase enthält.

Man verreibt die gelben Rüben zu einem Brei, aus welchem man die Flüssigkeit auspresst. Auf diese Weise erzielt man 70—80% einer trüben Flüssigkeit, welcher man etwas Chloroform zusetzt und sie als dann filtriert.

Diese Flüssigkeit verhält sich in einer reinen Pectinlösung stark activ. Um die filtrierte Pectaselösung zu conservieren, fällt man die Kalk- und Magnesiasalze durch Zugabe von Ammoniumoxalat. Die zur Fällung nothwendige Dosis von Oxalat wird analytisch festgestellt und dabei der Salzgehalt des verwendeten gelbe Rübensaftes berücksichtigt.

Im übrigen schwankt der Salzgehalt im Safte sehr wenig mit den Arten der gelben Rüben; für drei verschiedene Proben hat BERTRAND folgende Zahlen erhalten:

	1	2	3
Kalk %	0·016 g	0·018 g	0·013 g
Magnesia %	—	0·029 g	0·021 g

Es empfiehlt sich für die Praxis, $^1/_3$ Ammoniumoxalat mehr anzuwenden, als die nach dem Salzgehalt berechnete Dosis beträgt. Die mit Oxalat versetzte Pectaselösung klärt sich rasch und gibt nach der Filtration eine vollständig durchsichtige Flüssigkeit.

Man kann dieses Product lange Zeit halten, wenn man etwas Chloroform zusetzt und in vollen Gefäßen unter Abschluss von Licht in der Kälte aufbewahrt. Es macht eine Pectinlösung, welche keine Salze enthält, nicht gelatinisieren.

Um Pectose in reinem Zustand darzustellen, nimmt man Klee; man zerreibt die Pflanze in einem eisernen Mörser, presst die Masse hierauf ab und lässt den Pressaft mit Chloroform versetzt unter Abschluss von Luft stehen. Nach Verlauf von 24 Stunden bildet sich in der Flüssigkeit ein Coagulum, worauf man zur Filtration schreiten kann. In der filtrierten Flüssigkeit fällt man die Diastase mit Alkohol, wie man es bei den anderen Enzymen auch macht.

Quantitative Bestimmung der Pectase. — Die Pectase ist im Pflanzenreich weit verbreitet. Man findet sie in den Stengeln, den Blüten und den Blättern verschiedener Pflanzen.

Zur Bestimmung von Pectase schlagen BERTRAND und MALLEVRE folgende Methode vor. Zu 1 Volumen einer 2%igen Pectinlösung setzt man 1 Volumen Zellsaft und bemisst die diastatische Kraft durch die Zeit, welche die Flüssigkeit braucht zum Gelatinisieren.

Mit dem Safte verschiedener Pflanzen wurden folgende Resultate erzielt:

Tomaten	48 Stunden
Weinrebe	24 „
Gelbe Rüben . . .	2 „
Mais (Blätter) . . .	8 „
Klee	10 Minuten

An der Hand dieser Methode haben BERTRAND und MALLEVRE den Einfluss der Lösung auf die Pectase untersucht.

Verschiedene Proben einer und derselben Pectinlösung wurden verschieden stark angesäuert und mit derselben Pectasemenge versetzt.

Salzsäure $\%$	Coagulierung nach Verlauf von
0	$^3/_4$ Stunden
0·02	1 Stunde
0·06	$3^3/_4$ Stunden
0 1	20 „

Die Pectase wird also durch die saure Reaction der Flüssigkeit ungünstig beeinflusst, 0·06% Säure bringen schon eine Verzögerung in der Coagulierung um 3 Stunden hervor, indessen zerstört die Säure die active Substanz nicht leicht.

Neutralisiert man die sauren und wenig activ gewordenen Lösungen, so erzielt man aufs neue Flüssigkeiten mit sehr raschem Wirkungsvermögen. Diese Widerstandsfähigkeit der Pectase gegenüber der sauren Reaction erklärt es, warum die Wirkung der Pectase in grünen Früchten eine wenig energische ist. Vor erreichter Reife befindet sich das Enzym in Gegenwart einer starken Säuredosis, in welcher es nicht oder nur ganz schwach wirksam ist; während des Reifungsprocesses verschwindet der Säuregehalt, und die Wirkung der Pectase tritt stärker hervor.

CYTASE.

Die Cellulose wird häufig assimiliert durch pflanzliche Zellen. Diesem Assimilierungsprocess geht eine Verflüssigung und mehr oder weniger tiefgreifende Umwandlung voraus. Das diese Umwandlung bedingende Agens ist die Cytase.

Da bekanntermaßen Cellulosen mit stark verschiedenen Eigenschaften existieren, muss man von vornherein auch das Vorhandensein von verschiedenen cytohydrolysierenden Fermenten annehmen.

Sachs hat zuerst nachgewiesen, dass beim Keimen von Dattelkernen die Cellulose des Albumens sich schrittweise löst und dass die gebildeten Producte von den jungen Pflanzen absorbiert werden, welche aus der Cellulose transitorische Stärke bilden.

Green behandelte keimende Dattelkerne mit Glycerin und erhielt eine active Lösung, welche sowohl das Anschwellen, wie die partielle Lösung gewisser Cellulosen hervorruft.

Die Zerstörung pflanzlicher Gewebe durch Schimmelpilze muss auch auf eine Abscheidung von Cytasen zurückgeführt werden; indessen ist ein Isolieren dieser Enzyme außerordentlich schwierig, und ihr Vorhandensein wurde daher lange Zeit bezweifelt.

Die Schwierigkeiten, mit welchen man bei einem Isolie-
rungsversuch dieser Diastase zu kämpfen hat, rühren hauptsächlich von ihrer Veränderlichkeit her. Es ist wahrscheinlich, dass diese Enzyme ebenso rasch zugrunde gehen, als sie
auftreten, und dass man aus diesem Grunde sie in den Zellen
nicht in größerer Menge vorfindet.

Eine etwas beständigere Cytase wurde von Brown und
Morris im lufttrockenen Malz entdeckt. Um dieses Enzym
in festem Zustand zu erhalten, fällt man einen Malzauszug
mit Alkohol und trocknet den Niederschlag im Vacuum.

Das erhaltene Product enthält neben Amylase ein cyto-
hydrolysierendes Ferment.

Die Activität dieses Fermentes offenbart sich durch sein
Vermögen, die Cellulosehülle der Stärkekörner zu lösen. Will
man sich hievon überzeugen, so lässt man dieses Ferment
auf den Mehlkörper eines Gerstenkornes einwirken. Zu diesem
Ende taucht man ganz dünne Schnitte des Mehlkörpers in
einen Malzauszug und beobachtet, wie die Cellulosewände sich
erweichen und hierauf theilweise lösen.

Die Cytase tritt gleich bei Beginn des Keimungsvorganges der Cerealien auf und lange vor der Amylase.

Die lösende Wirkung der Cytase während der Malzbereitung dehnt sich auf das ganze Endosperm aus, und dank
diesem Umstand wird das gekeimte Korn zerreiblich und mehlig.

Man kann diese Umwandlung auch künstlich hervorrufen,
indem man ein seines Keimlings beraubtes Gerstenkorn in einen
Malzauszug gibt. Nach längerem Verweilen hierin zeigt der
Mehlkörper ein ganz anderes Aussehen; er wird mehlig und
zerreibbar, während man bei vorhergehender Erwärmung des
Malzauszuges auf 60° dieselbe Wirkung nicht zu erzielen vermag. Indessen hat die Amylase bei dieser Temperatur ihr
hydrolysierendes Vermögen gegenüber der Stärke nicht verloren, während die Cytase allerdings zerstört ist.

Die Umwandlung, welche die Cytase während der Malzbereitung hervorbringt, wurde vom chemischen Gesichtspunkte
aus wenig studiert. Sehr wahrscheinlich ist es, dass die Cellulose in Zucker übergeht, möglich aber auch, dass die Wirkung der Cytase eine weniger tiefgreifende ist.

Nach Angabe von J. GRUSS sollen die Cellulosewände
während des Keimungsprocesses nur zum Theil verflüssigt
werden, und die Einwirkung der Cytase beschränkte sich
darauf, stärkeführende Zellen frei zu machen und so indirect
die Einwirkung der Amylase zu erleichtern.

BROWN und MORRIS haben den Keimling von Cerealien
auf verschiedenen Nährsubstanzen cultiviert und hiebei gefunden, dass die Gegenwart eines assimilierbaren Kohlehydrates
die Cytasesecretion ungünstig beeinflusst. Auch haben sie festgestellt, dass ein schwacher Säuregehalt in der Lösung hierauf
günstig einwirkt.

Im allgemeinen sind alle Bedingungen, welche die Abscheidung der Amylase begünstigen, auch für diejenige der
Cytase zuträglich.

CAROUBINASE.

Die Caroubinase ist ein Enzym, welches auf ein aus
Johannisbrot isoliertes Kohlehydrat einwirkt, welchem EFFRONT
den Namen Caroubin gab.

Dieses Enzym übt eine verflüssigende und verzuckernde
Wirkung auf das Albumen der Johannisbrotkörner aus und
spielt eine hervorragende Rolle bei der ersten Entwicklungs-
periode dieser Pflanze.

Das Albumen der Johannisbrotkörner besteht zum Theil
aus einem Kohlehydrat, welches eine homogene Masse darstellt, mit Jod keine Färbung gibt und einige ähnliche Eigenschaften zeigt, wie die Gelose.

Um dieses Kohlehydrat rein darzustellen, entledigt man
die Körner ihrer äußeren Hülle sowie ihres Keimlings und
löst den Mehlkörper in heissem Wasser auf. Die Lösung fällt
man hierauf mittels Alkohol.

Der Vorgang spielt sich folgendermaßen ab: Man lässt
die Körner 5—6 Tage weichen, wobei man die Flüssigkeit
täglich 3—4mal erneuert, die Körner schwellen stark an und
nehmen das Dreifache ihres Gewichtes an Wasser auf. In
diesem Zustand ist es ein Leichtes, den Mehlkörper vom
Spermoderma und vom Embryo zu trennen. 100 g trockene
Keime liefern 53 g Albumen. Das Auftreiben der Körner

während des Quellungsvorganges ist ausschließlich auf eine schleimige Substanz zurückzuführen, welche in den Körnern enthalten ist und eine elastische und widerstandsfähige Masse darstellt.

Behandelt man den Mehlkörper mit heißem Wasser im Wasserbad, so erhält man eine durchsichtige Gallerte, welche sich durch ein Seidenfilter filtrieren lässt. Man thut gut daran, eine genügende Wassermenge anzuwenden, um einen dicken Sirup zu erzielen.

Will man das Caroubin fällen, so setzt man zu dem abgekühlten Sirup das Doppelte seines Volumens an 98%igem Alkohol; das Kohlehydrat setzt sich in langen Fäden ab, welche man auf einem Tuche sammelt.

Der so erzielte erste Niederschlag enthält noch 2—3% Eiweißkörper und Salze, welche man durch Wiederauflösen in Wasser und abermaliges Fällen mit Alkohol leicht abscheiden kann. Behandelt man 8—10mal hinter einander den Mehlkörper mit heißem Wasser, so erreicht man eine beinahe vollkommene Extraction des in ihm enthaltenen Kohlehydrates.

Das gereinigte und bei 60° getrocknete Product stellt eine weiße, schwammige, sehr zerreibliche Substanz vor, welche die chemische Formel der Cellulosen hat.

An Stelle von Alkohol kann man sich des Barytwassers bedienen, welches die Kohlehydrate in reinem Zustande fällt.

Das Caroubin wird durch Säuren, sowie durch eine besondere Diastase, die Caroubinase, leicht hydratisiert.

Zur Isolierung dieses Fermentes bediente sich EFFRONT eines Auszuges von gekeimten Johannisbrotkörnern. 100 g hievon wurden zu einem Teig zerrieben und 12 Stunden bei einer Temperatur von 30° mit Wasser maceriert. Man filtriert hierauf und versetzt das Filtrat mit dem dreifachen Volumen Alkohol; den gebildeten Niederschlag wäscht man mit Alkohol und Äther aus und trocknet ihn im Vacuum.

Die auf diese Weise erzielte active Substanz ist in Wasser leicht löslich und gibt mit Guajacharz und Wasserstoffsuperoxyd eine Reaction.

Das Caroubin wirkt schon energisch bei 40°; seine Wirkung wächst aber mit der Temperatur bis zu 50°; letztere ist seine Optimaltemperatur. Bei 70^0 wird die Wirkung eine sehr schwache, und die Temperatur von 80^0 endlich ist die Zerstörungstemperatur dieses Enzyms.

In neutraler Flüssigkeit wirkt die Caroubinase recht schwach; ein Zusatz von 0·01—0·03 g Ameisensäure begünstigt die Wirkung des Enzyms. Um die diastatische Kraft der Caroubinase zu schätzen, nimmt man als Ausgangspunkt den Grad der Verflüssigung, welchen dieselbe in einer Gallerte von Caroubin hervorbringt.

Auch nach der größeren oder geringeren Leichtigkeit, mit welcher die Flüssigkeit filtriert, vermag man die diastatische Kraft zu beurtheilen.

Eine durch Enzym nicht umgewandelte Caroubinlösung geht nicht durch das Filter durch, während eine mit hinreichender Diastasemenge versetzte Caroubinlösung sehr rasch filtriert.

Man arbeitet hiebei folgendermaßen: Man gießt in Reagenscylinder 50 cm^3 Wasser, setzt 0·1 cm^3 Normalameisensäure und 1 g gepulvertes Caroubin zu. Man mischt hierauf gut durch und gibt in die verschiedenen Reagensgläser 2, 5, 7, 10, 15 cm^3 der zu untersuchenden activen Flüssigkeit zu. Hierauf bringt man das Volumen auf 65 cm^3 und lässt 3 Stunden lang bei 45^0 stehen.

Alle Proben erhalten denselben Chloroformzusatz, und die Versuche werden doppelt ausgeführt. Einmal mit frischem Auszug, zweitens mit demselben Auszug, welcher aber zuvor $^1/_2$ Stunde auf 90^0 erwärmt war.

Die Reagensgläser, welche keinen Auszug erhielten oder in denen die Substanz durch Erhitzen zerstört war, können umgedreht werden, ohne dass die Flüssigkeit ausfließt. Diejenigen Cylinder dagegen, welche einen genügenden Diastasezusatz erhielten, bergen eine sehr flüssige Substanz, welche leicht durch das Filter geht.

Um die Abscheidung der Caroubinase zu studieren, liess EFFRONT Johannisbrotsamen unter verschiedenen Bedingungen keimen und verfolgte dabei die Umwandlung der Nährstoffe wie die Menge der gebildeten Diastase.

Der vom Mehlkörper getrennte Keimling wird im Dunkeln cultiviert, wobei er sich sehr langsam entwickelt und nach

8—10 Tagen einen Wurzelkeim von Kornlänge gibt. Hernach in Kalkboden und ans Licht gebracht entwickelt sich der Keimling zu einem schmächtigen Pflänzchen, welches im allgemeinen nach 3—4 Wochen abstirbt.

Ganz anders verläuft das Wachsthum, wenn man den Keimling isoliert und auf aufgetriebenem Caroubin cultiviert; die Keimung geht rascher vonstatten, es bildet sich ein Wurzelkeim von Kornlänge, und pflanzt man diesen Keim in die Erde, so wächst er sich zu einem Pflänzchen mit mehreren Zweigen aus.

Während des Keimungsprocesses bei Abschluss von Licht wird das verwendete Caroubin stark aufgetrieben und theilweise verflüssigt, aber die Menge absorbierter Kohlehydrate ist eine geringe.

Verflüssigung und Absorption von Caroubin gehen weit rascher vonstatten, sobald das Chlorophyll in den Pflänzchen auftritt. Der in der Dunkelheit entwickelte und in Kalkboden gebrachte Keimling nimmt in 3—4 Tagen eine seinem Gewichte entsprechende Menge Caroubin auf.

EFFRONT nahm in verschiedenen Stadien des Keimungsvorganges Proben, wobei er fand, dass die activen Substanzen in dem Augenblick reichlich vorhanden sind, wo die Pflänzchen zu vollständiger Entwicklung gelangten, und dass die Diastase an Activität zunimmt, sowie Chlorophyll aufzutreten beginnt.

Die Caroubinase ist ein zu gleicher Zeit verflüssigendes und verzuckerndes Agens.

Untersucht man eine Caroubingallerte im Augenblick ihrer Verflüssigung, so findet man, dass die Flüssigkeit keine Spur reducierenden Zuckers enthält. Das Enzym verflüssigt Caroubin, ist mittels Alkohol leicht fällbar, aber der Niederschlag hat nicht mehr die Eigenschaften des Caroubins, er dreht stark nach rechts und ist in Wasser nur mehr schwierig löslich.

Durch eine länger dauernde Einwirkung der Caroubinase auf das Caroubin erhält man eine Lösung, in welcher Alkohol keine Fällung mehr hervorbringt, und man beobachtet das Auftreten eines reducierenden Zuckers, welcher mit Bierhefe leicht vergährbar ist.

LITERATUR.

E. BOURQUELOT. — Sur un ferment soluble nouveau dédoublant le trehalose en glucose. Comptes Rendus, 1893.
— — Remarques sur le ferment soluble secr. par l'aspergillus et le penicillium. Soc. biol. 1893, juin.
— — Digestion du tréhalose. Soc. biol., 1895.
— — Transformation du trehalose en glucose. Bul. de la Soc. chim. de Paris, 1893, p. 192.
EMILE FISCHER. — Spaltung von Trehalose. Berichte der Deutschen chemischen Gesellschaft, 1893, p. 192.
— — Einfluss der Configuration auf die Wirkung der Enzyme. Berichte der Deutschen chemischen Gesellschaft, 1895, 2, p. 1429.
BEYERINCK. — Centralblatt für Bakt. und Parasitenkunde. Zweite Abtheilung, 1898.
E. BOURQUELOT. — Inulasse et fermentation alcoolique indirecte de l'inuline. Soc. biol. Paris, 1893.
G. DÜLL. — Über die Einwirkung von Oxalsäure auf Inuline. Chem. Zeit., 1895.
J. R. GREEN. — Annales of Botany, 1888, 1893.
BOUSQUELOT et H. HÉRISSEY. — Sur la matière gélatineuse (pectine) de la racine de gentiane. Journ. de chim. et de pharm. 1898, p. 191.
— — Sur l'existence, dans l'orge germé, d'un ferment soluble agissant sur la pectine. Comptes Rendus, 1898, p. 191.
FREMY. — Memoire sur la maturation des fruits. Ann. de chim. et phys., 1848, XXIV, p. 5.
SCHEIBLER. — Berichte der Deutschen chemischen Gesellschaft, t. I, p. 59.
CHANDNEW. — Liebigs Annalen, LI, p. 355.
FRID REINZER. — Über die wahre Natur der Gumifermente. Zeit. für phys. Chemie, 1890, XIV.
WIESNER. — Über das Gumiferment: ein neues diastatisches Ferment. Berichte, 1895, p. 619.
CROSS. — Bull. de Soc. chim. de Paris, 1896.
BERTRAND et MALEVRE. —Recherches sur la pectase et sur la fermentation pectique. Bull. de la Soc. chim. de Paris, 1895, XIII, p. 77, 252.
— — Nouvelles recherches sur la pectase et sur la fermentation pectique. Comptes Rendus, 1895, Ier semestre, p. 110.
— — Sur la diffusion de la pectase dans la règnevégétal et sur la préparation de cette diastase. Comptes Rendus, 1895, CXXI, p. 727.
REINTZER. — Sur la diastase qui dissout les enveloppes cellulosiques. Zeit. für physiol. Chemie, XXIII, p. 175, 1897.

TROMP. de HAAS et B. TOLLENS. — Recherches sur les matières pectiques. Bull. de la Soc. chim de Paris, 1895, p. 1246.

BROWN et MORRIS. — Untersuchung über die Keimung einiger Gräser. Zeit. für das gesammte Brauwesen, 1890.

DE BARY. — Über einige Sclerotinen und Sclerotinkrankheiten. Bot. Zeit., 1886.

SCHMULEWITSCHE. — Über das Verhalten der Verdauungsstoffe zu Rohfaser der Nahrungsmittel. Bull. Acad. des sciences. Saint Petersbourg, t. XI.

EFFRONT. — Sur un nouvel hydrate de carbone, la caroubine. Comptes Rendus, 1897.

— — Sur un nouvel enzyme hydrolytique, la caroubinase. Comptes Rendus, 1897, p. 116.

— — Sur la caroubinase. Comptes Rendus, IX, p. 764.

EINUNDZWANZIGSTES CAPITEL.

DIE FERMENTE DER GLYCERIDE UND DER GLUKOSIDE.

Verseifende Fermente. — Fermente der Glyceride. Serolipase und Pankreatolipase. — Bestimmung der Lipase. — Einfluss der Temperatur und der Alkalinität der Lösungen. — Verschiedenheit zwischen Lipasen verschiedener Provenienz. — Fermente der Glukoside. — Mirosin, Emulsin, Rhamnase, Erythrozym, Betulase.

FERMENTE DER GLYCERIDE. — LIPASE.

Der Pankreassaft hat die Fähigkeit, die Fette zu spalten in Fettsäuren und Glycerin.

Diese Fähigkeit rührt von der Anwesenheit eines löslichen Fermentes her, welches man Steapsin oder Lipase nennt. Die Reaction, welche das Steapsin hervorbringt, kann man durch folgende Gleichung ausdrücken:

$$C_3H_6(C_{18}H_{35}O_2)^3 + 3H_2O = C_3H_5(OH)_3 + 3C_{18}H_{36}O_2$$

Stearin   Glycerin   Stearinsäure.

Um eine Lösung von Steapsin zu erhalten, zieht man Pankreas mit Soda- oder Pottaschelösung aus. Auch Glycerin kann man zur Extraction des Pankreas verwenden.

Der Pankreassaft wirkt auf die Fette nach der Art eines verseifenden Agens. Durch Pankreassaft wird eine Emulsion hervorgebracht, und zwar infolge der alkalischen Reaction und der zähen Beschaffenheit der Flüssigkeit, nicht aber durch die Wirkung des in ihm enthaltenen Enzyms.

Pankreassaft sowie die beim Macerieren von Pankreas erhaltenen Producte enthalten verhältnismäßig wenig Diastase, und die Verseifung der Fette ist stets eine unvollsändige.

Das Enzym des Pankreassaftes wirkt auch auf andere Substanzen als auf Fette ein, es greift die phosphorsäurehaltigen Fette, die Lecithine, an und zerlegt sie in Glycerinphosphorsäure, Cholin, Glycerin und freie Fettsäuren.

Steapsin wirkt auch noch auf einige andere Äther ein, so auf Benzoesäureglycerinäther, auf Bernsteinsäurephenoläther und auch auf Salol. Dieser letzterer Körper wird in Salicylsäure und Phenol zerlegt.

Das Ferment der Glyceride findet sich im Pflanzenreich sehr verbreitet vor. Man hat sein Vorkommen nachgewiesen im Mohn, im Hanf, im Mais, im Raps und in vielen anderen Pflanzen.

Um eine activ wirksame Steapsinlösung zu erhalten, maceriert GREEN gekeimte Ricinuskörner mit einer 5 %igen Kochsalzlösung unter Zusatz einer geringen Menge Cyankaliums.

Um das Salz abzuscheiden, wird die Flüssigkeit hierauf dialysiert. Diese mit einer Emulsion von Ricinusöl vermengte Flüssigkeit zerlegt das fette Öl sehr rasch und macht die Säure frei.

Eine activ wirksame Substanz, welche alle Eigenschaften der Lipase zeigt, findet man auch im Penicillium glaucum.

Auch im Blut hat man das Vorkommen einer analogen Substanz nachgewiesen. Man nennt dieselbe Serolipase. Sie spielt eine hervorragende Rolle bei der Assimilierung der Fette. HENRIOT, welcher dieses Enzym sehr sorgfäftig bearbeitet hat, gab auch eine Methode an, um diesen Körper quantitativ zu bestimmen, und legte ebenfalls den Einfluss der Temperatur und der Reaction der Flüssigkeit klar. Nach der Anschauung dieses Gelehrten existiert ein Unterschied zwischen Lipase im Pankreassafte und der Lipase des Blutes.

Bestimmung der Lipase. — Zur Bestimmung der Lipase bedienen sich HENRIOT und CAMUS einer Lösung von Buttersäureäther.

Sie nehmen 1 cm^3 der die zu bestimmende Lipase enthaltenden Flüssigkeit, setzen 10 cm^3 einer 1 %igen Buttersäureätherlösung zu und sättigen die Lösung ganz genau mit Soda. Hierauf wird 20 Minuten lang auf 25⁰ erwärmt. Unter Einfluss der Lipase wird die Flüssigkeit wieder sauer, und man bestimmt den Säuregehalt durch erneutes Sättigen der Lösung mit Soda; die Anzahl der hiezu nothwendigen Tropfen dient zur Bemessung der diastatischen Activität.

Die zur Sättigung dienende Sodalösung ist so eingestellt, dass jeder Tropfen der alkalischen Flüssigkeit 0·000001 Säuremolecül neutralisirt. Die diastatische Kraft drückt man aus durch der Anzahl von Milliontel Säuremolecülen, welche bei 25⁰ während 20 Minuten in Freiheit gesetzt wurden. Man sagt z. B.: 1 cm^3 Serum besitzt eine diastatische Kraft von 33, wenn dieselbe in 20 Minuten bei 25⁰ eine Menge Buttersäure vom Moleculargewicht 88 in Freiheit setzt, welche dem Werte entspricht $\dfrac{33 \cdot 88}{1000000}$.

Einfluss der Temperatur und der Reaction der Flüssigkeiten. — Die Wärme übt einen beträchtlichen Einfluss auf Activität der Lipase aus. Zwischen 0 und 50⁰ nimmt ihre Energie zu und über diese Grenze hinaus beginnt eine allmähliche Abnahme der diastatischen Activität und schließlich wird das Enzym zerstört.

Temperatur der Einwirkung	Verseifte Mengen	
	in 10 Minuten	in einer Stunde
0⁰	4·5	13·5
10⁰	"	"
20⁰	6·7	29·3
25⁰	10·1	35
37⁰	13·5	39·5
40⁰	16·9	56·5
50⁰	22·6	71·2
60⁰	27·1	36·1
70⁰	22·6	22·6

Die Temperatur von 60⁰ wirkt anfangs sehr günstig, zerstört aber bei längerem Anhalten die Diastase doch.

Man kann sich vom Einfluss der Temperatur auf die Lipase dadurch überzeugen, dass man Serum auf verschiedene

Temperaturen bringt und es hierauf auf Monobutyrin bei 37⁰ einwirken lässt.

Serum erwärmt auf	Diastatische Activität
50—56⁰	41·5
60—62⁰	0·7
65—66⁰	fast 0·0
70—72⁰	0

Die Wirkung der Lipase ist proportional der angewandten Enzymmenge, wenigstens bei Beginn der Einwirkung. Dies geht aus folgender Tabelle hervor:

	Lipasemenge	0·5 cm^3	1 cm^3	1·5 cm^3	2 cm^3
	20 Minuten	6	11	16	22
	1 Stunde	12·5	25	37	48
Dauer der Einwirkung	1½ „	20	36	53	62
	2 Stunden	30	54	73	66

Man beobachtet das Aufhören der Proportionalität sowohl bei der Lipase, wie bei anderen Diastasen, sowie die Einwirkung längere Zeit dauert oder bei höheren Temperaturen sich abspielt.

Das während der Einwirkung gebildete Glycerin und buttersaure Natrium sind ohne jeglichen Einfluss auf die diastatische Activität. Auch die Gegenwart von Buttersäureäther ist fast wirkungslos auf die Verseifung.

Die alkalische Reaction der Flüssigkeit ist dagegen von beträchtlichem Einfluss auf den Verlauf des Verseifungsprocesses durch die Serolipase.

Um hierüber Klarheit zu verschaffen, stellte HENRIOT folgenden Versuch an:

Gleiche Gemische von Serum, Buttersäureäther und Wasser (10 cm^3) wurden mit verschiedenen Dosen von Soda versetzt. Nach 20 Minuten bestimmte man die Menge verseiften Buttersäureäthers durch Neutralisierung mit kohlensaurem Natron. HENRIOT erzielte hiebei folgende Resultate:

Überschuss an Soda in mg	0	2	4	6	8	10	15	20
Activität der Lipase	22	33	40	44	46	52	74	86

Verschiedenheit zwischen Lipasen verschiedener Provenienz. —
Nachdem HENRIOT beobachtet hatte, dass die Entfernung des
Pankreas aus dem Organismus die Abscheidung von Lipase
nicht verhindert, schrieb er dem Blute die Fähigkeit zu, eine
von der des Pankreas verschiedene Lipase zu secernieren. Er
bezeichnete dieselbe als Serolipase im Gegensatz zu der ersten,
welche er Pankreatolipase nannte.

Allein die Entfernung des Pankreas ist eine sehr miss-
liche Operation und man kann sie unmöglich vornehmen, ohne
Bruchstücke der Drüse zurückzulassen. Andererseits vermag
sich die Lipase im Blute zu conservieren. Die Existenz zweier
Lipasen ist also noch einer Klärung bedürftig.

HENRIOT sucht diese beiden Enzyme durch ihre Arbeitsweise und ihre Empfindlichkeit gegenüber physikalischen und
chemischen Agentien zu differenzieren. Zu diesem Ende stellte
er sich 2 Lösungen von derselben Activität her, d. h. Lösungen, welche bei Einwirkung auf Buttersäureäther während derselben Einwirkungszeit dieselbe Buttersäuremenge producierten.

Diese beiden Lösungen müssten nun unter der Annahme
einer einzigen Lipase dieselbe Menge enthalten. Lässt man
nun die Einwirkung der Serolipase und der Pankreatolipase
21 Minuten lang währen, so beobachtet man, dass die Diastase des Serums doppelt soviel Buttersäure produciert, als
die Pankreatolipase.

Außerdem wirkt das Pankreasenzym nur ganz schwierig
in saurer Lösung, wogegen Serolipase hier eine sehr energische
Umwandlung bewerkstelligt.

	Pankreassaft	Serum
Activität in alkoholischer Lösung (Überschuss an Soda 0·2 *g* pro 1 *l*):	23	22
Activität in saurer Lösung:	9	16

Die Serolipase und die Pankreatolipase wirken bei verschiedenen Temperaturen verschieden: 2 Lösungen dieser
Enzyme, welche bei 14⁰ das nämliche Activvermögen zeigten,
ergaben bei anderen Temperaturen folgende Werte:

	Serolipase	Pankreatolipase
bei 15⁰	11	10
30⁰	15	10
42⁰	21	11

Wie man aus dieser Tabelle ersieht, ist die Wirkung der Pankreatolipase bis zu einer gewissen Grenze unabhängig von der Temperatur, während die Serolipase bei 42—50⁰ eine weit größere Energie entfaltet.

Endlich verhalten sich die beiden Enzyme auch noch verschieden hinsichtlich ihrer Beständigkeit. Während die Serolipase Monate lang unverändert bleibt, wird das Pankreasenzym schon nach Verlauf einiger Tagen unwirksam.

Die Lipasen aus Pankreas und Serum verhalten sich also bei denselben Temperaturen verschieden und werden von der Reaction der Flüssigkeiten, in denen sie enthalten sind, verschiedenartig beeinflusst. Außerdem zeigen sie hinsichtlich ihrer Beständigkeit verschiedenes Verhalten. Diese Eigenschaften genügen indessen nicht, um den Beweis zu führen, dass Serolipase und Pankreatolipase zwei chemisch verschiedene Individuen sind. Wie wir dies bei der Amylase und der Glukase gesehen haben, so bedingt auch bei der Lipase die Beschaffenheit ihrer Lösungen verschiedene Eigenschaften der Diastase. Die im Blute enthaltenen Fremdkörper sowie die Extractivstoffe des Pankreas verleihen den beiden diastatischen Auszügen verschiedene Charaktere, aber das Enzym ist in beiden Fällen ein und dasselbe.

DIE FERMENTE DER GLUKOSIDE.

Die Glukoside sind Verbindungen von Zucker mit organischen Substanzen, welche ein oder mehrere Hydroxyde enthalten.

Es gibt Glukoside, in welchen der Zucker verbunden ist mit Alkoholen, mit Phenol, Aldehyden oder organischen Säuren. Diese Äther finden sich im Pflanzenreiche weit verbreitet, besonders in Wurzelrinden und in Wurzeln.

Der Mechanismus der Glukosidbildung in den lebenden Zellen ist noch wenig bekannt. Sehr wahrscheinlich rührt die Bildung von einer molecularen Verdichtung, gefolgt von Wasseraustritt her, hervorgerufen durch besondere Enzyme.

Nach GAUTIER kann man sich die Bildung gewisser Glukoside durch eine Aufnahme von Wasserstoff seitens des Formaldehyds erklären:

$$12CH_2O + H_2 = C_{12}H_{16}O_7 + 5H_2O$$
Formaldehyd   Arbutin

$$13CH_2O + 2H_2 = C_{13}H_{18}O_7 + 6H_2O.$$
Formaldehyd   Salicin.

Auch die Rolle, welche die Glukoside in den Zellen spielen, ist zur Stunde noch wenig aufgeklärt.

In einigen Fällen ist es offenbar die Rolle der Reservestoffe, welche von ihnen übernommen wird. In anderen Fällen erscheint eine Assimilierung der Spaltungsproducte von Glukosiden wenig wahrscheinlich.

Man sieht in diesen Verbindungen nämlich neben Zucker giftige Stoffe auftreten, welche auf die Zellen ohne Zweifel höchst ungünstig einwirken.

In denjenigen Pflanzentheilen, in welchen das Vorkommen von Glukosiden nachgewiesen ist, findet man stets auch Enzyme, unter deren Einfluss diese Äther Wasser aufnehmen und sich spalten unter Bildung von Zucker. Die Enzyme der Glukoside befinden sich im allgemeinen in besonderen Zellen eingeschlossen, welche sie von denjenigen Stoffen trennen, auf welche sich ihre Wirkung erstreckt.

Die Diastasen der Glukoside bieten das besondere Verhalten dar, dass sie nämlich nicht nur auf einen einzigen Körper einwirken, wie beispielsweise die Sukrase, sondern auf eine ganze Reihe von Körpern.

Ihre Einwirkung erstreckt sich auf zahlreiche Äther, welche aus der Vereinigung von Traubenzucker mit Gliedern der Fettsäure- oder der aromatischen Reihe hervorgehen.

EMULSIN.

Behandelt man bittere Mandeln, welche pulverförmig fein zerrieben wurden, mit Wasser, so beobachtet man das Auftreten einer aromatischen Essenz, welche vor dieser Behandlung in den Mandeln nicht vorhanden war.

Dieser Vorgang wird bedingt durch eine Diastase, Emulsin, welches auf eine in den Mandeln enthaltene besondere

Substanz, das Amygdalin, einwirkt. Dieser Vorgang kann durch folgende Gleichung dargestellt werden:

$$C_{20}H_{27}NO_{11} + 2\,H_2O = 2\,C_6H_{12}O_6 + C_7H_6O + CNH$$

Amygdalin   Glukose   Bitter-   Blau-
mandelöl   säure

Emulsin sowohl, als auch Amygdalin wurden von ROBIQUET und BOUTROUX entdeckt.

Diese Diastase findet sich in den Kirschlorbeerblättern sowie in den süßen Mandeln vor. Aus letzteren erhält man kein Benzoësäurealdehyd, und zwar infolge von Abwesenheit des Amygdalins.

BOURQUELOT hat das Vorkommen von Emulsin in den Pilzen nachgewiesen, hauptsächlich sind es parasitäre Baumpilze, welche große Mengen dieser Substanz enthalten. Auch in Polyporus sulfureus, in Armillaria mellea, sowie in Polyporus fomentaris hat BOURQUELOT das Vorkommen dieses Enzyms nachgewiesen.

Emulsin wurde auch im Penicillium glaucum, im Aspergillus niger, sowie in anderen Schimmelpilzen gefunden. Das Emulsin wirkt auf eine große Anzahl von Glukosiden ein, wobei sich Reactionen abspielen, welche in folgenden Gleichungen zum Ausdruck kommen:

Mit Arbutin, einem Auszug aus Bärentraubenblättern:

$$C_{12}H_{16}O_7 + H_2O = C_6H_{12}O_6 + C_6H_6O_2$$

Arbutin   Glukose   Hydrochinon

Mit Helicin, einem Oxydationsproduct des Salicins:

$$C_{13}H_{16}O_7 + H_2O = C_6H_{12}O_6 + C_7H_6O_2$$

Helicin   Glukose   Salicylaldehyd

Mit Salicin, dargestellt aus Wurzelrinde der Pappel oder aus den Blüten von Spiraea ulmaria:

$$C_{13}H_{18}O_7 + H_2O = C_6H_{12}O_6 + C_7H_8O_2$$

Salicin   Glukose   Saligenin

Mit Phloridzin, einem Auszug aus der Wurzelrinde des Apfelbaumes:

$$C_{21}H_{24}O_{10} + H_2O = C_6H_{12}O_6 + C_{15}H_{14}O_5$$

Phloridzin   Glukose   Phloretin

Mit Daphnin, gewonnen aus Daphne gnidium:

$$C_{15}H_{16}O_9 + H_2O = C_6H_{12}O_6 + C_9H_6O_4$$

Daphnin   Glukose   Daphnetin

Mit Coniferin, einem Auszug aus Larix europea:

$$C_{16}H_{22}O_8 + H_2O = C_6H_{12}O_6 + C_{10}H_{12}O_3$$

Coniferin   Glukose   Coniferyl-
alkohol

Mit Äsculin von Aesculus hippocastanum, was verschiedene Forscher für isomer halten mit Daphnin, erhält
man Glukose und Äsculin:

$$C_{15}H_{16}O_9 + H_2O = C_6H_{12}O_6 + C_9H_6O_4$$

Äsculin   Glukose   Äsculitin

Das Emulsin wirkt auch auf gechlorte und gebromte
Derivate der Glukoside.

Nach Angabe von Fischer vermag das Emulsin auch
den Milchzucker in Galaktose und Glukose umzuwandeln.
Diese Angabe bedarf indessen noch der Bestätigung, denn es
ist sehr wahrscheinlich, dass das Emulsin, welches zu diesen
Versuchen diente, eine gewisse Menge Lactase enthielt.

Das Emulsin, welches auf chemisch sehr verschiedene
Körper einwirkt, wirkt auf die verschiedenen Glukosen verschieden, und zwar je nach ihrer Configuration. So wirkt es
auf β-Methyldextroglukosid, ist aber auf α-Methyldextroglukosid
wirkungslos.

In den lebenden Pflanzen wird das Amygdalin nicht
zersetzt, weil es in besonderen Zellen localisiert sich befindet und somit von den Glukosiden getrennt ist. Eine
mechanische Einwirkung ist vonnöthen, um diese beiden
Körper einander nahe zu bringen. So findet die Umwandlung
von Amygdalin in Bittermandelöl und Blausäure sehr rasch
statt, wenn man diese Pflanzen mit Wasser maceriert, welches
das Glukosid und die Diastase enthält.

Nach Angabe von Guignard befinden sich die das Emul-
sin enthaltenden Zellen localisiert in den Kotyledonen. Im
Kirschlorbeer ist das Enzym localisiert in den Zellen des
Endoderms.

Das Emulsin gibt charakteristische Reactionen mit Orcinlösung sowie mit Millon'schem Reagens. Mit diesem letzteren

färben sich die pflanzlichen Zellen, welche Emulsin enthalten, orangeroth.

Erwärmt man die Emulsin enthaltenden Zellen vorsichtig mit Orcinlösung, so erhält man eine violette Färbung. Die Orcinlösung bereitet man durch Zusatz von 2 cm^3 Salzsäure zu einer $^1/_{10}$ Orcinlösung.

Man besitzt sehr wenig Angaben über die physikalischen und chemischen Bedingungen der Wirkung des Emulsins.

Chloral in $3^1/_2 \%$iger Lösung ist auf den Verlauf der Hydratation durch Emulsin wirkungslos, wohl aber zeigt sich das Enzym empfindlich gegenüber der Einwirkung von 8%igem Alkohol.

Neutrale Salze scheinen den Verlauf der Hydratisierung nicht zu beeinflussen. Alkalische Salze dagegen wirken verzögernd.

Das Emulsin spielt eine hervorragende Rolle bei der Fabrication von Bittermandelöl, sowie bei der Fabrication von Kirschlorbeerwasser.

Um Bittermandelöl zu bereiten, zerreibt man die Mandeln, entölt sie, setzt Wasser zu und lässt die Reaction sich abspielen bei gewöhnlicher Temperatur. Ist die Gährung beendet, so destilliert man mittels Dampf ab.

Will man eine gute Ausbeute erzielen, so darf man nicht früher mit der Destillation beginnen, als die Gährung beendigt ist.

Zur Bereitung von Kirschlorbeerwasser bedient man sich der frischen Blätter dieser Pflanze. Man mahlt sie, setzt kaltes Wasser zu und destilliert.

Durchaus nothwendig ist es, das kalte Wasser einige Zeit mit den Blättern stehen zu lassen, ehe man zu erwärmen beginnt.

Das Emulsin wird in der Pharmacie angewendet, wo es auf folgende Weise hergestellt wird:

Die süßen Mandeln werden gereinigt, zu Pulver zerrieben und einem kräftigen Druck unterworfen, wobei das Öl ausgepresst wird. Die Ölkuchen werden mit dem dreifachen Volumen Wasser ausgezogen, man presst die Masse aufs neue ab und erhält auf diese Weise eine mit Öl beladene Flüssigkeit, welche man durch Stehenlassen bei einer Temperatur von 30° klärt.

Man nimmt alsdann die obere Schicht der Flüssigkeit, welche aus Öl besteht, ab und fällt in der klaren Lösung das Enzym mittels Alkohol. Man sammelt den Niederschlag auf einem Filter, wäscht ihn mit 95grädigem Alkohol aus und trocknet im Vacuum.

Auf diese Weise erzielt man ein gelbliches Pulver, welches an Phosphaten und mineralischen Substanzen sehr reich ist. Vollständig trocken kann dasselbe auf 100° erwärmt werden, ohne seine Activität einzubüßen.

Das Emulsin ist in Wasser löslich und hält sich in trockenem Zustande sehr lange.

MYROSIN.

Das Myrosin wurde von BUSSY in den Senfkörnern entdeckt.

Der charakteristische Geruch, welchen das mit Wasser handelte Mehl von schwarzen Senfkörnern annimmt, ist auf die Gegenwart und Wirkung dieses Enzyms zurückzuführen.

Das Myrosin ist im Pflanzenreich weit verbreitet, sehr häufig begegnet man demselben in den Gliedern der Familie der Cruciferen. Wie das Emulsin findet sich auch diese Diastase in besonderen Zellen localisiert, welche in verschiedenen Pflanzentheilen, besonders aber in der Wurzel und in den Blättern vertheilt sind.

Es wirkt auch auf das Senegrin oder myronsaure Kalium ein, welches sich durch Wasseraufnahme zerlegt. Man nimmt im allgemeinen an, dass diese chemische Reaction nach folgender Gleichung verläuft:

$$C_{10}H_{18}KNS_2O_{10} = C_6H_{12}O_6 + C_3H_5NCS + SO_4HK$$

Myronsaures   Glukose   Allilsenöl   Schwefel-
Kalium   saures
                                                               Kalium.

Nach dieser Geleichung gienge die Spaltung ohne Wasseraufnahme vor sich, da aber die freie Myronsäure noch nicht genau studiert ist, so ist es sehr wahrscheinlich, dass das myronsaure Kalium die Formel hat: $C_{10}H_{16}KNS_2O_9 + H_2O$ und es ist alsdann wahrscheinlich, dass die Diastase eine Wasseraufnahme bewirkt und nicht nur eine einfache Spaltung.

In den Körnern des weißen Senfs findet man auch Myrosin, aber das Senegrin ist hier ersetzt durch ein anderes Glukosid, das Senalbin. Die hiebei sich abspielende Reaction kann man durch folgende Gleichung veranschaulichen:

$$C_{30}H_{44}N_2S_2O_{16} = C_6H_{12}O_6 + C_7H_7O - NCS +$$
$$\text{Senalbin} \qquad \text{Glukose} \qquad \text{Oxybenzylsul-}$$
$$\text{focyanat}$$
$$+ C_{16}H_{24}NO_5 - HSO_4$$
$$\text{Schwefelsaures Sinapin.}$$

Das Myrosin vermag auch auf viele andere Glukoside einzuwirken. Man schreibt dieser Diastase die Bildung von Essenzen in verschiedenen Pflanzen zu, so in der Brunnen-kresse, in Reseda odorata und im officinellen Löffelkraut.

RHAMNASE.

Man findet dieses Enzym in den Früchten von Rhamnus infectoria. Es wirkt auf einen gelben Farbstoff, welcher die Eigenschaften eines Glukosides hat, das Xantorhamnin, ein und wandelt dasselbe in Rhamnetin und Isodulcit um:

$$C_{24}H_{32}O_{14} + 3 H_2O = C_{12}H_{10}O_5 + 2 C_6H_{14}O_6$$
$$\text{Xantorhamnin} \qquad \text{Rhamnetin} \qquad \text{Isodulcit.}$$

ERYTHROZYM.

Diese Diastase wird von der Krappwurzel secerniert. Sie wirkt auf ein Glukosid des Alizarins, das Rubian ein, welches sich ebenfalls in frischen Krappwurzeln vorfindet. Die Reaction verläuft höchst wahrscheinlich in folgendem Sinne:

$$C_{26}H_{28}O_{44} + H_2O = 2 C_6H_{12}O_6 + C_{14}H_8O_4$$
$$\text{Rubian} \qquad \text{Glukose} \qquad \text{Alizarin.}$$

BETULASE.

Man findet die Betulase in der Wurzelrinde von Betula lenta. Dieses Enzym wirkt auf Gaultherin ein, und die Reac-tion verläuft wahrscheinlich nach folgender Gleichung:

$$C_{14}H_{18}O_8 + H_2O = C_6H_{12}O_6 + C_6H_4{<}^{OH}_{COOCH_3}$$
$$\text{Gaultherin} \qquad \text{Glukose} \qquad \text{Salicylsäure-}$$
$$\text{methyläther.}$$

Zur Herstellung dieses Enzyms geht man von der Wurzelrinde von Betula lenta aus, pulverisiert dieselbe, behandelt sie mit
dem vierfachen Volumen Glycerin und lässt bei gewöhnlicher
Temperatur 30 Tage lang stehen; hierauf presst man die
Masse ab und füllt sie mit fünf Volumen Alkohol. Man
sammelt den Niederschlag auf einem Filter, wäscht und
trocknet ihn.

Bei dieser Behandlung gibt 1 *kg* Wurzelrinde ungefähr
1 *g* dieses Enzyms.

Die Betulase gibt mit Guajactinctur keine Färbung und
wirkt auch auf andere Glukoside als das Gaultherin nicht ein.

LITERATUR.

M. Bernard. — Leçons de physiologie expérimentale.

Dobelle. — Actions du pancréas sur les grains et l'amidon. Proceed.
of the Royal Soc., t. XIV.

Duclaux. — Diastase du pancréas. Microbiolog. Encyclop. Chim., 1883,
p. 153.

— — Sur la digestion des matières grasses et des celluloses. Comptes
Rendus, 1882.

Sigmundi. — Über die fettspaltenden Fermente in Pflanzen. Akad. der
Wissen. Wien, 1890—1891.

Hanriot. — Sur un nouveau ferment du sang. Comptes Rendus, 1896,
p. 753.

— — Sur la répartition de la lipase dans l'organisme. Comptes Rendus,
1896, p. 833.

— — Sur le dosage de la lipase. Comptes Rendus, 1897, p. 235.

— — Sur la non-identité des lipases d'origines différentes. Comptes
Rendus, 1897, p. 778.

Gérard. — Sur une lipase végétale extraite du penicillium glaucum.
Comptes Rendus, 1897, p. 370.

Robiquet. — Journal de pharmacie, 2 mai 1838.

Robiquet et Boutroux. — Nouvelles expériences sur les amandes
amères. Ann. de chim. et de phys., 1830.

— — Journal de pharmacie XXIV, p. 326.

Bussy. — Note sur la fermentation de l'huile essentielle de moutarde.
Comptes Rendus, 1839, p. 815.

H. Will. — Über einen neuen Bestandtheil des weißen Senfsamens.
Akad. Sitzung, Wien, 1870, p. 178.

Thomson et Richardson. — Ann. de chimie et de pharmacie, XXIX, p. 180.

Hofmann. — Synthese der ätherischen Öle. Berichte der Deutschen chemischen Gesellschaft, 1874, p. 508, 520, 1293.

Portis. — Recherches sur les amandes amères. Journ. de pharm. et chim., 1877, XXVI, 410.

Emil Fischer. — Einfluss der Configuration auf Wirkung der Enzyme. Berichte der Deutschen chemischen Gesellschaft, 1895, 2031.

Procter. — Betulase. Zeit. für phys. Chem. 1892, XVI, 271; Berichte der Deutschen chemischen Gesellschaft, 1894, p. 864.

Armand Gautier. — Leçons de chimie biologique, p. 33. Journ. de phys. et chim., 1896, 6e sér., t. III, p. 117.

Johonson. — Sur la localisation de l'emulsine dans les amandes. Ann. des Sc. nat. Boton, 1887, p. 118.

Ward and Dunlop. — Annals of Botany, 1887.

Spatzier. — Über das Auftreten und die physiologische Bedeutung des Myrosins in den Pflanzen. Journ. für Wiss. Bot. 1893, XXVI, p. 55.

Bolle. — Ann. de chim. et pharm., LXIX, p. 145.

Ortloff. — Archiv de pharm. XLVIII, p. 16.

L. Guignard. — Recherches sur la localisation du principe actif des Crucifères. Journ. de Botan. 1890.

— — Sur la localisation de principes actifs chez les Capparidées. Comptes Rendus, 1893, 587.

— — Sur la localisation des principes actifs chez les Tropéolées. Comptes Rendus, 1893, 587.

J. Effront. — Influence des antiseptiques sur les ferments. Moniteur scientifique, 1894.

E. Bourquelot et Herissey. — Note concernant l'action de l'émulsine de l'aspergillus niger sur quelques glucosides Société de Biologie, 1895.

— — Sur les propriétés de l'émulsine des champignons. Comptes Rendus, 1895, CXXI, p. 693.

Tieman und Harmann. — Über das Coniferin. Berichte der Deutschen chemischen Gesellschaft, 1874, p. 608.

ZWEIUNDZWANZIGSTES CAPITEL.

ZYMASE.

Zymase oder alkoholische Diastase. — Darstellung des Hefensaftes;
Eigenschaften desselben. — Bestimmung der Fermentativkraft der
Zymase. — Chemische und physikalische Bedingungen für die Wirkung
der Zymase. — Versuche von Effront über intercellulare Gährung. —
Industrielle Verwendung der Zymase.

Zymase oder alkoholische Diastase. Die Erscheinungen,
welche man bei der alkoholischen Gährung wahrnimmt, beschäftigten seit langer Zeit die wissenschaftliche Welt und
gaben zu Theorien und zahlreichen Hypothesen Veranlassung.

Im Jahre 1858 suchte Traube die Spaltung von Zucker
in Alkohol und Kohlensäure durch Vermittelung einer von der
Hefe ausgeschiedenen Diastase zu erklären. Berthelot und
einige andere Gelehrte stellten sich auch auf diesen Standpunkt. Keiner von ihnen lieferte indessen den experimentellen
Beweis dafür, dass die alkoholische Gährung in einer chemischen
Reaction bestehe, welche sich außerhalb der Zellen abspielt.

Die ersten Versuche in dieser Richtung fallen in das
Jahr 1871, wo Frau Manisseim nachwies, dass auch abgestorbene
Hefezellen unter bestimmten Bedingungen noch eine Spaltung
des Zuckers in Alkohol und Kohlensäure bewirken können.

Die Versuche der Frau Manisseim waren indessen keineswegs vollständig beweisend und ergaben nicht mit Sicherheit,
dass die Zellen unbetheiligt sind bei der Gährung.

Erst Buchner gelang im Jahre 1897 der klare Nachweis,
dass in den Hefezellen ein die alkoholische Gährung hervor-
rufendes Ferment enthalten ist. Indem er die Hefe einem

kräftigen Drucke aussetzte, gelang es ihm, eine activ stark
wirksame Flüssigkeit herzustellen, welche in Abwesenheit von
jeglicher Zelle alkoholische Gährung hervorrief. Er nannte das
im Hefepressaft enthaltenen Enzym „Zymase".

Diese Entdeckung gibt für die alkoholische Gährung eine
endgiltige Erklärung und wird auch sicherlich das Studium
analoger Vorgänge hervorragend beeinflussen und zur Entdeckung verschiedener anderer Enzyme führen. Ist es einmal
thatsächlich festgestellt, dass die alkoholische Gährung durch
einen chemischen Stoff wachgerufen wird, so darf man mit
Sicherheit annehmen, dass andere Phänomene ähnlicher Art,
z. B. Buttersäuregährung, schleimige Gährung, Essiggährung,
ebenfalls auf Diastasen zurückzuführen sind, welche von den
diese Gährungen bewirkenden Bakterien secerniert werden.

Die Isolierung dieser Diastasen scheint nur noch eine
Frage der Zeit zu sein.

Darstellung und Eigenschaften des Hefesaftes. Zur Herstellung des Hefenextractes räth BUCHNER folgende Methode:
Man nimmt 1 *kg* Hefe, welchem man 1 *kg* Quarzsand und
250 *g* Infusorienerde zusetzt. Durch Zerreiben verwandelt
man das Gemisch in einen plastischen Teig. Dieser Vorgang
erfordert viel Sorgfalt. Eine Specialmaschine besorgt das
Zerreiben, welches pro 1 *kg* Hefe etwa 2 Stunden zu dauern
hat. Die geriebene Masse setzt man nunmehr einem Drucke
von 500 Atmosphären aus. Es dient hiezu eine hydraulische
Presse, und der Druck muss langsam und allmählich ansteigen.

Man erhält auf diese Weise etwa 320 *cm³* Flüssigkeit. Die
ausgepresste Masse wird mit 140 *cm³* Wasser angerieben und
abermals langsam auf 500 Atmosphären gedrückt. Nach
Verlauf zweier Stunden erzielt man 180 *cm³* Extract, welchen
man mit dem Producte der ersten Pressung vereinigt. Auf
diese Weise liefert 1 *kg* Hefe 500 *cm³* Auszug; derselbe wird
mit 4 *g* Infusorienerde vermengt, durch Papier filtriert und in
ein abgekühltes Gefäß gegeben.

Der nach BUCHNERS Methode erzielte Auszug ist klar,
hellgelb und entwickelt einen charakteristischen Geruch. Je
nach der Herkunft der Hefe, welche zur Herstellung des Presssaftes diente, enthält derselbe zwischen 7 und 10% Trockensubstanz.

Die Untersuchung des Pressaftes ergab folgende Werte:

Trockensubstanz . . . . 6·7 %
Asche . . . . 1·15%
Eiweißkörper . . . . . 3·7 %

Die Eiweißkörper sind auf Grund des Stickstoffgehaltes berechnet.

Der Hefenauszug wird mit Kohlensäure gesättigt; bringt man ihn alsdann zum Kochen, so beobachtet man eine reichliche Gasentwickelung und ein starkes Coagulieren, was der Flüssigkeit das Aussehen einer halbfesten Masse gibt.

Diese Flüssigkeit verhält sich verschiedenen Zuckerarten gegenüber verschieden; Lactose und Mannit bleiben mit derselben unverändert, sogar in Gegenwart von Hefezellen; dagegen entwickeln Saccharose, Dextrose, Lävulose und Maltose, mit der gleichen Menge dieses Presssaftes vermischt, nach Verlauf einer Viertelstunde Kohlensäure, und diese Entwickelung dauert oft mehrere Tage an.

Die Fermentativkraft der Flüssigkeit ist auch noch vorhanden nach dem Passieren eines BERKEFELD-Filters; auch das Passieren durch ein CHAMBERLAND-Filter zerstört die Activität nicht, indessen erleidet die Fermentativkraft hiebei eine stärkere Schwächung, als beim Durchgang durch das BERKEFELD-Filter. Die Gährung wird durch diese Vorgänge verzögert: der durch ein BERKEFELD-Filter filtrierte Saft vermag erst nach Verlauf eines Tages Gährung zu erregen.

Die im Hefeextracte enthaltene active Substanz vermag durch Dialysierpapier durchzugehen; denn bringt man in eine 37%ige Saccharoselösung einen Dialysator, welcher eine gewisse Menge Hefensaft enthält, so sieht man an der Oberfläche der Zuckerlösung zahlreiche Kohlensäurebläschen auftreten.

Der Hefepresssaft verträgt eine Trocknung bei 30—35°, ohne dabei seine Activität einzubüßen. Beim Trocknen im Vacuum erhält man ein hartes Product, welches wie Eiweiß aussieht. Eine filtrierte Lösung hievon besitzt dieselben Eigenschaften, wie die Hefenextracte. In trockenem Zustande hält sich dieses Product mehrere Monate hindurch.

Einen concentrierten Hefesaft stellt man folgendermaßen her: 500 cm^3 Saft dickt man im Vacuum bei 20—25⁰ bis zur Sirupconsistenz ein. Die Verdampfung muss sehr rasch vor sich gehen und soll ungefähr 30 Minuten in Anspruch nehmen. Der erhaltene Sirup wird alsdann in dünner Schicht auf Glasplatten ausgebreitet und wieder ins Vacuum verbracht oder auch an freier Luft bei 30—35⁰ belassen, um verdunsten zu können. Nach 24 Stunden kratzt man die getrocknete Masse auf dem Glase zusammen, pulverisiert sie und trocknet sie über Schwefelsäure vollkommen aus. Von 500 g Hefensaft erhält man 70 g eines leicht löslichen Pulvers, welches sehr stark activ wirksam ist.

Hervorheben muss man, dass der concentrierte Hefensaft sich weit besser conserviert, als der verdünnte. Die Lösung des verdünnten Hefesaftes zersetzt sich in Gegenwart von Sauerstoff rasch, während sich dieselbe Lösung, zur Sirupconsistenz eingeengt, lange Zeit hält, selbst in Gegenwart von Luft und bei einer Temperatur von 30⁰.

Buchner gelang eine Trennung der Diastase vom Hefensaft, und zwar durch Behandeln des letzteren mit seinem zwölffachen Volumen absoluten Alkohols.

Der hiebei erzielte und getrocknete Niederschlag stellt ein weißes Pulver dar mit denselben Eigenschaften, wie sie der Presssaft zeigt, jedoch mit der Ausnahme, dass die Fermentativkraft stark abgeschwächt ist.

Die in den Zellen eingeschlossene Zymase vermag verhältnismäßig hohen Temperaturen Widerstand zu leisten. Eine an der Luft bei 37⁰ getrocknete und alsdann 6 Stunden lang auf 100⁰ erhitzte Hefe vermag in einer Rohrzuckerlösung noch alkoholische Gährung zu erregen. Hefezellen, welche diese Temperatur nicht auszuhalten vermögen, gehen zugrunde und vermögen sich nicht mehr zu vermehren.

Erhitzt man anstatt auf 100⁰ die Hefe auf 140—145⁰, so verlieren die Zellen ihre Fermentativkraft vollständig. Wie man sieht, besitzt die Zymase der Einwirkung der Hitze gegenüber ein größeres Widerstandsvermögen, als die Zellen, welche die Zymase secernieren.

Bestimmung der Fermentativkraft der Zymase. — Die Gährkraft der Hefe wird nach einer von Meissel angegebenen

Methode für die Bestimmung des Alkohols in vergohrenen
Maischen bemessen. Diese Methode gründet sich auf die Bestimmung der während der Gährung gebildeten Kohlensäure.

Man gibt 40 cm^3 des Hefepressaftes in eine 120 cm^3
fassende Glasflasche, setzt eine genügende Menge gepulverten
Rohrzuckers hinzu, um eine 12—15%ige Zuckerlösung zu
bekommen. Man lässt die Glasflasche einige Minuten ruhig
stehen, schüttelt alsdann um und setzt einen doppeltdurch-
bohrten und zwei Glasröhren tragenden Kautschukstopfen auf.
Die eine Glasröhre trägt an ihrem Ende einen Hahn und
reicht bis auf das Niveau der Flüssigkeit hinab. Die andere
Röhre ist offen und communiciert mit einer 2 cm^3 Schwefelsäure enthaltenden Waschflasche; das offene Ende trägt einen
Bunsen'schen Hahn aus Kautschuk.

Bei Beendigung des Versuches öffnet man den Hahn, lässt
einen Luftstrom durch den Apparat gehen, um die Kohlensäure
zu vertreiben und bringt den Apparat auf die Wage. Die Diffe-
renz der Gewichte gibt die Menge entwichener Kohlensäure an.

Spaltungsweise des Zuckers durch die Zymase. — Eine
mit Kaliumarsenat versetzte und mit 400 cm^3 Hefeauszug bei
13° zur Gährung gestellte Zuckerlösung lieferte innerhalb
40 Stunden 6·67 g Kohlensäure und 7·72 g Alkohol, abzüglich
derjenigen Alkoholmenge, welche sich schon anfangs im Extract befand.

Bei der durch die Hefezellen hervorgerufenen Gährung
erzielt man der Theorie nach 48·89 Theile Kohlensäure und
51·11 Theile Alkohol. Bei einem Vergleich dieser Zahlen
mit den oben angeführten stellt Buchner fest, dass das
Mengenverhältnis von Kohlensäure und Alkohol in beiden
Fällen offenbar das gleiche ist und dass sich die Spaltung
des Zuckers durch Hefenauszug ebenso vollzieht, wie diejenige
durch die Zellen selbst.

Buchner folgert aus dieser Angabe, dass man die Gährkraft des Hefensaftes durch Messung der während seiner Einwirkung entwickelten Kohlensäuremenge bestimmen kann.
Diese Versuche Buchners zeigen uns den Verlauf der Zucker-
spaltung durch die Zymase nur in großen Zügen. Die Methode, welche er zur Bestimmung des Alkohols und der Kohlensäure anwendete, ist weit davon entfernt, eine genaue zu sein

und Angaben über den Reinheitsgrad der mittelst Zymase erregten Gährung zu liefern.

PASTEUR hat nachgewiesen, dass die Gesammtmenge des während der Gährung verschwindenden Zuckers sich nach folgender Gleichung umwandelt:

$$C_6H_{12}O_6 = 2\ CO_2 + 2\ C_2H_6O$$

Etwas Zucker entzieht sich dieser Umwandlungsweise stets und liefert Glycerin- und Bernsteinsäure. Es ist höchst wahrscheinlich, dass sich die Zymase ganz anders verhält als die Bierhefen und dass die durch Zymase hervorgerufene Gährung weit reinere Producte zu liefern vermag, als man sie durch die Hefe erzielt.

Immerhin ist die aus den Zellen isolierte Zymase verhältnismäßig wenig gährkräftig. 100 cm^3 dieses Extractes, welche 200 g Hefe repräsentieren, liefern bei ihrer Einwirkung auf Zuckerlösung weniger Kohlensäure, als 1 g Hefe.

Ohne Zweifel findet sich in den Hefezellen nur eine ganz geringe Zymasemenge vor, welche auch noch während der Extraction einer Zersetzung unterworfen ist.

Einfluss der physikalischen und chemischen Bedingungen. — Die Zymase ist höchst empfindlich gegenüber der Einwirkung der Temperatur. Eine mit Hefensaft versetzte 27%ige Zuckerlösung entwickelt ganz verschiedene Mengen Kohlensäure, je nach der Gährungstemperatur:

Temperatur	Gebildete Kohlensäuremenge in g nach			
	6	21	24	40 Stunden
12—14°	0·43	1·11	1·14	1·27
22°	0·76	1·01	1·02	1·00

Bei Beginn des Versuches erweist sich die Temperatur von 22° der Einwirkung äußerst günstig: Nach sechsstündigem Gährungsverlauf wurde bei dieser Temperatur eine Entwicklung von 0·76 g Kohlensäure constatiert, während bei 12—14° nur 0·43° Kohlensäure gebildet wurden. Dauert aber die Gährtemperatur von 22° längere Zeit an, so wird die Enzymwirkung eine langsamere; diese Verlangsamung muss ohne Zweifel in einer theilweisen Zerstörung der Diastase ihre Ursache haben.

Der Gährungsverlauf wird auch durch die Concentration der Zuckerlösung beeinflusst.

Saccharose °/₀	Kohlensäure in g nach		
	16	24	40 Stunden
16	1·33	1·46	1·48
27	0·70	0·80	0·82
37	0·6	0·72	0·74

In den 16°/₀igen Flüssigkeiten verläuft die Gährung lebhafter als in denjenigen von 27°/₀, allein das Enzym übt auch noch auf 37°/₀ige Lösungen eine Einwirkung aus. In Lösungen mit 40—50°/₀ Zucker kommt die Gährung beinahe vollständig zum Stillstand. Das Enzym selbst wird hiedurch jedoch keineswegs gestört, denn verdünnt man die Flüssigkeit, so kann man aufs neue eine Gährung hervorrufen.

Das diastatische Vermögen der Zymase nimmt in dem Maße ab, als ihre Einwirkungszeit dauert; in der That, vergleicht man die durch Einwirkung der Enzyme während 16 Stunden gebildete Kohlensäuremenge mit derjenigen in den folgenden 16 Stunden entwickelten, so nimmt man eine rapide Abnahme des Gährvermögens wahr. BUCHNER berechnete das Gährvermögen auf 100 cm^3 Flüssigkeit und 1 Stunde und fand hiebei, dass die Zymase im Mittel folgende Kohlensäuremengen liefert:

	Von			
	1—16	16—24	24—40	40—64
		Stunden		
Mittel von 3 Versuchen	0·17	0·060	0·020	0·002
„ „ 2 „	0·11	0·010	0·002	—
„ „ 2 „	0·08	0·016	0·004	—

Der Hefenextract bringt, wie alle diastatischen Lösungen, in Wasserstoffsuperoxyd eine Sauerstoffentwicklung zuwege. Versetzt man den Hefenauszug mit Blausäure, so verliert derselbe die charakteristischen Eigenschaften. Überlässt man aber den mit Blausäure versetzten Hefeauszug längere Zeit der Einwirkung der Luft, so sieht man die Reaction mit Wasserstoffsuperoxyd wieder eintreten.

Es ergibt sich hieraus mit Wahrscheinlichkeit, dass sich die Blausäure mit den Diastasen verbindet und Verbindungen eingeht, welche ihre Activität unterbinden, und dass diese Verbindungen bei Berührung mit Luft zerfallen unter Regenerierung des Enzyms.

Wir lassen einen hierauf bezüglichen Versuch BUCHNERS hinsichtlich der Wirkung der Blausäure und der Luft auf Zymase folgen.

Man mischt 4 cm^3 Hefenextract mit einer 6%igen Blausäurelösung, die Hälfte des Gemisches (A) wurde mit 3 g Rohrzucker versetzt; die andere Hälfte (B) wurde der Einwirkung der Luft 1 Stunde lang ausgesetzt und hienach ebenfalls 3 g Rohrzucker zugegeben. Die Flüssigkeiten wurden in U-förmig gebogene und an einer Seite verschlossene Röhren gegeben. Der Versuch A ergab nicht eine Spur Kohlensäure, während bei Versuch B der geschlossene Schenkel des Rohres nach 20 Stunden mit Gas gefüllt war, dessen Entwicklung schon nach Verlauf von 5 Stunden begonnen hatte.

Auch durch die chemischen Bedingungen der Lösungen wird die Zymase beeinflusst.

Neutrale Salze, wie Ammoniumsulfat und Chlorcalcium, üben eine verzögernde Wirkung auf die Vergährung aus.

Auch ist eine directe Beziehung zwischen der Activität des Hefenextractes und dem Gehalt an gerinnbarem Eiweiß in der Flüssigkeit zu beobachten.

Hefenextract, einige Zeit auf die Temperatur von 35—40° gehalten, trübt sich, bildet Flocken und büßt seine Activität ein. Andererseits wurde die Beobachtung gemacht, dass, wenn ein Hefenextract aus irgendeinem Grunde unwirksam geworden war, er bei einer Temperatur von 40—50° kaum mehr coaguliert. Diese Beziehung zu dem Gehalt an coagulierbaren Stoffen und der diastatischen Activität wurde von BUCHNER folgendermaßen erklärt.

Für ihn ist die Zymase eine eiweißartige Substanz, welche durch Hitze coaguliert wird; das Coagulieren tritt aber nicht ein, sobald die diastatische Substanz eine Umwandlung erfahren hat.

Auch die große Veränderlichkeit der Zymase erklärt BUCHNER durch den Gehalt des Hefesaftes an peptonisierender Diastase. Dieses Enzym soll auf die Zymase einen inactivierenden Einfluss ausüben. Der gleichzeitige Gehalt an diesen beiden Fermenten, das eine peptonisierend, das andere zuckerspaltend, erklärt die Activität des Hefensaftes bei verhältnismäßig niedriger Temperatur.

Die Peptase wirkt bei 22⁰ energischer als die Zymase, während bei niederer Temperatur die peptonisierende Wirkung eine wenig tiefgreifende ist und die Zymase größere Alkoholmengen zu producieren vermag.

Der günstige Einfluss von Zucker auf die Conservierung der Zymase spricht auch zu Gunsten der Hypothese von der Verdauung der Zymase durch das peptonisierende Enzym.

Bekanntlich verläuft in concentrierten Rohrzuckerlösungen die Fibrinverdauung durch Pepsin langsamer. Vermischt man 1 Volumen Hefenextract mit 1 Volumen einer 75%igen Rohrzuckerlösung, so erhält man ein Gemenge, welches sich eine Woche lang bei gewöhnlicher Temperatur und 14 Tage im Eisschrank hält. Der Zucker wirkt also äußerst günstig auf die Conservierung der Zymase ein.

Die Activität eines Hefenextractes schwankt bedeutend je nach den Rassen, welche zur Darstellung des Extractes dienten. Im allgemeinen geben untergährige Hefen einen sehr activen Pressaft, während die Bäckerhefen fast keine Zymase enthalten. Ein großer Unterschied macht sich auch bemerklich zwischen Auszügen aus frischer Hefe und solchen aus Hefe, welche schon längere Zeit an der Luft gelegen hatte. Diese letzteren geben weniger wirksame Auszüge.

Es geben nicht alle Brauereihefen einen gleich wirksamen Presssaft; die Provenienz spielt auch hier eine beträchtliche Rolle.

Die beobachteten Verschiedenheiten, je nach der Provenienz und dem Alter der Hefe, liefern einen Beweis für die Hypothese, welche die Veränderung der Zymase durch Einwirkung eines anderen Enzyms erklärt.

BUCHNER theilte eine gewisse Menge von Hefe in zwei Theile A und B. Von A wurde sofort ein Pressaft hergestellt, während Hefe B 3 Tage bei 7—8⁰ sich selbst überlassen blieb, ehe sie ausgepresst wurde. Der Pressaft von A besaß ein ziemlich starke Activität, während die aus B erzielte Flüssigkeit nur ein Minimum von Kohlensäure entwickelte. BUCHNER schreibt die verminderte Activität im zweiten Falle

einer Peptonisierung zu, welche sich während der 3 Tage
bei 7—8⁰ abgespielt hat. Nach BUCHNERS Anschauung wäre
die Einwirkung des Pepsins ebenfalls der Grund für die Veränderung der Diastase, welche in Getreidepresshefen enthalten ist.

Diese Anschauung erhält noch eine Stütze durch einen
Versuch von HOHN, welcher erst ganz jüngst das Vorkommen
eines protolytischen Enzyms mit Hefensaft nachgewiesen hat.

BUCHNER hat außerdem die Peptonisierung der Zymase
durch das Enzym an der Hand folgender Versuche direct
nachgewiesen: Er stellte 3 Cylinder mit je 3 cm^3 Hefen-
presssaft in das Eis. 2 dieser Cylinder erhielten einen Zusatz von 0·1 g Trypsin. Der dritte Cylinder diente als Ver-
gleichsversuch. Nach Verlauf von 12 Stunden erhielt jeder
Cylinder einen Zusatz von 2 g pulverisierten Rohrzuckers.
Die mit Trypsin angestellten Versuche blieben nach Zusatz
des Rohrzuckers vollständig inactiv; der Versuchscylinder dagegen entwickelte eine äußerst lebhafte Gährung.

Die Entdeckung BUCHNERS hat vielfach Widerspruch erfahren, und man hat sich bemüht, den Nachweis zu führen,
dass im Hefenauszug stets entweder Zellen oder Fermente
enthalten seien. Man wollte die Spaltung des Rohrzuckers
der Wirkung lebender Zellen zuschreiben.

An der Hand zwingender Versuche hat BUCHNER alle
diese Einwürfe siegreich zurückgewiesen. Die Existenz der
Zymase ist durch folgende Thatsachen nachgewiesen:

1. Man vermag eine Alkoholgährung zu erhalten mit der
festen Substanz, welche man durch Fällung des Hefensaftes
mittelst Alkohol erhält.

2. Man erzielt mit dem Hefensaft eine beinahe alsbald
einsetzende Gährung, deren Intensität mit der Zeit abnimmt.
Würde es sich hier um lebende Zellen handeln, so müsste
man ganz die entgegengesetzte Wahrnehmung machen: die
Gährung müsste an Lebhaftigkeit in dem Maße zunehmen,
als sich die Zellen entwickeln.

3. Der Hefensaft zeigt eine Gährung in Gegenwart von
Dosen antiseptischer Mittel, welche die Thätigkeit lebender
Zellen lahm legen würden.

4. Mittelst Filtration durch ein Porzellanfilter erzielt man noch active Flüssigkeiten, ohne dass man in denselben die Gegenwart vor Organismen nachweisen könnte.

Alles in allem wird die alkoholische Gährung hervorgebracht durch chemische Agentien, außerhalb und in Abwesenheit lebender Zellen. Richtig ist allerdings, dass der Stoff, welcher diese Umwandlung hervorbringt, durch die Lebensthätigkeit aufgebaut wurde, und dass seine Bildung innig zusammenhängt mit dem Wachsthum und der Vermehrung der Zellen. Das Gährungsvermögen beschränkt sich also auf die Fähigkeit, Zymase zu producieren.

Intercellulare Gährung. — Die Zymase muss sich in vielen anderen lebenden Zellen finden. Das Gährvermögen, welches verschiedene Pilze zu entwickeln vermögen, scheint meines Erachtens einer Secretion von Zymase zuzuschreiben zu sein, welch letztere sich unter ganz bestimmten Bedingungen bildet.

Man darf auch mit Fug und Recht annehmen, dass auch bei den Erscheinungrn der intercellularen Gährung die Zymase es ist, welche eine active Rolle spielt. PASTEUR wies nach, dass Früchte, in Kohlensäureanhydrid getaucht, in Gährung übergehen und den Zucker in Alkohol und Kohlensäureanhydrid umwandeln.

MUNTZ ersetzte die Luft durch Stickstoff und beobachtete bei Pflanzen in voller Lebensthätigkeit dieselbe Erscheinung. Es bildet sich hier Alkohol in den Blättern der Pflanzen.

Man erklärt diese Erscheinung mit der Lebenskraft und nimmt an, dass die Änderungen der Arbeitsleistung hervorgerufen werden durch die Änderungen in den Ernährungsbedingungen.

Meines Erachtens ist die Annahme näher liegend, dass Abschluss von Sauerstoff unter diesen Verhältnissen die Secretion von Zymase begünstigt. Die in diesem Fall beobachtete Gährung ist ein Analogon zu derjenigen, welche sich unter Einwirkung von Alkoholhefe abspielt; in beiden Fällen ist es die Zymase, welche die Gährung hervorruft.

Das Eingreifen der Zymase in Früchte bei Abschluss von Luft hat mich zu interessanten Untersuchungen veranlasst, welche jetzt noch im Gange und weit davon entfernt sind abgeschlossen zu sein; ich vermag aber doch jetzt schon einige

Angaben zu machen, welche in einer späteren Arbeit vollständig entwickelt werden sollen.

Zahlreiche Versuche, welche ich anstellte, haben mir Gewissheit gebracht, dass sich Zymase in den Früchten, besonders in Kirschen, Pflaumen, Erbsen sowie auch in der Gerste vorfindet.

Meine ersten Versuche wurden mit Kirschen angestellt, und zwar folgendermaßen: die Kirschen wurden in frischem Zustande mit einer verdünnten Lösung von Formaldehyd gewaschen, um die Keime abzutödten, hierauf sorgfältig getrocknet und in Glaskolben mit Olivenöl getaucht. Nach Verlauf von 3 Tagen waren die Kirschen mit kleinen Gasbläschen bedeckt und man constatierte hierauf oberhalb der Ölschichte, welche die Früchte bedeckte, eine Entwicklung von Kohlensäure, die nach dem fünften Tage zunahm.

Die Gährung verläuft 20 Tage lang bei einer Temperatur von 10⁰ sehr langsam. Nach Verlauf dieser Zeit gießt man das Öl ab. Man zerkleinert die Kirschen sammt den Kernen in einem Mörser und erzielt durch Pressen der Masse in einem Tuch aus Leinwand einen Saft.

Der Rückstand wird aus dem Tuch genommen, in der Kälte mit Äther behandelt zur Entfernung des Öles, hierauf im Vacuum getrocknet und zu einem feinen Pulver zerrieben. Letzteres zieht man mit 2 Volumen Wasser aus, welchem man eine geringe Menge Äther zugesetzt hat. In einem zugekorkten Glaskolben lässt man bei einer Temperatur von 5⁰ 12 Stunden lang stehen und presst alsdann die Masse stark ab. Man erzielt auf diese Weise einen Saft, welcher durch Papier filtriert, eine zähe, klare Flüssigkeit darstellt von schwach saurer Reaction, welche die Guajacreaction gibt.

Das Vorhandensein von Zymase in dieser Flüssigkeit kann man durch folgenden Versuch nachweisen. Zu 50 cm^3 der Flüssigkeit setzt man 7 g pulverisierten Rohrzucker und lässt das Gemenge 6 Stunden lang bei 22⁰ in einer kleinen, mit Entwicklungsrohr versehenen Glasflasche stehen. Nach Verlauf von 2 Stunden constatiert man die Bildung von Kohlensäure und nach 6 Stunden eine Gewichtsabnahme um 3 dg. Einen Parallelversuch führt man mit derselben Flüssigkeit aus, welche indessen zuvor eine Stunde lang in einer verschlossenen Flasche auf 40⁰ erwärmt war, dann auf 22⁰ abgekühlt wurde und bei dieser Temperatur 5 Stunden lang bei geöffnetem Entwicklungsrohr stehen blieb. Bei diesem zweiten Versuche beobachtet man weder eine Gasentwicklung noch eine Gewichtsabnahme. Die alkoholische Diastase wurde durch die Wärme zerstört.

Die Untersuchung der nicht gegohrenen Zuckerlösung zeigt, dass eine Veränderung in der chemischen Zusammensetzung sich abgespielt hat. So habe ich z. B. bei einem meiner Versuche festgestellt, dass 3·4 g Zucker in Invertzucker umgewandelt wurden.

Diese Umwandlung kann nicht vom Säuregehalt der Flüssigkeit ausgegangen sein. Erwärmt man den activen Saft 10 Minuten lang auf 80⁰ in einem geschlossenen Gefäß vor Zusatz des Zuckers und hält man alsdann die mit Zucker versetzte Flüssigkeit eine Stunde lang bei 40⁰, alsdann 5 Stunden lang bei 22⁰, so erhält man anstatt 3·4 g nur 0·15 g. Die active Flüssigkeit enthält offenbar Zymase und Sukrase; während aber die Zymase unter der Einwirkung der Wärme zugrunde geht, leidet die Sukrase dabei nicht.

Das Vorkommen von Zymase im Zellsaft der Kirschen wurde auch durch andere Versuche bestätigt, in welchen eine Bestimmung des gebildeten Alkohol möglich war. Der Versuch wurde folgendermaßen angestellt: 200 cm^3 des activen Saftes wurden mit Zucker und 2 g Chloroform versetzt. Bei einem Parallelversuch versetzte man eine 15%ige Zuckerlösung mit wenig Chloroform und mit 2 g Hefe. Beide Flüssigkeiten lieferten, 5 Tage lang bei 10⁰ aufbewahrt, verschiedene Ergebnisse.

In der Hefe enthaltenden Flüssigkeit machte sich eine Gährung nicht bemerklich, während in dem Zellsaft der Kirschen 0·8 g Alkohol gefunden wurden.

Das Nichtvorhandensein von Hefe in der gegohrenen Flüssigkeit wurde sowohl durch mikroskopische Untersuchungen als auch durch Plattenculturen bestätigt.

Versuche in der Richtung, die Diastase durch Alkohol zu fällen, haben keine befriedigenden Resultate ergeben. Die active Flüssigkeit verliert ihre Eigenschaften beim Durchgehen

durch Porzellanfilter, und die von mir erhaltene Diastase weicht
in dieser Hinsicht von der BUCHNER'schen ab.

Im Verlauf meiner Versuche wurde noch festgestellt, dass
frische Erbsen sowie auch Gerste durch intercellulare Gährung
ziemlich bedeutende Mengen Alkohol liefern. Zuckererbsen, in
Öl gebracht, ergaben bei der Untersuchung 2% Alkohol.
Geweichte, dann getrocknete und in Öl gebrachte Gerste
liefert $1\cdot6\%$ Alkohol.

Behandelt man diese Cerealien ähnlich, wie eben bei
Kirschen beschrieben, so vermag man auch hier Zymase nachzuweisen.

Industrielle Anwendung der Zymase. — Die Zymase,
welche vom theoretischen Standpunkt aus das äußerste Interesse wachruft, wird vielleicht auch späterhin vielfach tech-
nische Anwendung erfahren.

Die ohne Vermittlung von Hefe durch Diastase erzielte
Gährung bietet theoretisch einen großen Vorzug, man vermag
auf diese Art weit rascher Gährungen und auch reinere und
vollkommenere Producte zu erzielen.

Heute cultivieren sich die Brenner und die Bierbrauer
ihre Hefen selbst und trachten darnach, die Hefen ihrer
Arbeitsweise anzupassen. Indessen, auch wenn man von Rein-
hefen ausgeht, erzielt man doch nicht immer günstige Ergebnisse, oft schleicht sich eine Infection ein und infolge davon
ein Degenerieren der Fermente.

Voraussichtlich wird in Zukunft die Cultur der Hefen
und daran anschließend die Fabrication der Zymase in besonderen Betrieben sich abspielen, von wo die Bierbrauer
und die Brantweinbrenner sich Producte von großer Activität
verschaffen können, und Producte, welche sofort die Arbeit
aufnehmen.

Allerdings spielt in der Brauerei die Hefe noch eine
wichtige Rolle hinsichtlich der Entfernung der stickstoffhaltigen
Stoffe, und diese Arbeit vermag die Zymase allein nicht zu
leisten. Man wird also dazu übergehen müssen, bei der Arbeit
mit den Enzymen allein die Technik vollkommen zu ändern
und neue Verfahren zu schaffen.

Die Entdeckung der Zymase ist noch zu neu, als dass
dieselbe sofort die ganze Industrie in Revolution versetzen

könnte. Indessen wurden die ersten Versuche zu ihrer industriellen Verwendung von BUCHNER schon gemacht. Er hat ein neues Verfahren zur Herstellung von Dauerhefe ausgearbeitet, welche die Presshefe bei der Brotbereitung zu ersetzen bestimmt ist. Das Verfahren besteht in einem erstmaligen Trocknen der Hefe bei niederer Temperatur, alsdann in einer Erwärmung auf 50°, späterhin auf 100°, und nun, wenn die Hefe vollständig getrocknet ist, verwandelt man sie in ein feines Pulver. Nunmehr wird sie in den Handel gebracht.

Dieses Verfahren bietet verschiedene Vortheile. Die so präparierte Hefe hält sich weit besser als Presshefe, da die todten Zellen einer Veränderung weniger unterliegen, als die lebenden. Außerdem empfiehlt sich ein starkes Trocknen dieser Hefe vom hygienischen Gesichtspunkt aus, denn diejenigen Mikroorganismen, welche sich stets im Hefenbrot vorfinden, sind zerstört und ohne Einwirkung auf den Brotteig, wenn letzterer auch nicht genügend sterilisiert ist.

Die BUCHNER'sche Hefe nennt sich Dauerhefe; man verwendet sie bei der Brotbereitung ebenso wie gewöhnliche Presshefen. Nach Angabe der Patentschrift haben Versuche ergeben, dass ein Zusatz von 5—10% Dauerhefe genügte, um den Teig zum Gehen zu bringen.

LITERATUR.

BERTHELOT. — Chimie organique fondée par la Synthèse.

BUCHNER. — Alkoholgährung ohne Hefezellen. Berichte der Deutschen chemischen Gesellschaft, XXX, 1897, p. 117.

— — Über zellfreie Gährung, ibid., XXX, 1110.

— — Procédé pour la fabrication des levures d'attente Brevet allemagne, 1897, Nr. 97.240.

BÉCHAMP. — Sur la présence de l'alcool dans les tissus animaux etc. Comptes Rendus, 1897, p. 573.

HAHN. — Berichte der Deutschen chemischen Gesellschaft, 1898.

GERET et HAHN. — Ibid., 1898.

PASTEUR. — Etude sur la bière. Comptes Rendus, 1875.

— — Etude sur la bière, 1876. Paris. Gauthier-Villars.

— — Mémoire sur la fermentation alcoolique. Comptes Rendus, 1859.

— — Sur la production d el'alcool par les fruits. Comptes Rendus, 1872, p. 1054.

— — Sur la théorie de la fermentation. Comptes Rendus, LXXV.

Liebig. — Sur les phénomènes de fermentation et de putréfaction. Ann. de chim. et phys., t. LXXI, 147.

A. Muntz. — De la matière sucrée contenue dans les champignons. Comptes Rendus, 1874, t. LXXIV.

— — Recherches sur la fermentation alcoolique intracellulaire dans les végétaux. Comptes Rendus, 1878.

— — Recherches sur la fermentation intracellulaire des végétaux. Ann. de chim. et de phys. 1878, 5. série. t. XIII, p. 543.

— — Alcools du sol. Comptes Rendus, XCII, 499.

Neumeister. — Berichte der Deutschen chemischen Gesellschaft, XXX, 2963.

Staventagen. — Berichte der Deutschen chemischen Gesellschaft, XXX, 2422.

Maria Manassein. — Berichte der Deutschen chemischen Gesellschaft, XXX, 3061.

Buchner und Rapp. — Alkoholgährung ohne Hefezellen. Berichte der Deutschen chemischen Gesellschaft, 1897, 1898, 1899.

DREIUNDZWANZIGSTES CAPITEL.

DIE OXYDASEN.

Vorkommen der Oxydasen in thierischen und pflanzlichen Zellen. — Allgemeine Eigenschaften. — Laccase. — Tyrosinase. — Einfluss des Lösungsmittels. — Einfluss der Oxydasen auf die in Wasser unlöslichen Phenole. — Das Brechen des Weines: Önoxydase. — Oxydin. — Olease.

Die löslichen Fermente galten lange Zeit für Stoffe, welche lediglich nach Art der hydrolysierenden Agentien wirken sollten, nämlich die Aufnahme von einem oder mehreren Molecülen Wasser hervorrufen und gleichzeitig eine moleculare Spaltung bethätigen. Die Oxydation, die Deshydratation, die moleculare Änderung ohne Wasserbindung, alle diese chemischen Erscheinungen wurden der directen Einwirkung der Lebenskraft zugeschrieben ohne jegliches Dazwischentreten von Diastasen.

Diese vollkommen irrige Theorie wurde in der letzten Zeit siegreich bekämpft durch eine Reihe von Entdeckungen, welche in der biologischen Chemie durch BERTRAND, BOURQUELOT, HIKOROKURO YOSHIDA, CAZENEUVE, MARTINAND u. s. w. gemacht wurden; wir werden deren Arbeiten später einer Prüfung unterziehen.

Die Studien dieser Gelehrten haben das Vorkommen einer Reihe von Substanzen nachgewiesen, welche den Charakter von wirklichen Oxydationsmitteln tragen und Sauerstoff an gewisse Körper binden.

Diese von lebenden Zellen abgeschiedenen Stoffe erhielten den Namen Oxydasen. Diese Enzyme erleichtern die Oxy-

20*

dation gewisser Stoffe, sei es indem sie ihnen Wasser entziehen, oder indem sie ihre Molectile durch Bindung von Sauerstoff zu complicierteren machen.

Gewisse Pflanzensäfte, wie z. B. der Wein, der Saft des Gummibaumes, der Saft von Äpfeln, von Pflaumen und anderen Früchten, sowie gewisser Pilze verändern sich, wenn man sie längere Zeit der Luft aussetzt. Diese Erscheinung macht sich im allgemeinen durch eine Farbenveränderung offenbar oder, wenn es sich um feste Körper handelt, durch eine Steigerung der Temperatur, welche im Vacuum aber nicht auftritt. Der Vorgang besitzt also alle charakteristischen Eigenschaften einer Oxydation, da das Dazukommen der Luft und damit dasjenige des Sauerstoffes sein Auftreten bedingt.

Die directe Ursache dieser Oxydation blieb lange Zeit in Dunkel gehüllt. Sie wurde erst im Jahre 1883 erkannt, und zwar durch einen japanischen Chemiker namens HIKOROKURO YOSHIDA; bei Versuchen über die Oxydation des Gummibaumsaftes fand er, dass hiebei eine Diastase im Spiele ist.

Diese Entdeckung rief aufs neue Studien über die Enzyme hervor; die ganze Frage wurde in verschiedenen Laboratorien wieder aufgenommen, und es folgten bald zahlreiche und unbestreitbare Entdeckungen, welche sich auf die verschiedensten Gegenstände erstreckten. Man beschäftigte sich nach einander mit Studien über das pflanzliche Gewebe, über die Muskeln, über organische Ausscheidungen, und jede Untersuchung lieferte neue Beweise für das Vorhandensein der Oxydasen.

Die Oxydation und die Umwandlung des Gummibaumsaftes zu einem schwarzen Firnis wurde als ein Vorgang diastatischer Art richtig erkannt. Eine Umwandlung, welche einige ähnliche Züge trug und in zahlreichen Pflanzensäften sich abspielte, so z. B. in denjenigen der Pilze, der Kartoffel, der Zuckerrübe, der Wurzelknollen von Canna Indica u. s. w. wurde von BOURQUELOT, LINDET, BERTDAND u. a. einem anderen oxydierenden Enzym zugeschrieben.

Die Entfärbung des Weines und die Ausscheidung des Farbstoffes wurden ebenfalls als Erscheinungen dieser Art erkannt; man schrieb sie der Einwirkung einer Diastase zu, welche nach der Anschauung gewisser Gelehrten in dem Most schon existieren, während nach der Anschauung anderer

Forscher sich diese erst durch einen Schimmelpilz, Botrytis cinerea, bilden sollte.

Im Pflanzenreiche bot sich den Forschern Gelegeheit zu ebenso zahlreichen als interessanten Entdeckungen. Man fand ein oxydierendes Ferment im Speichel, ein solches in anderen Ausscheidungen: Im Nasenschleim, den Thränen, im Sperma; dagegen wurden Urin, Galle und die Darmausscheidungen als frei von jeglichem Ferment dieser Art befunden.

Im Jahre 1882 stellte Jacquet Versuche an über die Oxydation von Benzylalkohol und Salicylaldehyd mittels kleiner Stücke von Lunge, Nieren, Pferdemuskeln, welche zuvor mit Carbolwasser behandelt und in einen Brei verwandelt waren. Diese Bruchstücke von Organen riefen eine Oxydation hervor, welche aber unterblieb, nachdem dieselben in siedendem Wasser gekocht waren.

Schon damals erkannte Jacquet, dass die Oxydation nicht einzig und allein von den Zellen herrührt, da der wässerige Auszug dieser Gewebstücke, genau so wie die Zellen selbst, eine Aufnahme von Sauerstoff seitens des Benzylalkohols und des Salicylaldehyds bewirken.

Aleloos und Brauwer bestätigen dieses Forschungsergebnis durch Darstellung einer Substanz aus Pferdeleber, welche, mittels Alkohol aus ihrer wässerigen Lösung ausgeschieden, Formaldehyd oxydiert und ihn in Säure umwandelt unter Entwicklung von Kohlensäureanhydrid. Nach einer vorgängigen Erhitzung auf 100° verliert dieser Stoff jegliche oxydierende Wirkung. Spitzer und Rhomann begegneten dieser Substanz auch im Blut und in den Organen mehrerer Säugethiere.

Endlich darf man auch die Erscheinungen innerer Zerstörung, welche wir schon bei der Hefe beobachten konnten, dem Obwalten oxydierender Diastasen zuschreiben.

Wir haben festgestellt, dass, wenn man eine gewisse Menge von Presshefe in ganz kleine Bruchtheile zerreibt und sie hierauf zu Häufchen zusammensetzt, man alsbald eine Temperaturerhöhung wahrnimmt, welche nach Verlauf von 2 Stunden 40° erreichen kann. Diese Steigerung der Temperatur kann man beispielsweise erzielen mit 2 kg frischer gekörnter Hefe, welche in Haufen von 20 cm³ Höhe bei einer Temperatur von 20° aufgeschichtet ist. Führt man denselben Versuch im

Vacuum aus, so erzielt man nicht die geringste Temperaturerhöhung. Man kann diesen Versuch folgendermaßen anstellen:

In einem Halbliterkolben mit dreifacher Tubulierung
schichtet man abwechslungsweise zerkleinerte Hefe und Bims-
steinstückchen, welch letztere ein Sichsenken der Hefe verhindern, übereinander. Durch den mittleren Tubulus führt man ein
Thermometer ein; mit Hilfe der beiden anderen Öffnungen
stellt man einen Luftstrom her. Sowie die Luft in den Glaskolben eindringt, steigt die Temperatur, und schließt man den
Lufthahn ab, so beobachtet man ein sofortiges Sinken derselben.

Lässt man diesen Versuch nur einige Stunden gehen, so
kann man denselben mit der nämlichen Hefe mehreremal
wiederholen, und zwar während der 3 oder 4 folgenden Tage,
und bei jedem Zutritt von Luft in den Kolben eine Temperatursteigerung aufs neue beobachten.

Lässt man dagegen 5—6 Stunden hintereinander Luft in
den Kolben einströmen, so wird die Hefe flüssig und erschöpft
sich vollständig.

Zerkleinert man die Hefe mit Bimsstein in einem kräftigen Farbenreiber, so erhält man einen Teig, welcher beim
Ausziehen mit kaltem Wasser und Filtrieren eine von Zellen
freie Flüssigkeit gibt und dabei hinsichtlich der Oxydation
dieselben Eigenschaften zeigt, wie die Hefe selbst.

Die mit dieser Flüssigkeit imprägnierten Bimsstein-
stückchen, welche man in Gegenwart von Luft in Glykogen
bringt, erzielen daselbst eine Steigerung der Temperatur um
4—6°. Dieser Auszug ist weniger activ wirksam, wie die
Hefe selbst, aber eine Reihe von Versuchen haben mir bewiesen, dass er genau wie Hefe eine oxydierende diastatische
Kraft besitzt.

Angesichts aller dieser Thatsachen darf man nicht mehr
daran zweifeln, dass Athmungs- und Oxydationserscheinungen
von Pflanze und Thier im allgemeinen der Wirkung von
Oxydasen zuzuschreiben sind.

Nach dieser kurzen Angabe ersieht man bereits die bedeutende Tragweite, welche die Entdeckung der Oxydasen für
sich beanspruchen darf; sie hat Licht gebracht in verschiedene

bisher unklare Vorgänge oder in Vorgänge, deren Erklärung man mittelst falscher Theorien versucht hatte.

Das Studium der oxydierenden Enzyme bietet auch vom chemischen Gesichtspunkte aus ein großes Interesse dar, denn diese Enzyme stellen äußerst empfindliche Agentien dar für eine ganze Reihe organischer Substanzen.

Allgemeine Eigenschaften der Oxydasen. — Wie alle Diastasen, so sind auch die Oxydasen äußerst unbeständige Körper: Sie werden durch Wärme über 60⁰ zerstört.

Antiseptische Mittel scheinen im allgemeinen nur die von den Diastasen bewirkte Oxydation zu verlangsamen. Doch ist die retardierende Wirkung der Antiseptica noch nicht ganz allgemein festgestellt. Unseres Erachtens sind vielmehr die verschiedenen Diastasen, welche dieser Classe angehören, mehr oder weniger empfindlich gegenüber der Einwirkung antiseptischer Mittel, und diesem Umstande müssen wir die negativen Resultate einer Anzahl von Versuchen zuschreiben, welche bei Körpern erhalten wurden, die sicherlich Oxydasen enthielten.

Der Alkohol scheint die Wirkung der Enzyme dieser Classe nicht zu beeinträchtigen, vorausgesetzt, dass man ihn in genügender Verdünnung anwendet. Die Diastase des Gummibaumsaftes, die Laccase, ruft noch eine Oxydation hervor in Lösung von 50⁰/₀ Alkohol.

Die löslichen oxydierenden Fermente bläuen eine nicht mit Wasserstoffsuperoxyd versetzte Guajaclösung, wobei sich Guajaconsäure bildet mit dem der Luft entnommenen Sauerstoff.

Temperatur sowohl wie die Reaction der Lösungsmittel sind von Einfluss auf die Wirkung der Oxydasen. Endlich hat die Mehrzahl der Oxydasen eine ganz besondere Einwirkung auf Glieder der aromatischen Reihe, auf Phenole, Amine und deren Substitutionsproducte.

Die durch die Diastasen gebildeten Oxydationsproducte bedürfen noch weiterer Klärung. Die Oxydation von Körpern der aromatischen Reihe verläuft entweder unter Austritt von Wasserstoff oder unter directer Bindung von Sauerstoff.

Diese Oxydation ist aber niemals eine sehr tiefgreifende. Die Oxydation der Fettkörper ist weit energischer, sie führt zu einer vollständigen Zerstörung und zur Bildung von Kohlensäure.

Die Einwirkung der Oxydasen ist keineswegs eine specifische, Laccase z. B. wandelt ebenso gut Hydrochinon um als
Pyrogallol.

Die Stellung der Gruppen scheint jedenfalls eine Haupt-
rolle zu spielen. Die Parastellung z. B. scheint die Reaction
ungünstig zu beeinflussen.

Bekanntlich tritt bei den hydrolysierenden Diastasen die
Individualität weit charakteristischer zutage; Sukrase z. B. vermag nur Rohrzucker zu spalten und ist auf ganz verwandte
und nur in ihrer Configuration abweichende Körper ohne
Wirkung.

Die unter der Einwirkung der löslichen oxydierenden
Fermente absorbierte Sauerstoffmenge kann in der Mehrzahl
der Fälle dazu dienen, die Intensität der Oxydation zu bemessen.

Darstellung der Oxydasen. — Man stellt die Oxydasen
durch Extraction aus den Körpern, in welchen sie vorkommen,
nach den Methoden dar, welche man im allgemeinen auch
zum Ausziehen löslicher hydratisierender Fermente anwendet.

Die Ausgangskörper werden fein gemahlen, dann in
Gegenwart von Chloroform ausgezogen. Die Anwendung von
Chloroform birgt indessen eine Gefahr, denn man weiß noch
nicht sicher, ob dieses Antisepticum, welches die Mehrzahl
der hydrolysierenden Diastasen nicht angreift, auch allen Oxydasen gegenüber ebenso wirkungslos ist. Es empfiehlt sich
daher, beim Suchen nach Oxydasen doppelte Producte herzustellen, das eine mit Wasser und Chloroformzusatz, das
andere mit Wasser unter Zusatz von Äther. In gewissen
Fällen wird man in dem mit Äther versetzten Wasser Oxydasen finden, während die Chloroform enthaltende Infusion
keine Spur activer Substanzen enthält.

Das Infus wird durch Alkohol gefällt, man löst den gebildeten Niederschlag wieder auf und fällt ihn mehreremal
behufs Reinigung aufs neue.

Man kann die Extraction auch mittelst Glycerin vornehmen, welches sich zur Herstellung der Oxydasen ebenso
eignet.

LACCASE.

Die Laccase ist ein lösliches Ferment, welches die Oxydation des Saftes des Lackbaumes bewirkt und diesen Saft in einen Firnis von schönem Aussehen umwandelt. Die Japaner, die Tonkinesen und die Chinesen wenden diesen Firnis zum Lackieren ihrer Geräthe an.

Der Saft des Lackbaumes ist eine klare Flüssigkeit, welche das Ansehen und die Consistenz von Honig hat. Man gewinnt diesen Saft im östlichen Asien durch Einschnitte, welche man in die Rinde gewisser harzführender Bäume macht (Rhus vermicifera).

Der Geruch dieses Saftes ist ein nur schwacher und erinnert etwas an Buttersäure; seine Reaction ist eine saure.

Dieser Saft verändert sich außerordentlich rasch. In Gegenwart von Sauerstoff wird er braun und seine Oberfläche bedeckt sich mit einem widerstandsfähigen Häutchen von schöner schwarzer Farbe und absolut unlöslich in den gewöhnlichen Lösungsmitteln.

Im Vacuum geht diese Veränderung des Saftes nicht vor sich; der Saft hält sich vielmehr hier sehr lange Zeit.

Die ersten Angaben über die Laccase stammen von dem japanischen Chemiker HIKOROKURO YOSHIDA. Das Studium der Oxydation des Saftes förderte einen Körper zutage, welchen er Uruschiksäure nannte $(C_{14}H_{19}O_2)$, ein Körper, welcher mittelst Oxydation sich umwandelt in Oxyuruschiksäure, wie dies folgende Gleichung ausdrückt:

$$2\,C_{14}H_{19}O_2 + 3\,O = 2\,C_{14}H_{18}O_3 + H_2O.$$

Beim Lösen dieses Saftes in einer großen Menge Alkohol entdeckte BERTRAND hierin zwei Producte, ein lösliches und ein anderes, welches gefällt wird.

Der von der Flüssigkeit getrennte Niederschlag stellt eine Art von Gummi dar. Man wäscht ihn sorgfältig mit Alkohol aus, nimmt ihn mit destilliertem Wasser wieder auf und fällt ihn hierauf aufs neue durch 10 Volumen Alkohol. Man kann ihn hierauf in Form von Flocken sammeln und im Vacuum trocknen. Das nach diesem Verfahren gewonnene Product gleicht den gewöhnlichen Gummisorten und geht wie diese durch Wasseraufnahme in ein Gemisch von Galaktose und Arabinose über.

Diesem Körper kommt ein diastatisches Vermögen zu. Hat man den gummiartigen Niederschlag abgeschieden, so schreitet man zu einer raschen Destillation der alkoholischen Lösung im Vacuum. Der Rückstand wird erst mit Wasser, dann mit Äther geschüttelt. Das Wasser nimmt die Glukose, die Mineralsalze u. s. w. auf, während der Äther den harzigen Auszug des Saftes auflöst. Der Äther wird alsdann decantiert und in eine Wasserstoffatmosphäre zum Verdunsten gebracht.

Das nach diesem Verfahren gewonnene Product ist das Laccol; es ist dies eine ölige Flüssigkeit von ziemlich hohem specifischen Gewicht, unlöslich in Wasser, aber vollständig löslich in Alkohol, Äther, Chloroform und Benzin. Das Manipulieren mit diesem Product bringt gewisse Gefahren mit sich. Spuren von Laccol vermögen außerordentlich schädlich auf die Epidermis zu wirken. In Gegenwart von Luft nimmt der Körper eine braunrothe Farbe an, wird etwas zähflüssig und verharzt schließlich.

Der Oxydationsvorgang, welcher durch Pottasche und Soda begünstigt wird, verläuft in verschiedenen Phasen. Die Flüssigkeit erwärmt sich, wird grün, hierauf schwarz wie Tinte und nimmt eine gewisse Menge Sauerstoff auf. Das Laccol gibt mit Eisenperchlorür und Bleiacetat ganz ähnliche Reactionen, wie dies die mehratomigen Phenole mit diesen Agentien thun.

In Gegenwart von Laccase greift die Oxydation des Laccols weit tiefer, verläuft viel rascher und gibt schließlich eine schwarze, unlösliche Substanz, welche man bei Abwesenheit des Enzyms nicht erhält.

Bei Beginn seiner Studien glaubte BERTRAND, die Aufnahme von Sauerstoff sei lediglich die Folge einer chemischen Affinität und die Laccase wirke schließlich auf den oxydierten Körper ein, wie ein hydratisierendes Agens.

Im Verlaufe seiner Versuche gelang es indessen dem französischen Chemiker, den wahren Mechanismus des Oxydationsvorganges aufzudecken. Er beobachtete, dass die Menge des bei der Berührung mit Luft von dem Laccol absorbierten

Sauerstoffes mit der Menge angewandter Laccase zunimmt, ein Umstand, welchen man nur durch directe oxydierende Einwirkung der Laccase zu erklären vermag.

BERTRAND stellte in der Folgezeit vollständig beweisende Versuche hiefür an. Er ließ eine gewisse Menge Laccase auf Körper einwirken, welche dem Laccol verwandt sind, so vor allem auf Hydrochinon und auf Pyrogallol und stellte hiebei fest, dass in Gegenwart von Laccase alle mehratomigen Alkohole eine gewisse Menge Sauerstoff absorbierten unter Entwicklung von Kohlensäure. War dagegen Diastase nicht vorhanden oder wurde mit einer auf 100⁰ erwärmten Diastaselösung gearbeitet, so war ein Oxydationsvorgang nicht zu beobachten. Die oxydierende Wirkung der Laccase dürfte hiemit als hinlänglich bewiesen gelten.

BERTRAND entdeckte späterhin eine sehr empfindliche Reaction, um die Gegenwart von Oxydasen in den Pflanzen nachzuweisen. Er beobachtete, dass die Färbung alkoholischer Guajaclösung in Gegenwart von Laccase einen intensiv blauen Ton annahm, lediglich durch den Einfluss der Luft, während man, um dasselbe Resultat mit hydrolysierenden Diastasen zu erreichen, nothwendigerweise Wasserstoffsuperoxyd anwenden musste.

Dieselbe Reaction geht auch vor sich, wenn man mit Guajaclösung Schnitte von Pflanzentheilen behandelt, welche eine oxydierende Diastase enthalten.

Die Empfindlichkeit dieser Reaction gestattete es BERTRAND, in einer großen Reihe von Pflanzen Laccase nachzuweisen, und die vollständig berechtigte Hypothese auszusprechen, dass sich Laccase im ganzen Pflanzenreich verbreitet vorfindet. Folgendes sind die Namen der Pflanzen, in welchen diese Diastase gefunden wurde.

Zuckerrüben, rothe Rüben, gelbe Rüben (Wurzel), Dahlia, (Wurzel, Wurzelknollen), Kartoffel (Knolle), Spargel (gelber Stengel), Luzerne, Klee, Raygras, Topinambour, Äpfel, Zwetschken, zahme Kastanien, Gardenien (Blüten), Lackbaum (Saft).

Um die Laccase aus den eben genannten Pflanzen zu extrahieren, gieng BERTRAND von einer Methode aus, welche von der beim Lackbaumsafte angewandten etwas abweicht.

Der aus den parenchymatischen Organen der Rhizome oder Wurzelknollen ausgezogene Saft wird sofort nach seiner Extraction gefällt. Hat man einen aus grünen Pflanzentheilen hergestellten Extract vor sich, so versetzt man mit Chloroform und überlässt ihn bei gewöhnlicher Temperatur 24 Stunden lang sich selbst; es bildet sich alsdann ein Coagulum; dieses trennt man von der noch übrigen Flüssigkeit und im Filtrat hievon nimmt man die Fällung mit Alkohol vor. Dieselbe verläuft ebenso, wie beim Lackbaumsaft beschrieben.

BERTRAND hat beobachtet, dass die größten Laccasemengen von den in Bildung begriffenen Organen secerniert werden. EMIL BOURQUELOT und BERTRAND suchten nach Laccase in den Schimmelpilzen, welche, wie man weiß, energische Oxydationserscheinungen hervorrufen. Schon im Jahre 1856 hatte SCHÖNBEIN eine merkwürdige Beobachtung gemacht — hiebei hatte es auch vorerst sein Bewenden — dass nämlich der Saft zweier Pilze: Boletus luridus und Aspergillus sanguineus Guajactinctur zu bläuen vermag ohne Zusatz von Wasserstoffsuperoxyd, und dass diese Eigenschaft nach einem Erhitzen auf 100^0 verloren gieng.

Die Gegenwart von Oxydasen wurde von französischen Gelehrten in mehr als 200 Arten von Kryptogamen nachgewiesen und die Guajacreaction in den verschiedenen Organen dieser Pflanzen angestellt. Besonders wurden untersucht die Basidiomyceten, einige Ascomyceten, ein Myxomycetes, nämlich Reticularia maxima, die Polyporeen und die Agericinen. Einem ganz besonderen Studium wurde unterworfen Russula foetens PERSOON, und zwar infolge ihrer auffallenden Eigenschaft, dass sich alle ihre Theile mit Guajaclösung blau färben. Die Forscher zerschnitten 125 g Russula, zerrieben dieselben und zogen sie mit Wasser, welches einen Zusatz von Chloroform enthielt, aus. Die filtrierte Flüssigkeit nahm nach Verlauf einer Stunde nacheinander eine blassgelbe, dann eine schmutzigrothe Färbung an; alle Eigenthümlichkeiten einer Laccaselösung kamen dabei zur Beobachtung.

Die in den verschiedenen Pflanzen enthaltene oxydierende Diastase ist zum Theil wenigstens in Alkohol löslich, denn setzt man einen Überschuss von diesem Reagens der diastatischen Lösung zu — selbst wenn diese außerordentlich stark activ ist — so erzielt man nur einen ganz schwachen Niederschlag.

Es möge eine Tabelle folgen, in welcher BOURQUELOT und BERTRAND das Resultat ihrer Forschungen niedergelegt haben.

Familie	Zahl der untersuchten Arten	Arten mit Laccase	Arten ohne Laccase
Russula	18	18	0
Lactarius	20	18	2
Psalliote	5	4	1
Boletus	18	10	8
Clitocybe	9	5	4
Marasmius	6	0	6
Hygrophorus	6	0	6
Cortinarius	12	1	11
Inocybe	6	1	5
Amanyta	7	2	5

Das oxydierende Enzym findet sich also auch in chlorophyllfreien Pflanzen.

In den Pilzen ist dieses Enzym überall in den Reproductionsorganen vorhanden; localisiert findet es sich in den Lamellen gewisser Hymenomyceten oder an der Basis des Stieles.

Wirkungsweise der Laccase. — Die Laccase wirkt auf eine ganze Reihe von Stoffen ein: Zu einer Hydrochinonlösung in einem offenen Gefäß zugesetzt, ruft dieselbe eine ziemlich rasche Oxydation hervor. Die Lösung nimmt eine dunkle Färbung an, und nach Verlauf einiger Zeit treten krystallinische Lamellen von grüner Farbe auf.

Die oxydierte Flüssigkeit zeigt den charakteristischen Chinongeruch. Den Verlauf der Reaction kann man durch folgende Gleichung darstellen:

$$2\,C_6H_4{<}{(OH)_1 \atop (OH)_4} + O_2 = 2\,C_6H_4{<}{O \atop O}$$

$$\text{Hydrochinon} \qquad\qquad\qquad \text{Chinon}$$

Die Diastase wirkt auch auf Gallussäure ein; indessen wurde das Reactionsproduct bisher nur wenig studiert. Lässt man eine gewisse aus Russula extrahierte Laccasemenge auf Gallussäure einwirken, so erhält man nach BOURQUELOT und BERTRAND folgende Resultate:

Angewandte Mengen:

Gallussäure	1 g
Wasser	100 cm^3
Laccaseflüssigkeit	5 cm^3

Nach 1 Stunde:

Absorbierter Sauerstoff	15·9 cm^3
Entwickelte Kohlensäure	13·9 cm^3

Nach 4 Stunden:

Absorbierter Sauerstoff	17·6 cm^3
Entwickelte Kohlensäure	11·1 cm^3

Nach Verlauf 1 Stunde betrug das Verhältnis $\dfrac{CO_2}{O}$ 0·874,

nach 4 Stunden 0·630. Man ersieht hieraus, dass die oxydierende Kraft der Laccase eine sehr energische ist. Lässt man Laccase auf drei isomere Polyphenole, nämlich Hydrochinon, Brenzkatechin und Resorcin einwirken, so ergeben sich folgende Zahlenwerte, welche die Schnelligkeit des Oxydationsverlaufes ausdrücken:

	Absorbierter Sauerstoff	Entwickelte Kohlensäure
Hydrochinon (Paradiphenol)		
nach 4 Stunden	32	1·7
Brenzkatechin (Orthodiphenol)		
nach 4 Stunden	17·4	2·8
Resorcin (Metadiphenol)		
nach 4 Stunden	0·6	0·0

Wie man sieht, ist die Menge absorbierten Sauerstoffs bei Metadiphenol beinahe gleich Null, während sich das Paradiphenol sehr stark oxydiert.

Dieses Verhalten wurde bei allen Versuchen von BERTRAND aufs neue beobachtet; das Phloroglucin, in dem alle Hydroxylgruppen in Metastellung sich befinden, widersetzt sich sozusagen einem jeglichen Oxydationsvorgang, während sein Isomeres, das Pyrogallol, Sauerstoff außerordentlich rasch aufnimmt.

Bei den verschiedenen von BERTRAND untersuchten Polyphenolen ergab sich, dass ihre Oxydierbarkeit in directem

Verhältnis steht zu ihrem Vermögen, sich in Chinone umzuwandeln.

Man kann entweder alle oder einen Theil der Hydroxyle
in den Polyphenolen durch das Radical NH_2 ersetzen, ohne
dass der Verlauf der Oxydation hiedurch beeinflusst wird.
Das Paraamidophenol

$$C_6 H_4 < \frac{(OH)_{(1)}}{(NH_2)_{(4)}}$$

ist leicht oxydierbar; das Metaamidophenol hingegen

$$C_6 H_4 < \frac{OH_{(1)}}{(NH_2)_{(3)}}$$

bindet nur ganz geringe Sauerstoffmengen.

Nach Angabe von J. de REY PAILHADE soll Laccase
beim Keimen der Cerealien auftreten. Das Enzym würde
hiebei auf einen der Oxydation zugänglichen Stoff einwirken,
nämlich das Philothion, welches in den Cerealien ebenfalls
enthalten ist. Mithin würde die Laccase beim Respirations-
process der Pflanzenzellen eine Rolle spielen. Indessen vermochte der genannte Forscher keineswegs zu beweisen, dass
das in den Cerealien gefundene oxydierende Enzym auch
Laccase ist. Man kann wohl annehmen, dass es sich hier
um eine andere Oxydase handelt.

Wir fassen nunmehr die Wirkungsweise der Laccase
allgemeiner.

Die Laccase ist ein lösliches Ferment, welches die Oxydation der Körper der Benzinreihe bewirkt, sofern dieselben
wenigstens 2 Gruppen OH oder NH_2 enthalten und diese
letzteren die Para- oder Orthostellung haben.

So weit reichen unsere die Laccase speciell betreffenden
Beobachtungen. Die späteren Arbeiten von BOURQUELOT und
BERTRAND beziehen sich auf eine andere Diastase oder vielleicht auf ein Gemenge von Laccase mit einem anderen Enzym,
der Tyrosinase, deren Gegenwart die genannten Gelehrten in
einer großen Anzahl von Pflanzen erkannten.

TYROSINASE.

Pflanzensäfte, aus Zuckerrüben oder aus einigen anderen
Pflanzen hergestellt, färben sich bei Berührung mit Luft erst

roth, dann schwarz. Dieser Vorgang ist zurückzuführen auf eine Oxydation des Tyrosins, welches in diesen Pflanzen sich vorfindet. Die Oxydation selbst verläuft durch Vermittlung einer Diastase.

Die rationelle Form des Tyrosins oder der Oxyphenyl-amidopropionsäure ist folgende:

$$C_2H_3 \begin{cases} COOH \\ NH_2 \end{cases}$$

$$\begin{array}{c} C \\ HC \quad HC \\ HC \quad HC \\ C \\ OH \end{array}$$

Aus dieser Formel ergibt sich, dass das Tyrosin nicht vollständig zu der Classe von Körpern zu rechnen ist, welche wir als sicher oxydierbar durch Laccase erkannten, also zur Classe der Polyphenole, deren Hydroxyle in Para- oder Ortho-stellung sich befinden.

Und in der That, der Einwirkung von Laccase ausgesetzt, absorbiert das Tyrosin keinen Sauerstoff.

Andererseits hat BERTRAND durch verschiedene Versuche nachgewiesen, dass sich Tyrosin nicht mehr oxydierte, wenn der Pflanzensaft vorerst auf 100^0 erhitzt war. Diese That-sache sprach für eine vermittelnde Thätigkeit einer Diastase.

Die Oxydation des Tyrosins konnte man durch Vermit-telung einer Laccase auf ein Spaltungsproduct des Tyrosins erklären, welch letzteres vorher von einem anderen in der Flüssigkeit enthaltenen, nicht oxydierenden Enzym gebildet war.

Zur Prüfung dieser Hypothese gab BERTRAND in einen Kolben eine gewisse Menge Pflanzensaft von Russula, sowie einige g Tyrosin. Nach Verlauf von 24 Stunden wurde das Ganze auf 100^0 erhitzt; Zusatz von Laccaseflüssigkeit und deren Aussetzen an die Luft brachten keinerlei Oxydation zuwege.

Durch diesen Versuch ist also nachgewiesen, dass Laccase ganz wirkungslos ist auf Tyrosin und dass sich in der Flüs-sigkeit zuvor keinerlei diastatischer Vergang abspielt, welcher eine Oxydation durch Laccase gestatten würde.

In Wirklichkeit verläuft die Sauerstoffaufnahme durch Vermittlung der Tyrosinase, eines der Laccase analogen Enzyms, welches aber auf andere Körper wirkt.

Die Tyrosinase wurde von BERTRAND aus mehreren Pflanzen isoliert. Aus Kartoffeln oder Dahlia hergestellt, besitzt die Tyrosinase ein nur schwach oxydierendes Vermögen; dagegen aus Pilzen gewonnen, oxydiert sie Tyrosin außerordentlich rasch.

BOURQUELOT stellte die Tyrosinase her aus Russula nigricans, welche er mit Wasser, welches einen Chloroformzusatz erfahren hat, zerrieb. Die nach der Filtration gewonnene Flüssigkeit stellt die diastatische Lösung dar.

Will man die Wirkungsweise der Tyrosinase feststellen, so gibt man in Reagiergläser 5 cm^3 der diastatischen Lösung, hierauf 5 cm^3 einer Tyrosinlösung und schüttelt hierauf von Zeit zu Zeit um, um Luft einzuführen; die Flüssigkeit wird alsdann erst roth, dann schwarz.

Dank dieser und der Guajacreaction hat BOURQUELOT das Vorkommen der Tyrosinase in folgenden Pilzen nachgewiesen:

Boletus, Russula, Lactarius, Parillus, Psalliota Hebeloma, Amanita, Skleroderma.

Gewisse Pilze geben keine Reaction, weder mit Guajac noch mit Tyrosin und man darf daraus schließen, dass sie keine oxydierende Diastase enthalten. In der Natur findet sich die Tyrosinase nicht so verbreitet wie die Laccase, doch begegnet man derselben recht häufig im Gemisch mit der letzteren in einem und demselben Pflanzensaft. Gewisse Diastaselösungen, aus Pflanzen hergestellt, wandeln in der That ebenso gut Tyrosin als die Polyphenole um.

Gelegentlich einer Versuchsreihe, welche bei 30, 60 und 70° ausgeführt wurde, beobachtete BERTRAND, dass die den Pflanzensäften zukommende Fähigkeit, Tyrosin umzuwandeln, bei verhältnismäßig niederen Temperaturen schon verschwindet, während die der Laccase analogen Eigenschaften unverändert fortbestehen in Flüssigkeiten mit weit höherer Temperatur. Diese Verschiedenheit hinsichtlich ihrer Zersetzung erlaubt es, die beiden Diastasen auf folgende Weise von einander zu trennen.

1500 g Russula delica werden in frischem Zustand in Brei verwandelt und in der Kälte mit dem gleichen Gewichte Wasser unter Chloroformzusatz maceriert. Presst man den hiebei erhaltenen Brei aus, so erzielt man ungefähr 2 l schleimige Flüssigkeit, der man 3 l Alkohol von 95° zusetzt. Es bildet sich ein Niederschlag, welchen man durch Filtration trennt. Die alkoholische Flüssigkeit, von welcher der Niederschlag abgeschieden wurde, wird durch Destillation im Vacuum bei 30° auf etwa $1/_2$ l reduciert. Das hiebei erhaltene Product oxydiert Hydrochinon und Pyrogallol außerordentlich rasch, lässt aber Tyrosin vollkommen unverändert.

Die Fällung durch Alkohol und die Erwärmung auf 50° hat die Tyrosinase bis auf Spuren zerstört.

Diese letztere Diastase findet sich in dem Niederschlag, welchen man von der alkoholischen Flüssigkeit getrennt hat. Man reinigt diesen Niederschlag durch Lösen in chloroformhaltigem Wasser, fällt ihn aufs neue mit 2 Volumen Alkohol und trennt ihn von der Flüssigkeit. Diesen Vorgang wiederholt man und trocknet das hiebei erzielte Product bei 35°. Es wirkt auf Polyphenole kaum ein, bewirkt aber eine sehr rasche Oxydation des Tyrosins.

Die Individualität dieser beiden Enzyme ist demnach genügend bewiesen.

Einfluss des Milieu auf die Oxydation. — BOURQUELOT hat in einer sehr ausgedehnten Arbeit die Beziehung klar gelegt, welche zwischen der Zusammensetzung des Milieu und der diastatischen Activität des oxydierenden Fermentes der Pilze obwaltet, eines zusammengesetzten Fermentes, wie wir gesehen haben, welches mindestens zwei oxydierende Enzyme birgt: die Laccase und die Tyrosinase.

Eine Lösung von Anilin oxydiert sich in Gegenwart eines an Oxydase reichen Pilzauszuges sehr langsam, denn man beobachtete nur eine ganz leichte Änderung der Farbe.

BOURQUELOT legte sich infolgedessen die Frage vor, ob vielleicht die Alkalinität, welche das Anilin dem Milieu mittheilt, nicht einen auf die oxydierende Wirkung des Enzyms ungünstigen Einfluss ausübe, und er studierte deshalb die Oxydation von Anilin in Gegenwart steigender Dosen von Essigsäure.

Der zu diesem Versuch gewählte Pilz war Russula delica, weil der bei seiner Maceration erhaltene und filtrierte Saft eine klare wässerige Lösung gibt, welche infolgedessen die leichte Beobachtung von Farbenänderungen gestattet. Die Maceration wurde ausgeführt, indem man auf einen Theil Pilze fünf Theile Wasser nahm und auf diese Weise nach der Filtration eine nur ganz schwach gelb gefärbte Flüssigkeit erzielte.

Dieser mit Eisessig in Mengen von 1—5°/₀₀ versetzte Auszug wurde mit Guajactinctur versucht.

BOURQUELOT sah hiebei die Blaufärbung ebenso stark und ebenso rasch bei allen Versuchen, die er anstellte, auftreten. Das Reagens wird also auch durch starke Dosen von Essigsäure nicht beeinflusst, und man kann unter diesen Verhältnissen den Einfluss der Säure auf die Wirkung der Oxydase studieren. Dieser Einfluss kommt, und zwar für verschiedene Säuremengen, in folgender Tabelle zum Ausdruck.

	Control-Versuch	Versuch					
		1	2	3	4	5	6
Gesättigte Anilinlösung . .	5 cm³	5 cm³	5 cm³	5 cm³	5 c n³	5 cm³	5 cm³
Wasser	8 „	8 „	8 „	8 „	8 „	8 „	8 „
Essigsäure in °/₀	0	0·1	0·2	0·4	1	2	5
Diastatische Lösung	5	5	5	5	5	5	5
Resultat	schwache Oxydation	etwas stärkere Oxydation	starke Oxydation	sehr starke Oxydation	starke Oxydation	sehr schwache Oxydation	keine Oxydation

In dem Controlversuch, welcher eine schmutziggelbe Färbung annimmt, tritt eine Oxydation kaum ein; sie nimmt aber mit außerordentlicher Schnelligkeit zu in den Versuchen 1, 2, 3 und 4, in welchen sich die Lösung momentan schmutziggelb färbt unter Ausscheidung eines gelbbraunen Niederschlages, welcher in Äther löslich ist. Hinsichtlich der Versuche 5 und 6, welche 2 und 5°/₀ Essigsäure enthalten, lieferte die erstere eine nur schwache Oxydation, während die zweite eine Oxydation überhaupt nicht ergab. Ein Gehalt von 2% Essigsäure ist der Oxydation ungünstig.

Bei Orthotoluidin und Paratoluidin, welche unter denselben Bedingungen probiert wurden in Gegenwart derselben Menge von Säure, treten dieselben Reactionen auf, allerdings mit verschiedenen Färbungen.

Das Orthotoluidin gibt eine durchscheinende, blauviolette Färbung, welche nach Verlauf von mehreren Stunden undurchsichtig wird. Der Controlversuch färbt sich schmutziggelb. Paratoluidin gibt erst eine rosa Färbung, hierauf eine weinrothe. Der Controlversuch ist vorerst gelb und wird nach Verlauf einiger Zeit leicht trübe.

Eine wässerige Lösung von Phenol nimmt in Gegenwart der diastatischen Lösung eine braune Färbung an. Diese sehr langsam auftretende Reaction wird durch Essigsäure vollständig unterbunden und durch Dosen von $0\cdot1-0\cdot4\%$ Soda begünstigt.

Im allgemeinen wird also die Oxydation von Substanzen mit basischer Function durch einen Säuregehalt des Milieu begünstigt, während sich Stoffe mit saurem Charakter in einem alkalischen Milieu leichter oxydieren. Dieser Einfluss des Milieu auf den Verlauf der Oxydation ist ein sehr beträchtlicher.

Wirkung der Oxydase auf in Wasser unlösliche Phenole. — BOURQUELOT hat sich zuerst mit der Wirkung von Oxydase auf wasserlösliche Phenole beschäftigt. Erst später untersuchte er die Wirkung der Oxydase auf wasserunlösliche Phenole, welche aber in Äthyl- und Methylalkohol sich lösen. Er war von vornherein sicher, dass die als Lösungsmittel verwendeten Alkohole in passender Verdünnung keine Zersetzung der Oxydase mit sich bringen und dass der Oxydationsvorgang sich hier ebenso abspielen würde, wie in den wässerigen Lösungen.

Nachdem er sich hierüber Gewissheit verschafft, begann BOURQUELOT verschiedene Versuche über Phenole, welche in diesen Agentien gelöst waren. Das Resultat seiner Versuche ist folgendes:

Die Wirkung der Oxydase wurde geprüft auf drei Lösungen von verschiedenen Xylenolen, welch $0\cdot5\,g$ Xylenol, $100\,g$ Alkohol absolutus und $20\,cm^3$ Wasser enthielten.

Das Orthoxylenol (1, 2, 4), ein bei 55—60⁰ schmelzender Körper, gab einen weißen Niederschlag, welcher später lachsfarben und in Äther unlöslich wurde.

Das Metaxylenol (1, 3, 4), ein lösliches Product, dessen alkoholische Lösung unter dem Einfluss von Eisenperchlorür grün wird, unterlag einer sofortigen Oxydation und gab hiebei weißen Niederschlag, welcher späterhin schmutzigrosa und in Äther unlöslich wurde.

Das Paraxylenol, bei 74—75⁰ schmelzend, gab nur eine leichte Trübung, schied aber einen hell rosafarbenen Niederschlag ab, unlöslich in Äther.

Versuche mit Oxydation von Thymol wurden mit einer Lösung von folgender Zusammensetzung angestellt:

Thymol	0·5 g
Wasser	40 cm^3
Alkohol	10 cm^3
2%ige Sodalösung	5 cm^3
Diastatische Lösung	50 cm^3

Die Lösung absorbierte 19 cm^3 Sauerstoff, und es bildete sich in der Flüssigkeit ein weißer Niederschlag.

Das Carvacrol, welches unter denselben Versuchsbedingungen geprüft wurde, ergab die allmähliche Bildung einer Trübung, hierauf die Abscheidung eines weißen Niederschlages unter Absorption von 27·5 cm^3 Sauerstoff.

DAS UMSCHLAGEN DER WEINE.

Das Umschlagen der Weine ist eine Krankheit, welche durch die Oxydation des Weinfarbstoffes charakterisiert ist, sowie auch durch die Fällung dieses Stoffes, wobei die ganze Flüssigkeit gelb wird.

Schon im Jahre 1895 erkannte GAIRAUD, dass diese Erscheinung auf der Wirkung einer Diastase beruhe, ohne dieselbe jedoch klar und deutlich auf eine Oxydase zurückzuführen.

In einer später veröffentlichten Arbeit identificiert MARTINAND die den Farbstoff des Weines oxydierende Diastase mit der erst kurz zuvor von BERTRAND entdeckten Laccase; dies war vollkommen unrichtig. Allerdings erkannte man später, dass die Oxydase des Weines die Polyphenole umwandelt, während dagegen die Laccase, obgleich sie das Umschlagen der Weine beschleunigt, für sich allein diese Verfärbung der Weine nicht hervorzubringen vermag.

CAZENEUVE hatte Wein mit einer gewissen Menge von Laccase versetzt, bemerkte aber nur eine ganz unbedeutende Änderung, obwohl die diastatische Lösung, deren er sich bediente, sehr stark activ war und Guajaclösung kräftig färbte.

Diejenige Diastase, welche die Oxydation des Farbstoffes bedingt, ist also ein wohl ausgebildetes Enzym, welchem CAZENEUVE den Namen Önoxydase gegeben hat.

Darstellung der Önoxydase. — CAZENEUVE beobachtete den Vorgang der Oxydation in Wein von Beaujolais, welcher sich gegenüber dem Einfluss der Luft ziemlich empfindlich zeigte. Er isolierte aus diesem Wein die Diastase auf folgende Weise:

Der Wein wird mit einem Überschuss von Alkohol zusammengebracht, wobei ein Körper ausfällt, welcher das Aussehen von Gummi hat. Man nimmt diesen Niederschlag mit destilliertem Wasser wieder auf, in welchem er sich zu einer opalisierenden, farblosen Flüssigkeit löst. Die erzielte Flüssigkeit fällt man aufs neue, trocknet den erhaltenen Niederschlag im Vacuum und gewinnt ihn in Gestalt eines mit Oxydase imprägnierten Gummis.

Secretion der Önoxydase. — Die verschiedenen Reactionen, welche die das Umschlagen der Weine bedingende Diastase charakterisieren, gleichen denjenigen aller anderen Oxydasen. Wie die anderen löslichen oxydierenden Fermente, so färbt sich auch die Önoxydase mit Guajactinctur blau.

Die Reaction mit Guajac wurde von MARTINAND mit reifen Trauben angestellt und sie ergab die Anwesenheit von Oxydasen. Mittelst Traubensaftes gelang es ihm, Hydrochinon und Pyrogallol umzuwandeln.

Reife Trauben secernieren eine größere Menge Oxydase als Trauben im grünen Zustande, und trockene Weinbeeren enthalten überhaupt keine Oxydase. Gegohrener Birnensaft, sowie Saft von Pflaumen und Äpfeln ist reicher an Önoxydase als der Wein.

Die Ausscheidung von Önoxydase wurde von LABORDE dem Vorkommen des Schimmelpilzes Botrytis cinerea (Edelfäule) auf der Wurzel der Weinrebe zugeschrieben.

Eigenschaften und quantitative Bestimmung der Önoxydase. — Die quantitative Bestimmung der Oxydasen bietet erhebliche Schwierigkeiten. Es üben nämlich diese Enzyme ihre Einwirkung nicht immer unter Entwicklung von Kohlensäure aus, welche leicht zu bestimmen ist; nur der Sauerstoff verbindet sich hin und wieder mit dem Wasserstoff unter Wasserbildung oder verbindet sich direct mit den oxydierbaren Körpern. Unter solchen Umständen wird die Analyse der Oxydationsproducte sehr schwierig.

LABORDE hat eine Bestimmungsmethode gegründet auf die Färbung, welche eine diastatische Flüssigkeit beim Zusammenbringen mit Guajactinctur annimmt. Als Einheit nimmt er den Färbegrad, welchen 20 cm^3 alkoholischer Guajaclösung durch Zusatz von 0·5 g Jod erlangen, und er vergleicht mit dieser Einheit in einem Colorimeter von DUBOSK diejenige Färbung, welche man durch Oxydase in derselben Flüssigkeit erzielt.

Die Önoxydase oxydiert den Farbstoff der französischen und italienischen Weine; die spanischen und türkischen Weine unterliegen ihrer Einwirkung viel schwieriger.

CAZENEUVE stellte fest, dass der Farbstoff des Weines ein phenolartiger Körper ist. Derselbe wird durch die Oxydation umgewandelt, ebenso wie die Äther, Alkohole und flüchtigen Öle u. s. w., welche das Bouquet des Weines bedingen.

Schüttelt man den Wein mit Äther, so gibt er an dieses Reagens einen Stoff ab, welcher tanninartige Eigenschaften hat. Ist der Wein oxydiert, so findet man von dieser Substanz nur mehr ganz geringe Mengen vor, oft sogar keine Spur mehr davon. Behandelt man neutrale Weine mit Äther, so erfährt derselbe bei Einwirkung von Oxydasen keinerlei Veränderung mehr.

Nach diesen Versuchen gewinnt es den Anschein, dass das Missfarbigwerden des Weines durch Oxydation seitens einer ganz besonderen Substanz erfolgt.

Die Önoxydase wird in dem Maße schwächer, als sie einwirkt, es ist nämlich die bei Beginn der Einwirkung absorbierte Sauerstoffmenge viel größer, als diejenige beim Ende der Oxydation.

LABORDE führte in $1/2$ l Wein Luft ein und beobachtete hiebei, dass in den ersten 8 Tagen eine Absorption stattfindet, diese aber nach Verlauf dieser Zeit plötzlich aufhört. Die Bestimmung des absorbierten Gases ergab für drei verschiedene Weine folgende Zahlen:

Versuch	Absorbierter Sauerstoff per l	Entwickelte Kohlensäure per l	$\dfrac{CO_2}{O}$
1	50·8	32·4	0·63
2	81·0	38	0·47
3	110·2	63·8	0·58

Aus dieser Tabelle ergibt sich, dass nicht nur der Farbstoff oxydiert wird, sondern auch eine Verbrennung desselben unter Bildung von Kohlensäure stattfindet.

LAGATI machte die Beobachtung, dass durch Zusatz von Eisensalzen die Weine sich oxydieren, genau so wie unter dem Einfluss einer Diastase. Der Niederschlag, welchen er auf diese Weise erhielt, ist identisch mit dem bei Verfärbung des Weines sich bildenden; bei Abschluss von Luft scheidet sich dieser Niederschlag nicht aus, auch nicht in Gegenwart von Schwefligsäureanhydrid.

Der genannte Forscher schiebt die Oxydation lediglich der Wirkung der Eisensalze zu. Diese Anschauung wurde aber von LABORDE aufs bestimmteste widerlegt, denn es vermag die höchste Eisenmenge, welche sich in einem Wein in Form von Oxydulsalzen vorfindet, nur 100 cm^3 Sauerstoff zu absorbieren, während ein sich verfärbender Wein bis zu 110 cm^3 pro l aufnimmt. Neben der Wirkung von Eisenoxydulsalzen geht also auch eine diastatische Wirkung her.

Wirkung der Temperatur. — Nach Angabe von CAZENEUVE verhält sich die Önoxydase niederen Temperaturen gegenüber wenig empfindlich: Bei 1^0 und selbst noch darunter geht die Oxydation noch vor sich. Bei 65^0 wird die Diastase nicht vollständig zerstört; um dies zu erreichen, muss man die Temperatur auf 70—72⁰ steigern. MARTINAND legt die Zerstörungstemperatur fest auf 72⁰ bei einer Dauer von 4 Minuten oder auf 35⁰ bei einstündiger Dauer.

BOUFFARD machte hierüber interessante Versuche: In drei Gläser A, B und C gibt er: in A eine wässerige Diastaselösung; in B dieselbe Lösung mit einem Zusatz einer gewissen Menge Alkohol von 10%; in C dieselbe Diastaselösung unter Zusatz von 0·5 g Weinsäure. Die Zerstörungstemperatur wurde für jeden Versuch bestimmt und erzielte man folgende Resultate:

	Zerstörungstemperatur
Neutrale wässerige Lösung	72·5⁰
Lösung mit Zusatz von 10%igem Alkohol	60·0⁰
Lösung mit Zusatz von Weinsäure	52·5⁰

Wie man sieht, drückt die Gegenwart von Alkohol und von Weinsäure die Zerstörungstemperatur herab. Bei einem Zusatz von 20% Alkohol erniedrigt sich die Zerstörungstemperatur sogar auf 5⁰. Bei 60⁰ dauert nach Angabe desselben Forschers die Activität 2 Minuten lang an, nimmt dann ab, um nach Verlauf von 20 Minuten vollständig zu verschwinden.

LABORDE hat die Einwirkung der Temperatur auf eine saure diastatische Flüssigkeit, welche fünf Einheiten Oxydase enthielt, studiert. Er erwärmte diese Flüssigkeiten auf verschiedene Temperaturen und bestimmte nach erfolgter Abkühlung den Rest der noch verbliebenen activen Substanz. Diese Versuche führten zu folgenden Zahlen:

Temperatur	Oxydase	
	activ wirksam	zerstört
60⁰	2·30	2·70
65⁰	1·50	3·5
70⁰	0·90	4·1
75⁰	0·75	4·25
80⁰	0·45	4·55
85⁰	0	5

Die Zerstörungstemperatur der Önoxydase liegt also zwischen 70 und 75⁰; indessen geht die Activität des Enzyms schon bei 60⁰ beträchtlich zurück.

Einwirkung chemischer Agentien. — Nach Angabe von MARTINAND verzögert ein Säurezusatz die Oxydation, während ein Zusatz von Alkali ganz im Gegentheil der Bindung von Sauerstoff günstig ist.

Indessen besitzt der Wein schon für sich einen ziemlich beträchtlichen natürlichen Säuregehalt, und es spielt sich auch ohne Zusatz von Diastase die Oxydation ab.

Concentrierter Alkohol zerstört die Diastase, während verdünnter Alkohol und ein Wein mit 9% dieselbe unverändert lassen.

Tricalciumphosphat und Weinsäure wirken weder beschleunigend noch verzögernd auf die Oxydation ein, auch Formol (Formaldehyd) bleibt ohne Wirkung.

Gallussäure, Brenzkatechin und Salicylsäure unterbinden die Oxydation.

Schweflige Säure in einer Dosis von 0.01 bis 0.08 pro l lähmt die Wirkung der Önoxydase und führt deren Zerstörung herbei. Diese Thatsache wurde von BOUFFARD und CAZENEUVE bewiesen. Der letztere versetzte eine gewisse Menge Wein mit 0.004 g schwefliger Säure, fällte die Diastase dieses Weines nach den gewöhnlichen Methoden, wusch den Niederschlag mit Alkohol und sammelte ihn.

Nach Verlauf einiger Zeit wurde der Niederschlag in Wasser wiederum gelöst, gab aber mit Guajactinctur keine Färbung mehr. Die schweflige Säure hatte also direct auf die Diastase gewirkt.

Die Önoxydase ist außerordentlich leicht zersetzlich. Bei Luftzutritt schreitet ihre Zersetzung mit der Absorption von Sauerstoff fort. LABORDE setzte eine Oxydaselösung der Luft aus, wobei er folgende Zahlen erhielt.

Dauer der Lüftung	Oxydase	
	verbleibende	zerstörte
2 Tage	3·5	2·0
4 „	2·8	2·7
6 „	2·4	3·1
12 „	0·8	4·7

Wie man sieht, verläuft die Zerstörung anfangs sehr rasch, nimmt aber nach dem zweiten Tage ein merklich langsameres Tempo an.

Andere Oxydationsvorgänge im Wein. — Nach Angaben von MARTINAND spielt die Oxydase auch bei der Verfeinerung der Weine durch das Altern eine Rolle. In der That vermochte er durch Zusatz von Oxydase das Altern von Burgunderwein künstlich zu erzeugen. Der Wein erhielt einen Oxydasezusatz und wurde 48 Stunden lang der Luft ausgesetzt; er erhielt hiebei eine gelbere Farbe und das Bouquet von altem Wein. Die Färbung dieses Weines entspricht dem Rothviolett 354 des Weincolorimeters von SALLERON vor der Oxydation; der Luft ausgesetzt in Gegenwart von Oxydase entspricht die Färbung dem dritten Roth 404.

Die Oxydation des Zuckers und der Weinsäure muss nach Angabe von MARTINAND auf eine ähnliche Ursache zurückgeführt werden.

Eine besondere Einwirkung der Oxydase konnte auf amerikanische Trauben beobachtet werden.

Diese Trauben haben einen unangenehmen parfümierten Geschmack, welcher sich bei der Lüftung verliert; wurden die Trauben aber einer Temperatur von 100^0 ausgesetzt, so behalten sie ihren sonderbaren Geschmack, welcher erst nach Zusatz von oxydierender Diastase verschwindet.

OXYDIN.

Gelegentlich einer Untersuchung über die Färbung von Schwarzbrot entdeckte BOUTROUX in der Kleie eine active Substanz, welche der Laccase ähnlich ist und die er Oxydin nannte.

Zieht man Kleie eine halbe Stunde lang mit Wasser aus, so erhält man nach Filtration durch Porzellanfilter eine klare, hellgelbe Flüssigkeit, welche sich bei Luftabschluss ohne Änderung ihrer Farbe aufbewahren lässt.

Bei Luftzutritt verfärbt sich diese Flüssigkeit braun, indem sie mit der Zeit nachdunkelt und schließlich ganz schwarz wird. In einem auf 100^0 erwärmten Auszug findet diese Färbung nicht statt.

BOUTROUX gelang es, aus diesem Auszug das oxydierende Enzym und die der Oxydation unterliegende Substanz zu iso-

lieren. Nach Zusatz von Alkohol zu der filtrierten Lösung
lässt sich die Oxydase fällen, ohne die oxydierbare Substanz
mit sich zu reißen.

Hiedurch erhält man zwei Lösungen, welche, getrennt aufbewahrt, bei Gegenwart von Luft ihre Farbe nicht ändern
und die im Gemenge unter dem Einfluss des Sauerstoffes sich
bräunen.

Will man das Oxydin herstellen, so zieht man Kleie in
einer Atmosphäre von Kohlensäuregas aus und filtriert unter
derselben Bedingung. Die filtrierte Flüssigkeit versetzt man
mit drei Volumen Alkohol von 95⁰ und wäscht den Niederschlag mit Alkohol von 82⁰ auf dem Papierfilter aus. Das
Filter imprägniert sich mit einer amorphen Substanz, braun
von Ansehen und schwierig vom Filter zu entfernen. Man
schneidet das Filter in Stücke und trocknet im Vacuum. Dieses
mit activer Substanz imprägnierte Papier wirkt auf einen aus
sterilisierter Kleie erhaltenen Auszug energisch ein; das Papier
oxydiert Hydrochinon ebenso wie die Laccase.

Durch Chlornatrium wird das Oxydin ebenfalls gefällt.
Ein mit diesem Salz gesättigter Kleienauszug färbt sich in
Gegenwart von Luft nicht mehr, das Enzym ist offenbar ausgefällt worden; der Niederschlag ist aber nicht mehr activ
wirksam.

Das Oxydin spielt bei der Färbung von Schwarzbrot eine
einschneidende Rolle; aber auch die Amylase ist in diesem
Vorgang stark betheiligt. Die beiden in der Kleie enthaltenen
Enzyme wirken auf verschiedene Weise.

Das Eingreifen der Oxydase geht offenbar während der
Teigbereitung vor sich und auch im ersten Augenblick der
Brotgährung. Der oxydierbare Stoff der Kleie verwandelt
sich in diesem Moment in einen Farbstoff. Der von dem Oxydin
ausgehende Oxydationsprocess wird durch Einwirkung von
Säure gelähmt, und sowie die Brotgährung stärker geworden
ist, hört die Wirksamkeit des Oxydins vollkommen auf.

Die Färbung des Teiges nimmt durch den Backprocess
an Tiefe zu. In dieser Phase der Arbeit ist es nun die Amylase, welche ins Mittel tritt. Dns Stärkemehl, welches sich
vor dem Backen im Teig suspendiert vorfindet, erfährt unter

dem Einfluss der Kleienamylase eine theilweise Verflüssigung. Es bildet sich auf diese Weise ein Bindemittel für die noch nicht verflüssigten Theile. Die Masse ändert ihre Structur und diese Änderung bringt die Färbung mit sich. Die Färbung des Mehles könnte auch durch eine im Keimling des Kornes enthaltene Substanz bedingt sein. Nach einer mündlichen Mittheilung, welche mir ALBINANA Sohn von Barcelona machte, eine in Müllereifragen höchst bewanderte Persönlichkeit, ist ein aus entkeimtem Getreide erzieltes Mehl weiß und unveränderlich, während die Gegenwart der Keime auch in verhältnismäßig geringer Menge einen Teig gibt, welcher sich außerordentlich verschieden färbt. Möglich, dass die Keime eine Oxydase oder sonst eine analoge Diastase enthalten.

OLEASE.

Setzt man frische Oliven zu Haufen zusammen, so fallen sie leicht einer Gährung anheim. Man beobachtet eine Steigerung der Temperatur, eine Entwicklung von Kohlensäureanhydrid unter Bildung von Essigsäure und anderen Fettsäuren. Wie TALOMEI nachwies, wird diese Gährung hervorgerufen durch ein Enzym, welches er Olease benannte. Dieses Agens findet sich hin und wieder im Olivenöl, in welchem es eine tiefgreifende Zersetzung hervorruft. Unter seinem Einfluss wird das Öl ranzig infolge von Bildung von Fettsäuren und entfärbt sich durch Ausscheidung seines Farbstoffes. Lichtzutritt begünstigt diese Entfärbung.

Die Olease wird aus dem Öl isoliert durch Schütteln mit Wasser. Man erzielt auf diese Weise eine wässerige Lösung dieses Enzyms, das Öl selbst bleibt nunmehr unverändert.

Die Optimaltemperatur für die Wirkung der Olease liegt niedriger als 35°; ein Säuregehalt der Lösung lähmt die diastatische Wirkung, und diesem Umstand ist es zu danken, dass die Zersetzung des Öles oft eine wenig tiefgreifende ist, da die gebildete Fettsäure die Einwirkung der Olease hemmt.

LITERATUR.

G. BERTRAND. — Sur la laccase de l'arbre à laque. Comptes Rendus,
  1er semestre 1894, p. 1215.

— — Sur la laccase et le pouvoir oxydant de cette diastase. Comptes
  Rendus, 1er semestre 1895, p. 266.

— — Sur la recherche et la présence de la laccase dans les végétaux.
  Comptes Rendus, 2e semestre 1895, p. 166.

— — Sur les rapports qui existent entre la constitution chimique des
  composés organiques et leur oxydabilité sous l'influence de la laccase. Comptes Rendus, 1er semestre 1896, p. 1132.

— — Sur une nouvelle oxydase ou ferment soluble oxydant d'origene
  végétale. Comptes Rendus, 1er semestre 1896, p. 1215.

— — Présence simultanée de la laccase et de la tyrosinase dans le
  sui de quelques champignons. Comptes Rendus, 2e semestre 1896,
  p. 463.

BOUFFARD. — Observations sur quelques propriétés de l'oxydase des
  vins. Comptes Rendus, 1er semnstre 1897, p. 706.

— — Rappel d'une note précédente. Comptes Rendus, 1er semestre
  p. 1053.

EM. BOURQUELOT et BERTRAND. — La laccase dans les champignons.
  Comptes Rendus, 2e semestre 1895, p. 788.

EM. BOURQUELOT. — Influence de la réaction du milieu sur l'activité
  du ferment oxydant des champignons. Comptes Rendus, 2e semestre
  1896, p. 260.

— — Action du ferment soluble oxydant des champignons sur les phénols
  insolubles dans l'eau. Comptes Rendus, 2e semestre 1896, p. 423.

L. BOUTROUX. — Le pain. Baillière et fils, Paris.

CAZENEUVE. — Sur le ferment soluble oxydant de la casse des vins.
  Comptes Rendus, 1er semestre 1897, p. 406.

— — Sur quelques propriétés du ferment de la casse des vins. Comptes
  Rendus, 1er semestre 1897, p. 781.

LABORDE. — Sur l'absorption de l'oxygène dans la casse des vins. Comptes
  Rendus, 2e semestre 1897, p. 248.

— — Sur l'oxydase du botrytis cinerea. Comptes Rendus, 1er semestre
  1898, p. 536.

— — Sur la casse des vins. Comptes Rendus, 1896, p. 1074.

E. BOURQUELOT et BERTRAND. — Le bleuissement et le noircissement
  des champignons. Soc. de Biologie de Paris, 1895.

LAGATI. — Sur la casse des vins; rôle du fer. Comptes Rendus, 1er semestre 1897, p. 1461.

V. Martinand. — Sur l'oxydation et la casse des vins. Comptes
Rendus, 1er semestre 1897, p. 512.

Talomei. — Oléase. Atti. Acc. di Lincei. Rnd. 1896. Berichte der
Deutschen chemischen Gesellschaft, 1896.

J. de Rey Pailhade. — Étude sur les propriétés chimiques de l'extrait
alcoolique de levure de bière; formation d'acide carbonique et absorption d'oxygène.

— — Rôles respectifs du philothion et de la laccase dans les grains
en germination. Comptes Rendus, 1895, 1162.

L. Lindet. — Sur l'oxydation des tannins des pommes à cidre. Bulletin
de la Soc. chim. Paris, 1895; Comptes Rendus, 1895.

Hikorokuro Yoshida. — Journal of the chem. Society 1883.

J. Effront. — Action de l'oxygène sur les levures de bière. Comptes
Rendus, CXXVII, p. 326, 1898.

Martinand. — Action de l'air sur le moût de raisin et sur le .vin.
Comptes Rendus, 1895, p. 502.

Ende des ersten Bandes.

Alphabetisches Inhaltsverzeichnis.